基于数据驱动的滚动轴承性能退化评估与寿命预测研究

王　恒　朱文昌　马海波　著

科　学　出　版　社

北　京

内 容 简 介

状态监测和故障诊断对于保障机械设备服役安全具有重要作用和意义。本书面向滚动轴承的安全运行和预知维护，系统开展了基于数据驱动的滚动轴承故障诊断理论与应用研究，着重阐述了基于随机矩阵理论的早期异常检测、基于形态学滤波和噪声辅助增强的早期故障诊断、基于非参数贝叶斯和隐马尔可夫模型的性能退化评估、基于 K-S 检验和数据驱动的性能退化评估与寿命预测、基于改进 HMM 和相似性分析的寿命预测等，涵盖了滚动轴承全周期、全链条故障诊断与健康维护的新理论、新方法及新技术。本书介绍的内容及成果有利于实现轴承故障早期检测与预报、构建智能运维系统，有助于预防机械设备事故的发生。

本书可供高等院校、科研机构及企业中从事滚动轴承状态监测、故障诊断与寿命预测等相关领域研究的科技人员使用参考，也可作为机械工程及相关学科专业教师、研究生和高年级本科生参考书。

图书在版编目（CIP）数据

基于数据驱动的滚动轴承性能退化评估与寿命预测研究 / 王恒，朱文昌，马海波著. —北京：科学出版社，2022.9

ISBN 978-7-03-073053-4

Ⅰ. ①基… Ⅱ. ①王… ②朱… ③马… Ⅲ. ①滚动轴承－性能衰降－研究 ②滚动轴承－产品寿命－预测－研究 Ⅳ. ①TH133.33

中国版本图书馆 CIP 数据核字（2022）第 161336 号

责任编辑：惠 雪 高慧元 曾佳佳 / 责任校对：崔向琳
责任印制：赵 博 / 封面设计：许 瑞

科学出版社 出版
北京东黄城根北街 16 号
邮政编码：100717
http://www.sciencep.com

北京中石油彩色印刷有限责任公司印刷
科学出版社发行 各地新华书店经销
*
2022 年 9 月第 一 版 开本：720 × 1000 1/16
2024 年 5 月第二次印刷 印张：14
字数：280 000

定价：119.00 元

（如有印装质量问题，我社负责调换）

前　言

故障诊断与健康维护技术作为智能制造装备的九大关键智能基础共性技术之一，是指在线或远程状态监测与故障诊断技术、自愈合调控与损伤智能识别以及健康维护技术、重大装备的寿命测试和剩余寿命预测技术、可靠性与寿命评估技术。《国家中长期科学和技术发展规划纲要（2006—2020年）》将“零部件寿命预测技术，重大产品、复杂系统和重大设施的可靠性、安全性和寿命预测技术”作为先进制造领域的前沿技术之一。滚动轴承作为重要的机械基础零部件之一，广泛应用于大型汽轮机、精密航空器、高档数控机床、风力发电机、高速动车等制造装备中，轴承的健康状况对机械装备的工作状态有极大的影响。滚动轴承失效会引起旋转机械故障，在汽轮机、航空器变速箱及液体火箭发动机等鲁棒性较低的系统中，轴承的早期微弱故障会导致灾难性的后果。因此，根据轴承运行状态实现故障的早期检测与预报、构建智能运维系统，改变传统的被动维修模式，促使设备维修制度从事后维修、定期维修、视情维修向预知维修方向发展，进而提高重大装备的智能化水平和可靠性，缩短停机维修时间，避免因故障而引起的灾难性事故，对于提高企业的经济效益和社会效益、促进国民经济的发展具有十分重要的意义和价值。

本书研究面向滚动轴承安全运行，以人工智能及现代信息处理为基础，有机融合非线性信号处理、模式识别与系统辨识、机器学习等理论，系统开展了基于数据驱动的滚动轴承故障诊断理论与方法研究，涵盖了异常状态检测、早期故障诊断、性能退化评估、剩余寿命预测的滚动轴承全周期、全链条健康管理与故障预测的系统性研究。主要内容及章节安排如下。

第1章绪论，介绍滚动轴承状态监测与寿命预测的意义、相关研究进展、研究现状及发展趋势，简要介绍本书的主要研究内容和章节组成。

第2章研究基于随机矩阵理论的滚动轴承早期异常检测和性能退化评估方法，提出基于随机矩阵特征极值指标、主特征向量和特征极值综合指标、PCA融合特征指标的滚动轴承早期异常状态检测和性能退化评估方法。

第3章研究基于形态学滤波和噪声辅助增强的滚动轴承早期故障诊断方法，提出面向信号去噪的基于变分模态分解自适应形态学滤波的滚动轴承早期故障诊断方法，以及噪声辅助特征增强和Duffing振子系统随机共振的信号特征增强算法。

第 4 章研究基于非参数贝叶斯和隐马尔可夫模型结合的滚动轴承性能退化评估方法，提出基于 DPMM 的滚动轴承退化状态数确定、基于 HDP-HMM 的滚动轴承性能退化评估方法。

第 5 章研究基于 K-S 检验和数据驱动的滚动轴承性能退化评估和寿命预测方法，提出面向完备数据的基于 LS-SVM 的滚动轴承剩余寿命预测方法，提出了面向不完备数据的基于灰色模型的滚动轴承寿命预测方法。

第 6 章研究基于改进 HMM 和相似性分析的滚动轴承寿命预测方法，提出基于改进 HMM 和单维特征相似性分析、多维特征融合和相似性分析的滚动轴承寿命预测方法。

本书内容自成体系，逻辑性强，学术上力求严谨，表述上力求通俗易懂，力求理论与实践紧密结合，提出了滚动轴承异常状态检测、早期故障诊断、全寿命周期状态识别、退化性能评估、剩余寿命预测的相关理论和方法，具有一定的理论指导和工程应用价值。

本书是在作者及其团队十余年承担的与滚动轴承故障诊断与寿命预测密切相关的多项科研项目及研究成果的基础上总结提炼而成的。本书内容涉及的主要研究课题包括：国家重点研发计划课题“海洋环境下长寿命多重组合式密封与高性能液压缸研发”（编号：2019YFB2005302）、国家自然科学基金项目“基于 HDP-HSMM 的机械设备故障预测关键技术研究”（编号：51405246）、江苏省自然科学基金面上项目“基于运行状态信息融合的复杂机电设备状态退化评估与可靠性预测研究”（编号：BK2011391）、江苏省“六大人才高峰”高层次人才项目“基于信息融合的高精密滚动轴承故障预测与智能维护技术研究”（编号：GDZB-048）、江苏省自然科学基金面上项目“疲劳载荷与腐蚀环境耦合作用下的海洋工程装备材料 E690 高强钢裂纹扩展与损伤研究”（编号：BK20151271）等，衷心感谢上述项目提供的研究经费资助。同时，感谢南通大学江苏高校优势学科建设工程三期项目、南通大学学术专著出版基金及机械工程学院科研团队建设项目对本书出版给予的资助。

本书由南通大学王恒、朱文昌、马海波共同撰写，王恒负责策划和统稿，并负责第 1～4 章的撰写，朱文昌负责 2.7 节和第 6 章的撰写，马海波负责第 5 章的撰写。本书是作者团队多年来的研究成果和结晶。饮水思源，在此，对团队成员的辛勤工作和努力付出表示衷心的感谢，特别感谢花国然教授、朱龙彪教授、曹宇鹏副教授、黄希副教授对本书提出的建设性意见，感谢苏波泳博士、季云硕士、刘肖硕士、周易文硕士、瞿家明硕士、倪广县硕士、陈金海硕士为本书做出的重要贡献。同时也感谢张文远硕士、罗梦婷硕士、何雅娟硕士等参与文字校对工作。

此外，在本书写作过程中参考和引用国内外众多学者的研究成果，作者已尽可能在文中做了标注，并在参考文献中列出，对这些文献的作者表示感谢。

由于作者水平和学识有限，加之时间仓促，书中难免会有疏漏之处，恳请广大专家和读者批评指正，作者将不胜感激。

作　者

2021年9月于江苏南通

目　录

第1章 绪　论

1.1 滚动轴承故障诊断与健康维护的研究背景及意义

随着科技的进步和工业的发展，为了提高生产效率、降低生产成本，机械设备日益向大型化、高速化、系统化及自动化发展。为了满足生产要求，关键设备的结构功能越来越复杂、工作环境恶劣多变，长期运行过程中逐渐老化、剩余寿命下降，发生故障的潜在可能性也相应增加，一旦机械设备的关键部件发生故障，就可能导致整台设备损坏，甚至影响整个生产过程，造成巨大的经济损失；还可能导致灾难性的人员伤亡，造成严重的社会影响。《国家中长期科学和技术发展规划纲要（2006—2020年）》和《机械工程学科发展战略报告（2011～2020）》均将重大产品和重大设施运行可靠性、安全性、可维护性的关键技术列为重要的研究方向[1]。轴承是回转支撑单元的核心零部件，被誉为回转支撑系统的“心脏”。滚动轴承具有摩擦系数小、传动效率高、发热量少等优点，广泛应用于航空航天、轨道交通、大型转子及精密机床等诸多领域。但滚动轴承承受冲击载荷能力较差，高速重载下容易出现剧烈振动，局部瞬时温升，引起轴承失效，严重影响生产设备的安全性及可靠性。在旋转机械故障中，大约有30%是由滚动轴承引起的，因此，滚动轴承的状态监测与故障诊断是保持机械设备服役性能、保障安全运行的有效手段[2, 3]，采用智能维护技术可以减少约75%的设备故障率，降低25%～50%的设备维护费用，每年所取得的经济效益高达百亿元[4, 5]。因此，对滚动轴承运行状态进行有效监测、依据轴承当前运行状态实现故障的早期预报、分析评估设备的可靠性、及时合理制定维修策略和措施，以保障设备长期安全运行、提高设备利用率、避免恶性突发事故的发生，已成为保证企业安全生产和提高经济效益的关键措施。

机械设备的故障预测与健康管理（prognostics and health management，PHM）工作通常分为四个阶段：第一阶段是监测故障是否存在，第二阶段是寻找故障类型、故障发生位置，第三阶段是识别设备退化损伤程度，第四阶段是剩余寿命预测与可靠性评估。前两个阶段的故障诊断都是在设备已经发生故障的基础上，进行故障检测与维修，后两个阶段是对设备运行状态进行监测，分析设备运行状态，预测剩余寿命，以延长轴承及设备的使用周期。针对设备安全维护的工作，本书以滚动轴承为研究对象，主要围绕以下几个方面展开：①滚动轴承早期异常状态检测；②滚动轴承故障诊断；③滚动轴承性能退化评估；④滚动轴承剩余寿命预测。书中所介绍的理论方法将提高滚动轴承运行的安全性、可靠性和可维护性，提升设备管理及科学维护水平，推动设备故障预测和健康管理理论的发展和应用。

1.2 滚动轴承故障诊断与健康维护国内外研究现状

1.2.1 滚动轴承异常状态检测

随着机械设备日趋大型化、精密化，监测数据的量也直线增长。针对实际系统，数据驱动不需要建立精确的模型，计算复杂度低，能够充分利用工业生产中存储的大量与工艺相关的离线和在线数据，实现对系统的监控、诊断和决策等功能[6-8]。异常状态检测的意义在于预防滚动轴承故障的发生而导致的生产事故，及时提供维修方案，因此应及时掌握滚动轴承的性能退化过程以及故障的动态演化过程，对故障的发生发展做到防微杜渐，并针对不同的故障状态，采取适当的维护措施。微弱故障的早期预警可避免严重故障的发生，滚动轴承异常状态检测已逐渐从完全故障维修向微弱故障状态评估转变[9, 10]。但早期故障一般比较微弱，如何采用有效的方法实现早期异常点的检测和异常状态程度的评估是实现滚动轴承状态检测的难点，也是实现设备维护的关键。滚动轴承异常状态检测最常用的是基于振动信号的检测方法，采用不同的信号处理方法对滚动轴承敏感的故障特征进行提取作为监测指标。如峭度、均方根、峰值、峰值因子等时域指标，广泛应用于滚动轴承故障检测[11, 12]，但是时域分析中的某些统计指标对早期故障不敏感。频域法是轴承故障检测中应用最广泛的一种方法。频域法相对于时域法最大的优势是可以相对容易地识别出特定的频率成分，轴承故障类型可以通过检测频谱中的故障特征频率来诊断[13, 14]。滚动轴承异常状态检测需要解决的主要问题是有效的退化状态监测模型构建和合适的异常状态检测指标选择[15, 16]。Heck 等率先将左右型隐马尔可夫模型（hidden Markov model，HMM）引入滚动轴承的异常状态检测中，可及时检测出轴承的早期异常[17]。胡桥等提出了一种基于模糊支持矢量数据描述的早期故障智能监测诊断方法，通过在支持矢量数据描述（support vector data description，SVDD）的核函数中引入非目标样本的模糊隶属度，在模糊理论和 SVDD 的基础上建立起单值分类器，从而把非目标样本与目标样本分等级地区分开来，轴承运行状态监测结果表明，该方法不仅能快速识别轴承的早期故障，而且可以对故障的严重程度做出准确的判断[18]。刘新民等利用 HMM 与支持向量机（support vector machine，SVM）相结合的算法，在训练样本很少的情况下，有效地提高了连续动态信号早期故障的识别率[19]。Mao 等提出了一种使用半监督架构和深度特征表示的轴承早期故障在线检测方法，利用自动编码器从目标轴承的正常状态数据和辅助轴承的故障状态数据中提取深度特征，引入一种安全半监督支持向量机（safe semi-supervised support vector machine，S4VM）对轴承初期故障进行识别，当数据样本量较大时仍可实现精确检测[20]。Camci 提出了基于动态贝叶斯网络（dynamic Bayesian network，DBN）的退化状态识别方法，该方法利用 DBN 将退化状态进行分层，并利用 sub-HMM 子模型代表滚动轴承不同的健康状态，提高了基于 HMM 故障识别的灵活性[21]。程军圣等将有限特征选择样本（limited feature select sample，LFSS）判定方法和反馈寻求二进制蝙蝠算法（feedback seeking binary bat algorithm，FSBBA）相结合，将其应用于滚动轴承早期有限样本中进行故障特征选择[22]。Leite 等研究了基于熵的 12 个特征对轴承故障检测性能的影响，使用不同的熵测度作为检测熵特征变化的指标，提出一种非参数方法检测轴承异常状态[23]。刘志亮等从轴承的运行状态考虑引入了安全域的概念，提出了一种基于核空间距离熵的安全域惩罚参数选择算法，利用支持矢量数据描述对正常样本构建安全域，结合核空间距离熵的安全域惩罚参数选择算法寻找到最优惩罚参数，提高了异常检测准确率[24]。张西宁等在格雷厄姆扫描法基础上，引入边界软化率增大了数据点外边界的柔性，并结合射线法生成与输入样本反分布的数据集，使得传统模型成为拥有精细决策边界的单类随机森林，通过输出待测数据的异常概率进行异常检测[25]。为了及早获取滚动轴承状态异常的信息，杨超等提出基于灰色关联度和 Teager 能量算子（Teager energy operator，TEO）的滚动轴承早期故障的诊断方法。通过对滚动轴承运转的振动数据进行等长度分组，计算各组数据与轴承状态良好数据之间的灰色关联度，根据灰色关联度值的变化趋势，确定早期故障发生的时间段，结果验证了“灰色关联度 + TEO”方法在轴承早期故障诊断中的可行性及有效性[26]。戴俊等将生成对抗网络和自动编码器相结合，构造出一种编码-解码-再编码的网络模型，在无异常样本训练情况下实现了对设备早期异常状态的检测，该模型能更稳定地表征故障的演化过程[27]。

1.2.2 滚动轴承故障诊断

构造退化指标可有效地检测出滚动轴承的早期异常状态，对设备的维护具有指导意义，但当滚动轴承异常发生时，需要人为对设备进行维护、检修以降低由故障带来的损失，因此如何准确、及时检测出轴承故障发生位置、故障类型具有更为实际的研究与应用价值。目前，振动分析法是最为广泛且有效的研究方法，研究指出其几乎占到了相关研究文献的 80%[28, 29]。利用滚动轴承振动信号进行故障诊断，传统方法主要通过提取故障特征来判断轴承是否发生故障，如通过经验模态分解[30]、希尔伯特-黄变换[31]、小波变换[32]等数学工具对原始振动信号进行分析并提取其故障特征。随着机器学习的发展，一些学者开始尝试将其运用到故障诊断领域。如使用贝叶斯分类器[33]、支持向量机[34]、神经网络[35]等机器学习方法来对所提取的故障特征进行识别和分类[36]。王新等提出一种变分模态分解（variational mode decomposition，VMD）和 SVM 相结合的滚动轴承故障诊断方法，从 VMD 分解出的本征模态分量中提取能量特征，作为 SVM 的输入，从而判断轴承的工作状态和故障类型[37]。邹龙庆等提出了基于局部均值分解（local mean decomposition，LMD）样本熵与 SVM 的往复压缩机轴承间隙故障诊断方法，LMD 分解振动信号形成一系列 PF 分量，计算其样本熵形成有效的特征向量，再利用 SVM 作为模式分类器，诊断出轴承间隙故障类型[38]。庞谦分析了传统 SVM 和传统反向传播（back propagation，BP）神经网络算法的不足，提出了粒子群优化（particle swarm optimization，PSO）算法、遗传算法（genetic algorithm，GA）对 SVM 进行优化，与未优化的 SVM 算法相比具有较好的分类效果[39]。Malik 等结合经验模态分解（empirical mode decomposition，EMD）和人工神经网络（artificial neural network，ANN）建立轴承故障诊断模型，将 EMD 特征输入到不同 ANN 分类器，并得到了较好的诊断准确率[40]。Zhu 等通过人工鱼群算法来自适应选择 VMD 参数，并在滚动轴承故障诊断中取得良好效果[41]。Wang 等通过粒子群优化算法优化 VMD 参数，并在旋转机械复合故障诊断中取得很好应用[42]。针对轴承振动信号中早期故障特征难以识别的问题，张志强等提出了利用非相关字典学习稀疏算法提取滚动轴承微弱冲击特征，结合 K 均值奇异值分解（K-means singular value decomposition，K-SVD）算法形成了非相关字典学习算法，可以有效提取滚动轴承故障稀疏特征，在重构信号的包络解调谱中更有利于故障特征的辨识[43]。以上方法虽然取得了较好的应用效果，但是轴承故障特征提取需要使用复杂的数学工具，而且针对不同类型的故障所使用的特征提取方法不尽相同，通过人工提取故障特征的诊断方法主要依赖于故障诊断专家的经验和知识[44]，具有一定的局限性。随着轴承监测点的增多，数据量的增大，故障数据的复杂度及故障类型多变，浅层的网络结构导致特征提取能力不足，从而难以挖掘和提取隐藏于故障数据中更深层次的特征，限制了诊断准确率的进一步提升。随着深度学习热潮的来临，以卷积神经网络（convolution neural network，CNN）为代表的深度学习算法被广泛应用于机械设备的故障诊断。Guo 等利用短时傅里叶变换（short-time Fourier transform，STFT）和连续小波变换（continuous wavelet transform，CWT）将采集到的 1D 振动信号转换成 2D 时频图作为 CNN 的输入，有效提高了故障检测的准确率[45]。唐波等在 Guo 等所提出的基于 STFT 的 CNN 故障诊断方法的基础上，将 STFT 得到的高维时频信息结合主成分分析（principal component analysis，

PCA）转换到低维的特征空间，并通过超参数试验来构建CNN，在变负载工况及注入噪声等试验条件下验证模型的鲁棒性，并将其应用到轴承故障诊断中[46]。Zhang等通过批量标准化和小批量训练方法提高了CNN在多负载、强噪声环境下对轴承故障的识别能力[47]。Janssens等采用深度卷积神经网络（deep convolution neural network，DCNN）对外圈滚道故障和不同程度的润滑性能故障进行分类识别，无须依赖人工和专家经验提取特征，取得了比传统智能诊断方法更好的诊断结果[48]。宫文峰等提出了一种改进的CNNs-SVM的方法用于电机轴承故障的诊断，该方法采用1×1的过渡卷积层与全局均值池化层的组合代替传统CNN的全连接网络层结构，有效减少了CNN的训练参数量[49]。Zhao等提出一种新的深度模糊聚类神经网络（deep fuzzy clustering neural network，DFCNN）模型，将滚动轴承的振动频谱信号直接输入DFCNN模型，使用深度置信网络（deep belief network，DBN）提取数据的多层和无监督代表特征，将DFCNN模型中的自适应非参数加权特征（adaptive non-parametric weighted-feature gath-geva，ANWGG）用于无监督聚类，并验证了所提出的故障识别方法的有效性[50]。考虑到在变工况下，传统深度学习诊断模型泛化性能力下降的问题，雷亚国等构造领域共享的深度残差网络（deep residual network，ResNet）提取实验室环境下的轴承故障特征并将其迁移至工程实际装备，可通过实验室轴承故障诊断信息，识别出机车轴承的健康状态[51]。沈长青等对ResNet进行改进，并提出一种多尺度卷积类自适应的深度迁移学习模型，利用ResNet-50网络提取轴承数据的频谱特征，构造了多尺度特征提取器，并利用不同工况下数据的分布距离进行类内匹配，实现了变工况环境下滚动轴承的故障诊断，与传统深度学习方法相比，不但提高了变工况下模型的检测精度，而且增强了模型的泛化性及鲁棒性[52]。

1.2.3　滚动轴承性能退化评估

与传统的滚动轴承故障诊断与早期异常状态检测相比，针对机械设备性能退化评估的研究更倾向于对设备整体运行状态的性能分析，关注的重点不是某一部位、某一时刻故障点的诊断维修，而是早期微弱故障的预警预报。目前，机械故障诊断已逐渐从完全故障维修向微弱故障状态检测和运行过程性能退化评估转变，如果能够在设备性能退化的过程中及时监测设备运行状态，并分析其退化的程度，跟踪早期微弱故障，就可以避免完全故障的发生，并且有针对性地进行设备维护和故障预防，有效地防止因设备突然损坏而引起的重大事故的发生。

对滚动轴承性能进行退化评估要解决的主要问题是提取轴承退化特征并构造有效的退化指标用于表征轴承退化的各个阶段，因此构建出的退化指标应具有如下特点：①能够准确地表征滚动轴承全寿命历程中的不同运行状态；②具有较好的泛化性、单调性，能够适应不同工况[53]。周建民等提出一种基于经验模态分解（empirical mode decomposition，EMD）和逻辑回归相结合的评估方法，首先选取若干正常状态下的数据，利用 EMD 方法对数据进行分解，提取信号的本征模函数（intrinsic mode function，IMF）能量作为特征向量进行建模，成功地对滚动轴承的退化阶段进行了划分。但是，IMF 能量个数对评估效果影响较大，只选取部分 IMF 能量难以充分利用数据信息，从而降低评估精度[54]。康守强等针对滚动轴承振动数据不均匀和单一核函数分类的单一性，采用多核超球体支持向量机（multi-kernel hypersphere support vector machine，MKHSVM），再利用混沌优化果蝇算法（chaos fruit fly optimization algorithm，CFOA）进行优化，构建了 CFOA-MKHSVM 模型对滚动轴承退化过程进行评估[55]。程道来等提出了一种基于 DBN 和 SVDD 相结合的滚动轴承性能退化评估方法。该方法以滚动轴承正常状态下的归一化幅值谱作为 DBN 的输入并进行特征提取，通过 SVDD 构建评估模型。使用不同工况下滚动轴承全寿命周期试验数据的分析表明：该方法能够很好地揭示轴承性能退化规律，而且摆脱了特征选择的人为干预，可以准确检测出滚动轴承早期微弱故障[56]。Hu 等采用优化经验小波变换（empirical wavelet transform，EWT）对轴承振动信号进行分解，采用分频小波变换和改进粒子群优化算法提取包含故障信息的子分量，最后将轴承故障分量输入卷积神经网络提取敏感特征并构建出退化指标，与传统 EWT 算法相比，构造出的退化指标对轴承状态识别与检测的结果更准确[57]。尹爱军等通过同步抽取变换对滚动轴承振动信号进行时频分析以获得能量更加集中的时频图，利用复小波结构相似性把时频图的评估值作为滚动轴承性能退化指标[58]。李玉庆等提取不同磨损量标准试件的振动特征，进行曲线拟合，建立损伤严重程度评估标准曲线作为损伤程度的评估标准，可精确评估轴承的损伤程度，但此方法目前仅在实验室条件下准确率较高[59]。刘弹等利用线性函数检测时间序列转折突变点的方法，有效捕捉滚动轴承数据各特征在初始退化、深度退化、失效各阶段的起始点和终止点，为性能退化特征的定量化评价提供依据[60]。Chen 等提出一种基于距离评估技术（distance evaluation technique，DET）的混合域特征提取方法，以提取的退化特征矩阵作为 SVM 的输入，对退化状态进行识别[61]。Zhao 等提出一种深度特征优化融合方法，从增强型自动编码器（enhanced autoencoder，EAE）处理后的降级特征中选取各模块的最小量化误差（minimum quantization error，MQE）用作候选退化特征，对其进行加权融合以获得最佳退化轨迹[62]。朱义等提出一种基于 HMM 的设备性能退化评估方法，该方法实现了机械设备的隐状态路线选择[63]。单通道采集的数据往往不能全面反映设备的健康状况，肖文斌等在朱义等的研究基础上应用多通道进行数据采集，提出一种含有两条链的耦合隐马尔可夫模型（coupled-HMM），融合轴承水平方向和垂直方向的振动信号来监测轴承的健康状况[64]。Jiang 等利用扰动属性投影（nuisance attribute projection，NAP）可准确提取轴承退化状态特征，结合 HMM 较高的辨别力，较好地反映了轴承性能的退化过程及早期异常[65]。

1.2.4　滚动轴承剩余寿命预测

随着机械设备日益大型化、精密化，仅通过对滚动轴承进行早期异常检测、当前时刻性能退化评估与事后维修是远远不够的。航空航天、武器装备、石油化工装备、船舶、高铁、电力设备、数控机床以及道路桥梁隧道等领域[66]，对设备的运行状态要求极为苛刻，需要花费大量人力、物力对其进行检修与零件更换，为了规避由于设备故障造成的财产损失及人员伤亡，设备的许多零件并未超出服役时间却被提前淘汰，造成巨大财产损失。与以往机械设备故障事后维修相比，利用工业设备运行数据和退化机理经验知识，预测设备的剩余有效使用时间并制定维修策略，实现高效的预测性维护，作为设备故障状态监测与健康管理重要组成部分，是近年来的研究热点[67]。剩余寿命预测研究主要分为两大类：基于物理模型的预测方法和基于数据驱动的预测方法。

1. 基于物理模型的预测方法

基于物理模型的预测方法主要是研究材料、载荷、润滑和温度等因素对滚动轴承寿命的影响，建立合适的数学模型表征设备退化过程和影响退化的因素之间的映射关系[68]。Lundberg 等建立了一种计算轴承疲劳寿命的简化近似公式，简称 L-P 寿命理论[69]。Tallian 在 L-P 寿命理论基础上进行改进，目前 ISO 标准 281：2007 采用的就是德国 FAG 公司在该研究基础上所改进的轴承寿命估计模型[70]。Paris 等[71]、Forman[72]及 Keer 等[73]提出的滚动或滑动赫兹接触的裂纹扩展模型可根据滚动轴承当前的损伤情况对轴承剩余寿命进行预测。Li 等提出一种基于机械模型和参数调整的自适应剩余寿命预测方法，通过比较裂纹扩展模型的裂纹尺寸去估计诊断模型裂纹的尺寸，使用非线性递推最小二乘算法自适应调整扩展模型参数，有效地预测轴承裂纹的扩展[74]。由于没有考虑轴承失效的随机性和轴承的运行环境，Li 等在之前研究的基础上引进对数正态随机变量，提出滚动轴承随机故障增长模型[75]。Li 等提出利用 Paris 模型建立主动轮裂纹增长模型，结合有限元模型，根据齿轮的载荷、几何形状以及材料属性计算主动轮的应力区和应变区用于研究齿轮裂纹的增长[76]。文献[77]建立基于断裂力学的齿轮失效模型，预测存在裂纹齿轮的残余使用寿命。文献[78]提出一种非线性的随机模型，建立疲劳裂纹随时间变化的动力学模型，该模型使用扩展的卡尔曼滤波器代替前向 Kolmogorov 方程求解，在线估计系统的损伤状态和剩余使用寿命。Orsagh 等使用

Yu-Harris 轴承寿命方程的随机版本预测裂纹最初发生的时间，使用 Kotzalas-Harris 级数模型估计剩余使用寿命[79, 80]。Kacprzynski 等在上述基础上进行改进，提出一种结合材料模型、系统数据融合算法和参数整定技术的模型框架。以直升机齿轮作为研究对象，研究了齿轮形状、接触条件、载荷以及材料属性等不确定因素对预测系统可靠性的影响[81]。Qiu 等将旋转单元轴承看成一个单自由度振动系统，失效的固有频率和加速度幅值与运行时间和故障时间有关，为轴承寿命预测提供了一种新的思路[82]。

基于物理模型的退化评估与预测技术能够深入对象的本质，具有较高的准确性，但要求研究对象的数学模型具有较高的精度。而针对机电设备，通常难以建立精确、完备的数学模型，导致基于模型的退化评估与预测的应用受到一定限制。此外，模型的移植性差，使得模型方法不能大量用于实际生产。

2. 基于数据驱动的预测方法

基于数据驱动的退化评估与预测不需要或只需要少量对象系统的先验知识（数学模型和专家经验），此类方法以采集的数据为基础，通过各种数据分析方法挖掘其中的隐含信息进行评估。这一类研究可以分为基于状态预测、统计回归和相似性三大类。

1）基于状态预测的方法

基于状态预测的方法从监测数据的角度将机械设备失效过程划分为 N 个状态空间，各个状态空间通过阈值进行区分，通过对当前监测值所处状态空间及其他状态空间的分析实现对设备剩余寿命的预测。Yan 等对多特征进行主成分分析融合，基于融合指标利用模糊 C-均值算法进行状态划分，并设计性能指标使其可定量表征设备的恶化严重性[83]。文献[84]使用支持向量机作为分类器判别设备的运行状态，根据运行状态进行剩余寿命预测。Liu 等将整个轴承寿命分为几个健康状态，单独建立局部回归模型进行寿命预测[85]。马波等构建模型参数定时更新的动态状态空间模型，将已知的滚动轴承运行状态数据输入动态状态空间模型，应用粒子滤波算法估计滚动轴承运行状态，实现滚动轴承寿命预测[86]。苗学问等将滚动轴承的寿命划分为状态良好、初始损伤、故障发展和即将失效 4 个阶段，并建立了滚动轴承的状态寿命评估模型进行寿命预测[87]。通过对轴承状态空间的划分在一定程度上可实现对轴承寿命的预测，但在轴承的退化过程中，数据变化的频繁波动对轴承当前状态的判别具有很大的影响，降低了滚动轴承剩余寿命预测的精度。

2）基于统计回归的方法

基于统计回归的方法主要是依据对象系统的历史数据建立参数变化与故障损失模型的概率模型，将设备当前的参数概率状态空间与建立的概率模型比较，从而判断系统当前的健康状况，分析评估其退化趋势。目前常用的基于统计回归的方法有贝叶斯网络、支持向量机、隐马尔可夫模型和隐半马尔可夫模型等算法。

（1）贝叶斯网络。

贝叶斯网络（Bayesian network）是用来表达或描述定义域内各参数之间不确定性关系的一种结构紧凑的网络，是贝叶斯分类的简单推广[88]。文献[89]提出利用贝叶斯置信网获得过程变量之间的因果关系，准确判断出可疑传感器信息，从而估计所监测的半导体产品质量。动态贝叶斯网络（dynamic Bayesian network）是传统贝叶斯网络的扩展，是连续数据建模的有效工具[90]。Hu 等提出一种以动态贝叶斯网络为基础的集成安全预测模型建立复杂系统的故障发展模型[91]。章龙管等将故障树与贝叶斯网络相结合，利用盾构机报警数据对盾构施工风险及其发展趋势进行有效预测，并通过具体的项目实例验证了该方法的可靠性及适用性[92]。同样，Muller 等提出基于动态贝叶斯网络的退化机制与维修策略相结合的方法[93]。利用贝叶斯原理进行机械设备的退化评估与预测，必须先得到事件的先验概率，然而这在实际生产中较为困难，特别是面临大型复杂系统，事件个数较多且概率关系复杂时，会增加概率计算的复杂程度，这些都限制了贝叶斯理论的使用范围。虽然贝叶斯网络在原有的贝叶斯理论基础上进行了改进，但是获取先验概率困难的问题仍然存在。

（2）支持向量机。

SVM 是 Vapnik 在 1995 年提出的一种监督式学习方法，其优势在于它能够很好地解决小样本、非线性以及高维模式识别等问题。Yang 等介绍 SVM 用于机械设备故障预测系统中的可行性，并提出支持向量机与生存分析相结合的智能机械预测系统，将与生存概率相关的历史数据作为输入训练 SVM，最后用 SVM 预测机械部件个体单元的失效时间[94, 95]。郭磊等提出一种基于支持向量机的评估方法，研究结果表明，机械设备性能退化程度随着特征向量与支持向量机最优分类面之间的几何距离的增大而恶化[96]。邹旺等提出一种基于人工神经网络（artificial neural network，ANN）和 SVM 的轴承剩余使用寿命预测方法。该方法首先将获取的 18 维反映轴承衰退的时域特征和频域特征输入 ANN 模型中做特征抽取，再将输出的 18 维特征向量作为 SVM 模型的输入，进而对轴承剩余使用寿命进行预测[97]。Wang 等提出一种改进的超球结构多类支持向量机（hyper-sphere-structure multi-class support vector machine，HSSMC-SVM），并将其用于滚动轴承的故障分类和性能退化评估[98]。Tran 等将支持向量机与时间序列技术相结合对机械设备进行退化评估和剩余有效寿命预测[99]。但此类方法未能充分利用信号前后时刻的状态信息，在处理故障演化过程中前后时刻的状态存在一定转移关系的信号时，存在一定的局限性。

（3）隐马尔可夫模型和隐半马尔可夫模型。

隐马尔可夫模型（hidden Markov model，HMM）是马尔可夫模型的扩展。在HMM中，潜在的随机过程是不可观的，只能通过另一组观测序列产生的随机过程估计得到，这与机械设备的退化过程在某种程度上是类似的。设备退化状态在实际中一般不能直接观察，只能通过设备表现出来的征兆，如振动、噪声间接观测。HMM凭借能较好地描述隐状态和观测状态的双随机过程属性，在设备的退化评估与预测中越来越受到重视。Boutros等和Baruah等利用HMM实现对刀具的监测[100, 101]。针对HMM需要大量历史数据对模型进行训练和参数估计，而灰色模型（gray model，GM）具有能有效处理不完全数据的特性，Peng等结合HMM和GM各自的优点，提出一种基于HMM和GM的混合方法预测工程设备的剩余使用寿命[102]。隐半马尔可夫模型（hidden semi-Markov model，HSMM）是HMM的扩展，HSMM既有隐马尔可夫链估计复杂概率分布的特性，又有可描述时间结构的特性，因此，HSMM改善了HMM的分辨能力和精度[103]。Dong等使用分段隐半马尔可夫模型，分别用独立的健康状态数据建立并训练每个部件的健康状态的HSMM，再用一组寿命预测数据训练部件的寿命周期的HSMM，结合状态转移点的监测和状态时间概率分布预测部件的剩余有效寿命[104]。曾庆虎等分别使用核主成分分析和小波相关特征尺度熵提取特征向量，以此向量作为HSMM的输入进行训练，建立基于HSMM的设备运行状态分类器与故障预测模型，实现设备退化状态识别与故障预测，并用滚动轴承的失效数据验证其方法的有效性[105-107]。

于宁等采用小波分析的方法对滚动轴承的振动信号进行特征提取与分析，并提出一种新混合模型（即将状态空间模型与HSMM相结合的混合模型）的故障预测诊断方法。通过在动态观测系统中建立故障状态方程，将故障作为关键因子，对其分析处理、使用预测模型进行训练用于分析设备的退化状态，试验结果表明该故障预测诊断模型的准确性较高[108]。传统的HSMM中，状态转移概率在监测过程中始终保持不变，然而，这与实际退化过程不能很好吻合。Liu等用HSMM获取健康状态和状态时间之间的转移概率，利用序列蒙特卡罗（sequential Monte Carlo，SMC）描述健康状态和设备监测的观测值之间的概率关系，将HSMM与SMC相结合进行设备的在线健康预测[109]。HMM虽在轴承的寿命预测方面取得了较好的效果，但此模型需要先验知识去设定状态转移参数，具有一定的局限性。

（4）神经网络算法。

ANN算法是基于数据驱动技术的最常用于设备的退化评估与故障预测的人工智能算法。Gebraeel等采用神经网络退化模型计算和更新剩余寿命的分布信息，利用实时传感器信号训练神经网络初始化失效时间的估计值，以此获得先验的失效时间分布信息，并通过贝叶斯方法根据随后的失效时间的估计值更新之前的失效时间分布信息，达到寿命预测的目的[110]。由于神经网络集成方法的泛化性能比单一的神经网络有明显的改善，Du 等提出一种新的选择性神经网络集成模型预测轴承的剩余寿命，该方法通过模拟退火的粒子群优化算法不仅能从准确多样的神经网络中选择最优子集，且可较好地摆脱局部最优问题[111]。雷亚国等针对相关向量机（relevance vector machine，RVM）中单一核函数在对滚动轴承寿命进行预测时准确低、鲁棒性差的问题，提出一种自适应多核组合 RVM，利用粒子滤波产生核函数权重，通过不断迭代更新自适应获取最优多核组合 RVM，与单一核函数 RVM 相比，得到了更好的预测效果[112]。Pan 等提出了一种基于极限学习机的两阶段预测方法，使用相对均方根值（relative root mean square，RRMS）将滚动轴承运行分为正常运行和降级。当轴承在正常运行阶段时，根据单变量预测原理，利用反馈极限学习机器模型对轴承退化趋势进行实时短期预测。一旦预测值表明轴承已进入降级阶段，相关性分析将敏感特征选择为输入，并且能够多元反馈极端学习机的模型。试验结果表明，该方法具有较高的精度并在学习受限的情况下具有短期预测准确性和更快的运算速度[113]。

随着数据挖掘技术的不断发展，基于 HMM、SVM 及 ANN 等算法逐渐被深度学习算法所替代。深度学习算法本质上是一种具有多隐含层的深度神经网络，它与传统的多层感知器的神经网络的主要区别在于其网络结构更加复杂和庞大，使得其预测效果明显得到提高，近年来被广泛应用于滚动轴承的剩余寿命预测。Ali 等采用韦布尔分布对提取的三个特征进行退化曲线拟合，作为简化模糊自适应共振理论映射神经网络的输入，得到轴承的 7 种运行状态，并提出了一种平滑算法得到轴承剩余寿命的估计值[114]。刘小勇根据滚动轴承原始数据构建退化指标，将退化指标输入长短时记忆（long-short term memory，LSTM）网络，对滚动轴承和涡轮发动机的剩余使用寿命进行了预测，并通过试验数据验证了深度学习方法相较于传统的机器学习方法准确度更高[115]。Nguyen 等利用 LSTM 进行寿命预测，给出了系统在不同时间窗下的故障概率，以平均成本率为标准，获得了比周期性预测策略和理想预测维护策略更好的结果[116]。Wang 等对 LSTM 预测算法进行了改进，将双向长短时记忆（bi-directional long short-term memory，Bi-LSTM）网络应用于负荷的短期预测并取得了很好的试验效果[117]。Liang 等利用 Bi-LSTM 的自适应点扩展方法回归网络消除了局部均值分解（LMD）导致的失真问题[118]。Li 等提出了一种基于分层门控循环单元神经网络的改进健康指标，用于轴承剩余寿命预测。与传统的数据驱动法相比，此深度神经网络无须额外的先验知识，模型参数可联合训练[119]。康守强等提出了一种基于改进稀疏自动编码器（sparse auto encoder，SAE）和 Bi-LSTM 的滚动轴承 RUL 预测方法，该算法首先对 SAE 进行改进，其次利用改进 SAE 对滚动轴承振动信号进行深层特征提取，最后结合

Bi-LSTM 网络实现滚动轴承的 RUL 预测，不仅可以提高模型的收敛速度而且具有较低的预测误差[120]。

3）基于相似性的方法

基于相似性的方法认为设备的寿命和其相同设备在相同状态下具备相似的寿命，其相似性可以通过监测数据来进行计算。Zhang 等采用相空间的相似性方法评估设备的剩余寿命[121]。Liu 等在将滚动轴承监测特征转换到相空间后，先进行归一化然后设计了一种相似性寿命评估算法进行寿命预测[122]。Zhang 等通过监测特征的曲线相似性调整支持向量机的寿命预测模型，提高了滚动轴承预测的准确性[123]。Zhang 等利用特征主成分对滚动轴承进行多特征融合，用互相关函数计算不同轴承间的相似性，根据相似性结果调整支持向量机寿命预测模型进行预测[124]。Wang 基于相关性分析建立特征提取方法，通过计算样本数据与预测数据之间相关特征的相似性，确定参考剩余使用寿命及其权重，通过计算参考剩余使用寿命的加权和来获得剩余使用寿命[125]。谷梦瑶等对多退化特征进行主成分分析融合，然后采用面向单退化变量的相似性寿命预测方法预测设备的剩余寿命[126]。汤燕等利用互相关算法，评价滚动轴承在温度、力矩、振动信号的特征值等方面的差异，在历史寿命的基础上进行寿命预测[127]。雷从英等根据欧几里得距离函数构建了相似性函数，然后以相似性为自变量确定了权重分配函数，并利用加权思想确立了剩余寿命预测模型[128]。李璐等基于相关性分析设计了特征量选取方案，通过计算预测数据与样本数据对应特征量的相似程度确定参考剩余使用寿命与权重，再计算参考剩余使用寿命的加权和，得到剩余使用寿命[129]。瞿家明等改进 HMM 的全寿命状态驻留时间模型，通过对轴承数据进行 Pearson 相似性分析，构造寿命比例调节系数，实现寿命模型参数的动态修正和观测轴承寿命的自适应预测[130]。此类方法在同种工况下且数据间差异不大时具有一定的可行性，但是变工况环境下，数据之间差异过大，此类方法很难实现寿命的准确预测。

数据驱动的滚动轴承预测研究最初采取通过全寿命试验收集历史数据，对历史数据进行分析建模获得预测模型，采用将预测对象的监测数据作为模型输入，模型输出作为预测结果的方法进行。这种方法存在两种不足：首先，针对任意一个预测对象进行全寿命试验收集数据的行为不满足普遍性且成本较高；其次，预测对象的运行条件和全寿命试验存在一定的偏差，由此偏差带来的寿命影响没有被考虑，预测精度不足。为了进一步提高寿命预测的精度和历史数据的应用范围，在预测模型的基础上，通过相似性分析获取预测轴承和历史轴承运行状态差异进而对预测模型主动调整，提高预测模型的泛化性以及预测结果的准确性。

1.3 本书的主要内容

第 1 章绪论，介绍了滚动轴承状态监测与寿命预测的意义、相关研究进展、研究现状及发展趋势。

第 2 章论述了基于随机矩阵理论的滚动轴承早期异常检测和性能退化评估方法，提出了基于随机矩阵特征极值指标、主特征向量和特征极值综合指标、PCA 融合特征指标的滚动轴承早期异常状态检测和性能退化评估方法。

第 3 章论述了基于形态学滤波和噪声辅助增强的滚动轴承早期故障诊断方法，提出了面向信号去噪的基于变分模态分解自适应形态学滤波的滚动轴承早期故障诊断方法、提出了噪声辅助特征增强和 Duffing 振子系统随机共振的故障诊断方法。

第 4 章论述了基于非参数贝叶斯和隐马尔可夫模型结合的滚动轴承性能退化评估方法，提出了基于 DPMM 的滚动轴承退化状态数确定、基于 HDP-HMM 的滚动轴承性能退化评估方法。

第 5 章论述了基于 K-S 检验和数据驱动的滚动轴承性能退化评估和寿命预测方法，提出了面向完备数据的基于 LS-SVM 的滚动轴承寿命预测方法和面向不完备数据的基于灰色模型的滚动轴承寿命预测方法。

第 6 章论述了基于改进隐马尔可夫模型和相似性分析的滚动轴承寿命预测方法，提出了基于改进 HMM 和单维特征相似性分析、多维特征信息融合和相似性分析的滚动轴承寿命预测方法。

参 考 文 献

[1] 王国彪，何正嘉，陈雪峰，等. 机械异常状态检测基础研究“何去何从”. 机械工程学报，2013，49（1）：63-72.

[2] 何正嘉，曹宏瑞，訾艳阳，等. 机械设备运行可靠性评估的发展与思考. 机械工程学报，2014，50(2)：171-186.

[3] 王刚. 基于模糊逻辑的轴承故障早期诊断方法研究. 哈尔滨：哈尔滨工业大学，2008.

[4] Cheng J S，Yang Y，Yu D J. The envelope order spectrum based on generalized demodulation time-frequency analysis and its application to gear fault diagnosis. Mech. Syst. Signal Pr.，2010，24（2）：508-521.

[5] Wang X D，Zi Y Y，He Z J. Multiwavelet denoising with improved neighboring coefficients for application on rolling bearing fault diagnosis. Mech. Syst. Signal Pr.，2011，25（1）：285-304.

[6] 曾庆虎. 机械动力传动系统关键部件故障预测技术研究. 长沙：国防科技大学，2010.

[7] 代伟，柴天佑. 数据驱动的复杂磨矿过程运行优化控制方法. 自动化学报，2014，40（9）：2005-2014.

[8] Lu S L，He Q B，Kong F R. Stochastic resonance with woods-saxon potential for rolling element bearing fault diagnosis. Mech. Syst. Signal Pr.，2014，45（2）：488-503.

[9] 张晗，杜朝辉，方作为，等. 基于稀疏分解理论的航空发动机轴承故障诊断. 机械工程学报，2015，51（1）：97-105.

[10] 尹爱军，王昱，戴宗贤，等. 基于变分自编码器的轴承健康状态评估. 振动、测试与诊断，2020，40（5）：1011-1016，1030.

[11] 姜海燕. 基于时域同步降噪的电动汽车滚动轴承振动信号分析. 轻工科技，2017，33（7）：51-53.

[12] Tandon N，Choudhury A. A review of vibration and acoustic measurement methods for the detection of defects in rolling element bearings. Tribol. Int.，1999，32（8）：469-480.

[13] 汤晓全. 基于小波包与极限学习机的滚动轴承故障诊断方法研究. 重庆：重庆大学，2017.

[14] 马大中，胡旭光，孙秋野. 基于大维数据驱动的油气管网泄漏监控模糊决策方法. 自动化学报，2017，43（8）：1370-1382.

[15] Levy K J. Vázquez-Abad F. Change-point monitoring for online stochastic approximations. Automatica，2010，46（10）：1657-1674.

[16] 吴军，黎国强，吴超勇，等. 数据驱动的滚动轴承性能衰退状态监测方法. 上海交通大学学报，2018，52（5）：538-544.

[17] Heck L P，McClellan J H. Mechanical system monitoring using hidden Markov models//Proceedings-ICASSP，IEEE International Conference on Acoustics. Toronto：Speech and Signal Processing，1991：1697-1700.

[18] 胡桥，何正嘉，訾艳阳，等. 基于模糊支持矢量数据描述的早期故障智能监测诊断. 机械工程学报，2005，（12）：145-150.

[19] 刘新民，刘冠军，邱静. 基于 HMM-SVM 的故障诊断模型及应用. 仪器仪表学报，2006，27（1）：20-26.

[20] Mao W T，Tian S Y，Fan J J，et al. Online detection of bearing incipient fault with semi-supervised architecture and deep feature representation. J. Manuf. Syst.，2020，55：179-198.

[21] Camci F. Dynamic Bayesian networks for machine diagnostics：Hierarchical Hidden Markov Models vs. Competitive Learning//Proceedings of International Joint Conference on Neural Networks. Montreal，2005：1752-1757.

[22] 程军圣，黄文艺，杨宇. 基于 LFSS 和改进 BBA 的滚动轴承在线性能退化评估特征选择方法. 振动与冲击，2018，37（11）：89-94.

[23] Leite G D N P，Araújo A M，Rosas P A C，et al. Entropy measures for early detection of bearing faults. Physica A，2019，514：458-472.

[24] 刘志亮，刘仕林，李兴林，等. 滚动轴承安全域建模方法及其在高速列车异常检测中的应用. 机械工程学报，2017，53（10）：116-124.

[25] 张西宁，张雯雯，周融通，等. 采用单类随机森林的异常检测方法及应用. 西安交通大学学报，2020，54（2）：1-8，157.

[26] 杨超，杨晓霞. 基于灰色关联度和 Teager 能量算子的轴承早期故障诊断. 振动与冲击，2020，39（13）：224-229.

[27] 戴俊，王俊，朱忠奎，等. 基于生成对抗网络和自动编码器的机械系统异常检测. 仪器仪表学报，2019，40（9）：16-26.

[28] 苏文胜. 滚动轴承振动信号处理及特征提取方法研究. 大连：大连理工大学，2010.

[29] 夏俊，贾民平. 基于共振稀疏分解和松鼠优化算法的滚动轴承故障诊断. 振动与冲击，2021，40（4）：250-254.

[30] Mohanty S，Gupta K K，Raju K S，et al. Vibro acoustic signal analysis in fault finding of bearing using empirical mode decomposition//International Conference on Advanced Electronic Systems. Pilani：IEEE，2013.

[31] 马风雷，陈小帅，周小龙. 改进希尔伯特-黄变换的滚动轴承故障诊断. 机械设计与制造，2018，5：75-78.

[32] Wang L N，Wang H B，Cai Y H，et al. Fault diagnosis system of rolling bearing based on wavelet analysis. Appl. Mech. Mater.，2012，166 （2）：951-955.

[33] Muralidharan V，Sugumaranc V. A comparative study of Naïve Bayes classifier and Bayes net classifier for fault

diagnosis of monoblock centrifugal pump using wavelet analysis. Appl. Soft Comput., 2012, 12（8）：2023-2029.
[34] 陈超，沈飞，严如强. 改进LSSVM迁移学习方法的轴承故障诊断. 仪器仪表学报，2017，38（1）：33-40.
[35] 贺岩松，黄毅，徐中明，等. 基于小波奇异熵与SOFM神经网络的电机轴承故障识别. 振动与冲击，2017，36（10）：217-223.
[36] 杨平，苏燕辰，张振. 基于卷积胶囊网络的滚动轴承故障诊断研究. 振动与冲击，2020，39（4）：55-62，68.
[37] 王新，闫文源. 基于变分模态分解和SVM的滚动轴承故障诊断. 振动与冲击，2017，36（18）：252-256.
[38] 邹龙庆，陈桂娟，邢俊杰，等. 基于LMD样本熵与SVM的往复压缩机故障诊断方法. 噪声与振动控制，2014，34（6）：174-177.
[39] 庞谦. 基于SVM和BP神经网络的滚动轴承故障诊断研究. 青岛：青岛大学，2020.
[40] Shah A K，Yadav A，Malik H. EMD and ANN based intelligent model for bearing fault diagnosis. J. Intell. Fuzzy Syst., 2018，35（5）：5391-5402.
[41] Zhu J，Wang C，Hu Z，et al. Adaptive variational mode decomposition based on artificial fish swarm algorithm for fault diagnosis of rolling bearings. Proceedings of the Institution of Mechanical Engineers，Part C：J. Mech. Eng. Sci. 2017，231（4）：635-654.
[42] Wang X B，Yang Z X，Yan X A. Novel particle swarm optimization-based variational mode decomposition method for the fault diagnosis of complex rotating machinery. IEEE-ASME T. Mech., 2017，23（1）：68-79.
[43] 张志强，孙若斌，徐冠基，等. 采用非相关字典学习的滚动轴承故障诊断方法. 西安交通大学学报，2019，53（6）：29-34.
[44] 李静娇. 基于声学信号的滚动轴承故障诊断研究及应用. 石家庄：石家庄铁道大学，2017.
[45] Guo M F，Zeng X D，Chen D Y，et al. Deep-learning-based earth fault detection using continuous wavelet transform and convolutional neural network in resonant grounding distribution systems. IEEE Sens. J., 2017，18（3）：1291-1300.
[46] 唐波，陈慎慎. 基于深度卷积神经网络的轴承故障诊断方法. 电子测量与仪器学报，2020，34（3）：88-93.
[47] Zhang W，Li C H，Peng G L，et al. A deep convolutional neural network with new training methods for bearing fault diagnosis under noisy environment and different working load. Mech. Syst. Signal Pr., 2018，100：439-453.
[48] Janssens J O，Slavkovij V，Vervisch B，et al. Convolutional neural network based fault detection for rotating machinery. J. Sound Vib., 2016，（337）：331-345.
[49] 宫文峰，陈辉，张美玲，等. 基于深度学习的电机轴承微小故障智能诊断方法. 仪器仪表学报，2020，41（1）：195-205.
[50] Zhao X L，Jia M P. A novel deep fuzzy clustering neural network model and its application in rolling bearing fault recognition. Meas. Sci. Technol., 2018，29（12）：21-27.
[51] 雷亚国，杨彬，杜兆钧，等. 大数据下机械装备故障的深度迁移诊断方法. 机械工程学报，2019，55（7）：1-8.
[52] 沈长青，王旭，王冬，等. 基于多尺度卷积类内迁移学习的列车轴承故障诊断. 交通运输工程学报，2020，20（5）：151-164.
[53] 朱文昌，罗梦婷，倪广县，等. 随机矩阵理论和主成分分析融合的滚动轴承性能退化评估方法. 西安交通大学学报，2021，55（2）：55-63.
[54] 周建民，黎慧，张龙，等. 基于EMD和逻辑回归的轴承性能退化评估. 机械设计与研究，2016，32（5）：72-75，79.
[55] 康守强，王玉静，崔历历，等. 基于CFOA-MKHSVM的滚动轴承健康状态评估方法. 仪器仪表学报，2016，37（9）：2029-2035.

[56] 程道来，魏婷婷，潘玉娜，等. 基于 DBN-SVDD 的滚动轴承性能退化评估方法. 轴承，2021，10：41-46.

[57] Hu M T，Wang G F，Ma K L，et al. Bearing performance degradation assessment based on optimized EWT and CNN. Measurement，2021，172（2）：108868.

[58] 尹爱军，张智禹，李海珠. 同步抽取变换与复小波结构相似性指数的滚动轴承性能退化评估. 振动与冲击，2020，39（6）：205-209.

[59] 李玉庆，王日新，徐敏强，等. 针对滚动体损伤的滚动轴承损伤严重程度评估方法. 振动与冲击，2013，32（18）：169-173.

[60] 刘弹，李晓婉，梁霖，等. 采用时间序列突变点检测的滚动轴承性能退化评价方法. 西安交通大学学报，2019，（53）12：10-16.

[61] Chen B Y，Li H R，He Y，et al. A hybrid domain degradation feature extraction method for motor bearing based on distance evaluation technique. Int. J. Rotating Mach.，2017，2017（22）：1-11.

[62] Zhao L，Wang X. A deep feature optimization fusion method for extracting bearing degradation features. IEEE Access，2018，（99）：19553-19640.

[63] 朱义，陈进. 基于 HMM 的设备性能退化评估方法的研究//第 11 届全国设备故障诊断学术会议论文集. 中国振动工程学会. 西宁，2008：110-112.

[64] 肖文斌，陈进，周宇，等. 耦合隐马尔可夫模型在轴承故障诊断中的应用. 噪声与振动控制，2011，32（6）：161-164.

[65] Jiang H，Chen J，Dong G. Hidden markov model and nuisance attribute projection based bearing performance degradation assessment. Mech. Syst. Signal Pr.，2016，72-73：184-205.

[66] 胡小曼，王艳，纪志成. 模糊信息粒化与改进 RVM 的滚动轴承寿命预测. 系统仿真学报，2021，33（11）：2561-2571.

[67] 陈雪峰. 智能运维与健康管理. 北京：机械工业出版社，2018：1-20.

[68] 袁烨，张永，丁汉. 工业人工智能的关键技术及其在预测性维护中的应用现状. 自动化学报，2020，46（10）：2013-2030.

[69] 林棻，唐洁，赵又群，等. 基于修正 L-P 模型的轮毂轴承载荷分布与弯曲疲劳寿命分析. 中国机械工程，2020，31（8）：898-906.

[70] Tallian T E. Data fitted bearing life prediction model for variable operating conditions. Tribol. T.，1999，42（1）：241-249.

[71] Paris P，Erdogan F. A critical analysis of crack propagation law. J. Basic Eng.，1963，85：523-528.

[72] Forman R G. Study of fatigue crack initiation from flaws using fracture mechanics theory. Pergamon，1972，4（2）：333-345.

[73] Keer L M，Bryant M D. A pitting model for rolling contact fatigue. J. Lubr. Technol.，1983，105（2）：198-205.

[74] Li Y，Billington S，Zhang C，et al. Adaptive prognostics for rolling element bearing condition. Mech. Syst. Signal Pr.，1999，13（1）：103-113.

[75] Li Y，Kurfess T R，Liang S Y. Stochastic prognostics for rolling element bearings. Mech. Syst. Signal Pr.，2000，14（5）：747-762.

[76] Li C J，Lee H. Gear fatigue crack prognosis using embedded model，gear dynamic model and fracture mechanics. Mech. Syst. Signal Pr.，2005，19（4）：836-846.

[77] Choi S，Li C J. Model based spur gear failure prediction using gear diagnosis//Asme International Mechanical Engineering Congress and Exposition. Orlando：ASME，2005.

[78] Asok R，Sckhar T. Stochastic modeling of fatigue crack dynamics for online failure prognostics. IEEE T. Contr.

Syst. T.，1996，4（4)：443-451.

[79] Orsagh R F，Roemer M，Sheldon J. A comprehensive prognostics approach for predicting gas turbine engine bearing life//2004 ASME Turbo Expo. Vienna：ASME，2004：1-9.

[80] Orsagh R F，Sheldon J，Klenke C J. Prognostics/diagnostics for gas turbine engine bearings//Proceedings of the IEEE Aerospace Conference. Atlanta：ASME，2003：3095-3103.

[81] Kacprzynski G J，Sarlashkar A，Roemer M J，et al. Predicting remaining life by fusing the physics of failure modeling with diagnostics. JOM，2004，56（3)：29-35.

[82] Qiu J，Seth B，Liang S，et al. Damage mechanics approach for bearing lifetime prognostics. Mech. Syst. Signal Pr.，2002，16（5)：817-829.

[83] Yan J H，Guo C Z，Wang X. A dynamic multi-scale Markov model based methodology for remaining life prediction. Mech. Syst. Signal Pr.，2011，25（4)：1364-1376.

[84] Hack-Eun K，Andy C C T，Joseph M，et al. Bearing fault prognosis based on health state probability estimation. Expert. Syst. Appl.，2012，39（5)：5200-5213.

[85] Liu Z L，Zuo M J，Qin Y. Remaining useful life prediction of rolling element bearings based on health state assessment. P. I. Mech. Eng. C-J. Mec.，2016，230（2)：314-330.

[86] 马波，彭琦，杨灵. 动态状态空间模型及粒子滤波方法在滚动轴承寿命预测中的应用研究. 机械设计与制造，2018，4：80-83.

[87] 苗学问，田喜明，洪杰. 基于支持向量机的滚动轴承状态寿命模型. 航空动力学报，2008，23（12)：2190-2195.

[88] 高柯柯，于重重，晏臻. 基于动态贝叶斯网络的智能工厂设备健康评估方法研究. 机电工程，2021，38（6)：768-773.

[89] Yang L，Lee J. Bayesian belief network-based approach for diagnostics and prognostics of semiconductor manufacturing systems. Robot. Cim-Int. Manuf.，2012，28（1)：66-74.

[90] Zhang Z D，Dong F L. Fault detection and diagnosis for missing data systems with a three time-slice dynamic Bayesian network approach. Chemometr. Intell. Lab.，2014，138：30-44.

[91] Hu J Q，Zhang L B，Ma L，et al. An integrated safety prognosis model for complex system based on dynamic Bayesian network and ant colony algorithm. Expert. Syst. Appl.，2011，38（3)：1431-1446.

[92] 章龙管，刘绥美，李开富，等.基于故障树与贝叶斯网络的地铁盾构施工风险预测. 现代隧道技术，2021，58（5)：21-29，55.

[93] Muller A，Suhner M C，Iung B. Formalisation of a new prognosis model for supporting proactive maintenance implementation on industrial system. Reliab. Eng. Syst. Saf.，2008，93（2)：234-253.

[94] Yang B S，Widodo A. Support vector machine for machine fault diagnosis and prognosis. J. Syst. Design Dyn.，2008，2（1)：12-23.

[95] Widodo A，Yang B S. Machine health prognostics using survival probability and support vector machine. Expert. Syst. Appl.，2011，38（7)：8430-8437.

[96] 郭磊，陈进，赵发刚，等. 基于支持向量机的几何距离方法在设备性能退化评估中的应用. 上海交通大学学报，2008，42（7)：1077-1080.

[97] 邹旺，江伟，冯俊杰，等. 基于 ANN 和 SVM 的轴承剩余使用寿命预测. 组合机床与自动化加工技术，2021，1：32-35.

[98] Wang Y J，Kang S Q，Jiang Y C，et al. Classification of fault location and the degree of performance degradation of a rolling bearing based on an improved hyper-sphere-structured multi-class support vector machine. Mech. Syst. Signal Pr.，2012，29（3)：404-414.

[99] Tran V T，Pham H T，Yang B S，et al. Machine performance degradation assessment and remaining useful life prediction using proportional hazard model and support vector machine. Mech. Syst. Signal Pr.，2012，32（10）：320-330.

[100] Boutros T，Liang M. Detection and diagnosis of bearing and cutting tool faults using hidden Markov models. Mech. Syst. Signal Pr.，2011，25（6）：2102-2124.

[101] Baruah P，Chinnam R B. HMMs for diagnostics and prognostics in machining processes. Int. J. Prod. Res.，2005，43（6）：1257-1293.

[102] Peng Y，Dong M. A hybrid approach of HMM and grey model for age-dependent health prediction of engineering assets. Expert. Syst. Appl.，2011，38（10）：12946-12953.

[103] 曾庆虎，邱静，刘冠军. 基于隐半马尔可夫模型设备退化状态识别方法研究. 机械科学与技术，2008，27（4）：429-432.

[104] Dong M，He D.A segmental hidden semi-Markov model（HSMM）-based diagnostics and prognostics framework and methodology. Mech. Syst. Signal Pr.，2007，21（5）：2248-2266.

[105] 曾庆虎，邱静，刘冠军. 基于小波相关特征尺度熵的 HSMM 设备退化状态识别与故障预测方法. 仪器仪表学报，2008，29（12）：2559-2564.

[106] 曾庆虎，邱静，刘冠军. 小波相关特征尺度熵和隐半马尔可夫模型在设备退化状态识别中的应用. 机械工程学报，2008，44（11）：236-247.

[107] 曾庆虎，邱静，刘冠军. 基于 KPCA-HSMM 的设备退化状态识别与故障预测方法研究. 仪器仪表学报，2009，30（7）：1341-1346.

[108] 于宁，王艳红，蔡明，等. 基于 HSMM 的机械故障演化预测诊断研究. 组合机床与自动化加工技术，2018，1：56-59.

[109] Liu Q M，Dong M，Peng Y. A novel method for online health prognosis of equipment based on hidden semi-Markov model using sequential Monte Carlo methods. Mech. Syst. Signal Pr.，2012，32（10）：331-348.

[110] Gebraeel N Z，Lawley M A. A neural network degradation model for computing and updating residual life distributions. IEEE T. Autom. Sci. Eng.，2008，5（1）：154-163.

[111] Du S C，Lv J，Xi L F. Degradation process prediction for rotational machinery based on hybrid intelligent model. Robot. Cim-Int. Manuf.，2012，28（2）：190-207.

[112] 雷亚国，陈吴，李乃鹏，等. 自适应多核组合相关向量机预测方法及其在机械设备剩余寿命预测中的应用. 机械工程学报，2016，52（1）：87-93.

[113] Pan Z Z，Meng Z，Chen Z J，et al. A two-stage method based on extreme learning machine for predicting the remaining useful life of rolling-element bearings. Mech. Syst. Signal Pr.，2020，144（10）：106899.

[114] Ali J B，Chebel-Morello B，Saidi L，et al. Accurate bearing remaining useful life prediction based on Weibull distribution and artificial neural network. Mech. Syst. Signal Pr.，2015，56-57：150-172.

[115] 刘小勇. 基于深度学习的机械设备退化状态建模及剩余寿命预测研究. 哈尔滨：哈尔滨工业大学，2018.

[116] Nguyen K T P，Medjaher K. A new dynamic predictive maintenance framework using deep learning for failure prognostics. Reliab. Eng. Syst. Safe.，2019，188：251-262.

[117] Wang S X，Wang X，Wang S M，et al. Bi-directional long short-term memory method based on attention mechanism and rolling update for short-term load forecasting. Electr. Power Energy Syst.，2019，109：470-479.

[118] Liang J H，Wang L P，Wu J，et al. Elimination of end effects in LMD by Bi-LSTM regression network and applications for rolling element bearings characteristic extraction under different loading conditions. Digit. Signal Process.，2020，107（12）：102881.

[119] Li X Q，Jiang H K，Xiong X，et al. Rolling bearing health prognosis using a modified health index based hierarchical gated recurrent unit network. Mech. Mach. Theory.，2019，133：229-249.

[120] 康守强，周月，王玉静，等. 基于改进 SAE 和双向 LSTM 的滚动轴承 RUL 预测方法. 自动化学报，2020，46（10）：2013-2030.

[121] Zhang Q，Tse P W T，Wan X，et al. Remaining useful life estimation for mechanical systems based on similarity of phase space trajectory. Expert. Syst. Appl.，2015，42（5）：2353-2360.

[122] Liu F，He B，Liu Y B，et al. Phase space similarity as a signature for rolling bearing fault diagnosis and remaining useful life estimation. Shock Vib.，2016，2016：1-12.

[123] Zhang L P，Lu C，Tao L F. Curve similarity recognition based rolling bearing degradation state estimation and lifetime prediction. J. Vibroengineering，2016，18（5）：2839-2854.

[124] Zhang B，Wang H，Tang Y，et al. Residual useful life prediction for slewing bearing based on similarity under different working conditions. Exp. Techniques，2018，42（3）：279-289.

[125] Wang L. Research on the remaining Service life prediction of mechanical equipment based on similarity principle//2018 International Conference on Sensing，Diagnostics，Prognostics，and Control （SDPC）. Xi'an：IEEE，2018：631-635.

[126] 谷梦瑶，陈友玲，王新龙. 多退化变量下基于实时健康度的相似性寿命预测方法. 计算机集成制造系统，2017，23（2）：362-372.

[127] 汤燕，王华，庞碧涛，等. 转盘轴承的相似性寿命预测方法研究. 轴承，2017，2：7-11.

[128] 雷从英，夏良华，林智崧. 基于相似性的装备部件剩余寿命预测研究. 火力与指挥控制，2014，39（4）：91-94.

[129] 武斌，李璐，宋建成，等. 基于相似性的机械设备剩余使用寿命预测方法. 工矿自动化，2016，42（6）：52-56.

[130] 瞿家明，周易文，王恒，等. 基于改进 HMM 和 Pearson 相似度分析的滚动轴承自适应寿命预测方法. 振动与冲击，2020，39（8）：172-177，201.

第 2 章　基于随机矩阵理论的滚动轴承早期异常检测与性能退化评估

状态监测和故障诊断对于保障机械设备服役安全具有重要意义。一方面，监测系统采集了海量数据来反映设备运行状态，机械健康监测进入“大数据”时代；另一方面，故障诊断面临着故障样本稀缺甚至缺乏、故障模式不完备等先验知识匮乏的现实问题。针对设备状态监测面临“数据爆炸、知识贫乏”的问题，本章利用故障诊断、机器学习、矩阵理论、多元统计的深度交叉融合，通过滚动轴承健康监测海量、高维、时空数据的数据挖掘与知识表达，研究基于随机矩阵理论的机械设备状态异常检测理论、方法与评价体系，实现大数据驱动的轴承异常状态检测、识别、认知与评估，为工业大数据环境下的机械设备性能保持与健康管理提供理论指导。

2.1　随机矩阵理论简介

随机矩阵是由某些概率空间下的随机变量作为元素的矩阵，随机矩阵理论主要是研究在满足某些条件下随机矩阵的特征根和特征向量的性质。随机矩阵理论是在量子物理领域研究中逐渐兴起的，经过不断研究发展出了大维随机矩阵极限谱分析理论，主要理论分类如图 2-1 所示。20 世纪 50 年代发展出高斯矩阵的半圆律，1967 年 Marcenko 和 Pastur 针对大样本协方差矩阵提出了其极限谱分布 M-P 律。本章主要研究随机矩阵的经验谱分布及其极限谱分布。经验谱分布的极限就是极限谱分布，通常情况下极限谱分布都是非随机的[1-3]。常见的随机矩阵有高斯随机矩阵、Wigner 随机矩阵、Wishart 随机矩阵、Haar 随机矩阵和样本协方差矩阵等[4]。

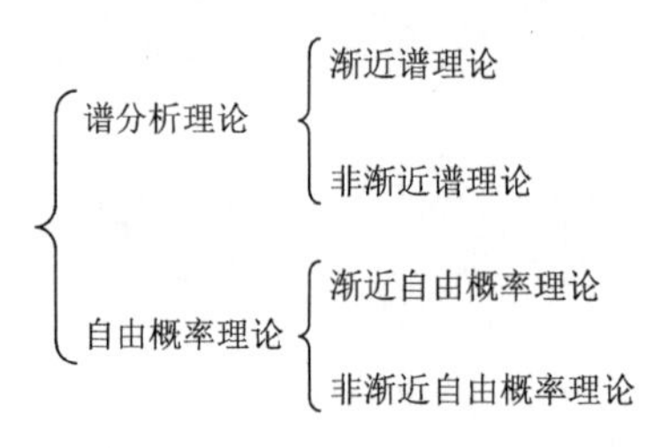

图 2-1　随机矩阵理论分类

2.1.1　常见随机矩阵

1. Wigner 矩阵

令矩阵 $\boldsymbol{W}_n = n^{-1/2}(\omega_{ij})_{i,j=1}^{n}$ 是一个埃尔米特（Hermitian）矩阵并满足包含对角线

的上三角元素独立、期望为 0、方差为 1，称矩阵为一个 n 维的 Wigner 矩阵，简称 Wigner 矩阵。

2. 样本协方差矩阵

设 $\boldsymbol{X}_n=(x_{ij})_{m\times n}$ 是一个 p 维复数随机矩阵，其中 x_{ij} 独立分布且满足期望为 0、方差为 1，按照式（2.1）处理，将矩阵 $\boldsymbol{S}_n$ 称为样本协方差矩阵：

$$\boldsymbol{S}_n=\frac{1}{n}\sum_{i=1}^{n}\boldsymbol{X}_i\boldsymbol{X}_i^{\mathrm{T}}=\frac{1}{n}\boldsymbol{X}_n\boldsymbol{X}_n^{\mathrm{T}} \tag{2.1}$$

式中，$\boldsymbol{X}_i$ 为矩阵 $\boldsymbol{X}_n$ 的第 i 列，$\boldsymbol{X}_i^{\mathrm{T}}$ 表示 $\boldsymbol{X}_i$ 的复共轭转置矩阵。

3. 广义样本协方差矩阵

设 $\boldsymbol{T}_n$ 是一个非随机埃尔米特矩阵，$\boldsymbol{T}_n^{1/2}$ 为矩阵的任意一个开方矩阵，满足 $(\boldsymbol{T}_n^{1/2})^2=\boldsymbol{T}_n$：

$$\boldsymbol{S}_T=\frac{1}{n}\boldsymbol{T}_n^{1/2}\boldsymbol{A}_n\boldsymbol{A}_n^{\mathrm{T}}\boldsymbol{T}_n^{1/2} \tag{2.2}$$

由式（2.2）得到的矩阵 $\boldsymbol{S}_T$ 即为样本广义协方差矩阵。

2.1.2　M-P 律

对于一个 $m\times n$ 的矩阵 $\boldsymbol{B}_n$，其均值为 0，方差为 σ^2，满足独立同分布要求，当 $m/n\to\infty$ 时，样本广义协方差矩阵 $\boldsymbol{S}_T$ 的经验谱分布以概率 1 收敛于 M-P 律，概率密度函数为

$$F'(x)=\begin{cases}\dfrac{1}{2\pi px\sigma^2}\sqrt{(b-x)(x-a)}, & a\leqslant x\leqslant b\\ 0, & \text{其他}\end{cases} \tag{2.3}$$

式中，$a=\sigma^2(1-\sqrt{c})^2$；$b=\sigma^2(1+\sqrt{c})^2$；$c=m/n$。

2.1.3　半圆律

假设矩阵 $\boldsymbol{A}_{i,j}\in\mathbf{C}^{n\times n}$ 满足标准 Wigner 矩阵要求，当 n 足够大时，其满足

$$\max_{1\leqslant i\leqslant j\leqslant n}E[|\boldsymbol{A}_{i,j}|^4]\leqslant\frac{x}{n^2} \tag{2.4}$$

式中，x 为常数，矩阵 $\boldsymbol{A}_{i,j}$ 的经验谱分布以概率 1 收敛于半圆律，概率密度函数如式（2.5）所示：

$$F'(a)=\begin{cases}\dfrac{1}{2\pi}\sqrt{4-a^2}, & |a|\leqslant 2\\ 0, & 其他\end{cases} \tag{2.5}$$

2.1.4 单环理论

单环理论（single ring theorem）是用于处理非 Hermitian 矩阵的一种数据处理方法，由 Guionnet、Krishnapur 和 Zeitouni 等在 2009 年提出。

设对于 n 维非 Hermitian 矩阵 $\boldsymbol{H}$，可以对其进行分解得到

$$\boldsymbol{H}=\boldsymbol{P\Omega Q} \tag{2.6}$$

式中，$\boldsymbol{P}\in\mathbf{C}^{n\times n}$，$\boldsymbol{Q}\in\mathbf{C}^{n\times n}$，矩阵 $\boldsymbol{P}$ 和 $\boldsymbol{Q}$ 为 Haar 酉矩阵；$\boldsymbol{\Omega}$ 为对角阵，其对角线元素即为矩阵 $\boldsymbol{H}$ 的奇异值。

如果一个维数为 p 的正交随机矩阵 $\boldsymbol{H}_p$ 的分布符合 Haar 测度，则称它为 Haar 矩阵，Haar 矩阵是酉矩阵，它满足式（2.7）：

$$\boldsymbol{H}_p\boldsymbol{H}_p^{\mathrm{H}}=\boldsymbol{H}_p^{\mathrm{H}}\boldsymbol{H}_p=\boldsymbol{I} \tag{2.7}$$

对于一个 $n\times n$ 的矩阵 $\boldsymbol{E}$，如果它的元素服从正态分布，则矩阵 $\boldsymbol{E}'=(\boldsymbol{EE}')^{-1/2}\boldsymbol{E}$ 和 $\boldsymbol{E}''=\boldsymbol{E}(\boldsymbol{E}'\boldsymbol{E})^{-1/2}$ 都是 Haar 矩阵。并且，如果 $\boldsymbol{H}_p$ 服从 Haar 分布，那么 $\boldsymbol{H}_p^{\mathrm{T}}$ 也服从 Haar 分布[5]。

矩阵 $\boldsymbol{H}$ 的极限谱分布由奇异值的概率测度唯一确定，且特征值在复平面上均匀分布在内圈和外圈之间，圆环的外圈半径和内圈半径分别为

$$\begin{cases} r_{\text{out}}=\left(\int x^2\mu\mathrm{d}x\right)^{1/2}\\ r_{\text{in}}=\left(\int x^{-2}\mu\mathrm{d}x\right)^{-1/2}\end{cases} \tag{2.8}$$

式中，μ 为矩阵 $\boldsymbol{H}$ 的奇异值概率测度。

2.2 滚动轴承监测数据随机矩阵构造

根据滚动轴承健康监测数据特点，采用大数据分析架构对其进行处理。设监测特征维数为 N、监测时间为 T、监测节点数为 M，在采样时刻 t_i，设备第 j 个节点所监测的第 q 个运行状态特征量定义为监测数据子空间：

$$x_{jq}(t_i),\quad t_i=1,2,\cdots,T;j=1,2,\cdots,M;q=1,2,\cdots,N$$

对节点 j 而言，监测的所有 N 个特征量可以构成一个列向量，即

$$\boldsymbol{x}_j(t_i)=[x_{j1},x_{j2},\cdots,x_{jN}]^{\mathrm{T}} \tag{2.9}$$

将不同采样时刻的监测数据按照时间顺序排列，构成一个时间序列矩阵，即

$$\boldsymbol{X}=[\boldsymbol{x}_j(t_1),\boldsymbol{x}_j(t_2),\cdots,\boldsymbol{x}_j(t_i),\cdots],\quad j=1,2,\cdots,M \tag{2.10}$$

该矩阵即为轴承监测数据矩阵。

为了对特定时刻、特定节点的数据进行实时分析，采用时间窗方法对时间区间和空间区域参数进行设定，在监测数据矩阵 $\boldsymbol{X}$ 中锁定轴承特定时空断面的数据信息。设时间窗口的规模为 $N\times W$，则在采样时刻 t_i，对节点 j 构成矩阵为

$$\boldsymbol{X}_j(t_i)=[\boldsymbol{x}_j(t_i-W+1),\boldsymbol{x}_j(t_i-W+2),\cdots,\boldsymbol{x}_j(t_i)],\quad i=1,2,\cdots,N;j=1,2,\cdots,M \tag{2.11}$$

时间窗矩阵 $\boldsymbol{X}_j(t_i)$ 是特定时间段的采样数据，可以理解为监测数据矩阵 $\boldsymbol{X}$ 在特定节点和时间的数据子空间，能够反映滚动轴承在特定时空断面的运行状态。

对每组采样数据进行包括时域、频域、时频域在内的多域特征提取。不同时域指标值对故障的敏感性和稳定性有所区别，综合运用时、频域特征指标可更好地对轴承进行实时在线检测，提取均值、标准差、波形指标、极大值、极小值及有效值等特征，数量为 s_1；同时提取平均频率、中心频率、频率均方根等频域特征，数量为 s_2，时频域特征指标数量为 s_3。按照上述描述，对每组采样数据进行多域特征提取，共提取特征 s 个，则 $s=s_1+s_2+s_3$，构造出特征矩阵 $\boldsymbol{Z}$，为了统一特征量纲，对 $\boldsymbol{Z}$ 进行归一化处理。对于特征数量，s 需要参与下一步运算，同类研究在特征提取数量上大多没有明确的要求，为符合矩阵要求，要求其数量尽可能多。

采用矩阵拼接、复制等手段对特征矩阵进行扩充，如式（2.12）所示：

$$\boldsymbol{Z}'=[\boldsymbol{Z},\boldsymbol{Z},\cdots,\boldsymbol{Z}]_h,\quad h=1,2,3,\cdots \tag{2.12}$$

式中，h 为扩充模数，根据数据特点对 $\boldsymbol{Z}$ 进行相同模式的扩充，得到 $\boldsymbol{Z}'\in\mathbf{C}^{m\times n}$。

t_i 时刻的监测数据特征矩阵初值为 $z_{i,0}$，模拟矩阵中的元素 $\tilde{z}_{i,k}$ 为 $z_{i,0}$ 与特征矩阵前 $k-1$ 个增量的和，按照式（2.13）采用模拟矩阵方法建立矩阵 $\tilde{\boldsymbol{Z}}$：

$$\begin{cases}\tilde{\boldsymbol{Z}}_{i,k}=z_{i,0},\ k=1\\ \tilde{\boldsymbol{Z}}_{i,k}=\tilde{z}_{i,0}+\sum\limits_{j=2}^{k}\Delta\tilde{\boldsymbol{Z}}_{i,j-1},\ k\geqslant 2\end{cases} \tag{2.13}$$

式中，$\tilde{z}_{i,k}$ 为最终构得矩阵 $\tilde{\boldsymbol{Z}}$ 内的元素，其中 $\tilde{z}_{i,k}$ 为第 i 个特征第 k 次的特征值。模拟矩阵 $\tilde{\boldsymbol{Z}}$ 的规模与矩阵相同，根据式（2.14）构造随机监测矩阵 $\boldsymbol{Y}\in\mathbf{C}^{m\times n}$：

$$\boldsymbol{Y}=\boldsymbol{Z}'+\theta\tilde{\boldsymbol{Z}} \tag{2.14}$$

式中，θ 为随机系数，作用是保证 $\boldsymbol{Y}$ 与 $\boldsymbol{Z}'$ 元素保持在同一数量级，而且规模相同，定义 $\boldsymbol{Y}$ 行列之比 $c=m/n$。

当满足 $m \to \infty$ 且 $m/n = c \to 1$ 时，根据式（2.15）构造采样协方差矩阵：

$$\boldsymbol{R}_X(N) = \frac{1}{N}\boldsymbol{X}\boldsymbol{X}^{\mathrm{H}} \tag{2.15}$$

根据随机矩阵理论，样本协方差矩阵与总体协方差矩阵谱结构存在着定量关系，当样本维数相对于样本量成比例变化且趋于无穷时，在适当的条件下，$\boldsymbol{R}_{Z'}(L)$ 的经验谱分布将收敛于一个确定的分布[6-8]。

2.2.1 IMS 滚动轴承全寿命数据构造实例

1. IMS 滚动轴承全寿命数据介绍

滚动轴承全寿命试验数据来自美国航空航天局（NASA）网站，试验由辛辛那提大学智能维护系统（intelligent maintenance system，IMS）中心完成，试验装置如图 2-2 所示[9]。4 个由 Rexnord 公司制造的型号为 ZA-2115 双列滚子轴承布置在同一主轴上，轴承参数如表 2-1 所示。电机转速 2000r/min，通过弹簧机构向轴承施加 2722kg 的径向载荷，试验装置每 10min 进行一次数据采集，采样频率 20kHz，试验进行到 164 小时轴承 1 出现严重故障认定为失效，共采集 984 组数据，采用轴承 1 的全寿命振动数据进行分析研究。

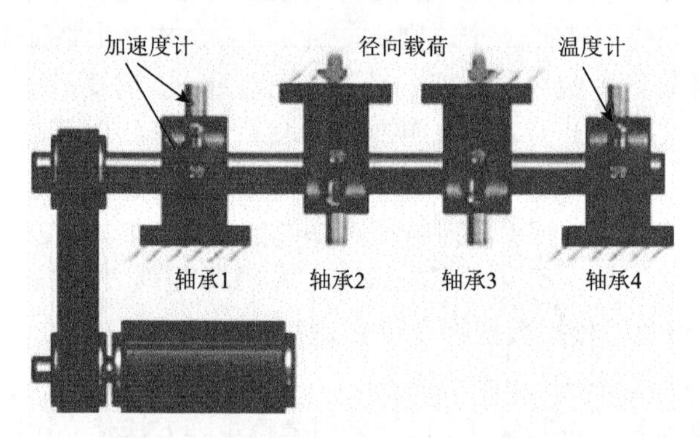

图 2-2　滚动轴承全寿命试验装置示意图

表 2-1　IMS 全寿命试验轴承参数

轴承节径 D/mm	滚动体直径 d/mm	滚动体个数 n/个	接触角 α/(°)
71.5	8.4	16	15.17

2. IMS 滚动轴承全寿命试验数据随机矩阵构造

选取 IMS 滚动轴承全寿命试验中轴承 1 的数据，监测维度 $N=1$，时间

$T = 984$，按照式（2.9）将监测时间点数据构成时间序列矩阵，利用式（2.10）对监测数据进行矩阵构造，得到监测数据矩阵 $\boldsymbol{X} \in \mathbf{C}^{20480\times 984}$。

进一步利用时间窗技术对监测数据进行数据框定，时间窗规模为 10，即时间节点为 $t_i \sim t_{i+9}$ 的数据构成矩阵，然后对选取的监测数据子空间进行特征提取，根据数据特点提取时域特征 30 个，即 $s = s_1 = 30$，从而构成特征矩阵 $\boldsymbol{Z}$ 并进行归一化处理得到矩阵，典型时域特征指标如表 2-2 所示。

表 2-2　典型时域特征指标

时域指标	公式	时域指标	公式
均值指标	$\bar{X} = \dfrac{1}{N}\sum_{i=1}^{N}\lvert x_i \rvert$	峰值指标	$X_p = \dfrac{1}{N}\sum_{i=1}^{N} x_{pi}$
均方根	$X_{\mathrm{rms}} = \sqrt{\dfrac{1}{N}\sum_{i=1}^{N} x_i^2}$	峭度指标	$K = \dfrac{1}{N}\dfrac{\sum_{i=1}^{N}(\lvert x_i \rvert - \bar{X})^4}{X_{\mathrm{rms}}^4}$
峰值因子	$I_p = \dfrac{X_p}{X_{\mathrm{rms}}}$	脉冲指标	$C_f = \dfrac{X_p}{\bar{X}}$
裕度指标	$C_\varepsilon = \dfrac{X_{\mathrm{rms}}}{\bar{X}}$	波形因子	$W_s = \dfrac{X_{\mathrm{rms}}}{\lvert X \rvert}$

在研究中，涉及了行列之比如 0.4、0.5、0.6、0.8 等多种规模的随机矩阵构造，就 $c = 0.8$ 的规模而言，首先对特征矩阵按照式（2.12）进行数据扩充，然后结合式（2.13）构造模拟矩阵 $\tilde{\boldsymbol{Z}}$，进而利用式（2.14）将扩充特征矩阵和模拟矩阵在相同的数量级下融合生成随机矩阵 $\boldsymbol{Y}$。

2.2.2　XJTU-SY 滚动轴承全寿命数据构造实例

1. XJTU-SY 滚动轴承全寿命数据介绍

试验台由交流电机、电机转速控制器、转轴、支撑轴承、液压加载系统和测试轴承等部件组成，如图 2-3 所示。在 2100r/min、2250r/min 和 2400r/min 三种不同转速下开展了待测轴承的全寿命试验，具体工况如表 2-3 所示。待测轴承型号为 LDKUER204，参数如表 2-4 所示。两个 PCB352C33 单向加速度传感器分别固定在测试轴承的水平和竖直方向上，使用 DT9837 动态信号采集器采集振动信号，如图 2-4 所示，采样频率设为 25.6kHz，采样间隔为 1min，共采集了 15 组滚动轴承正常运行到失效数据[10, 11]。本节采用 2400r/min 转速下轴承的试验数据进行分析。

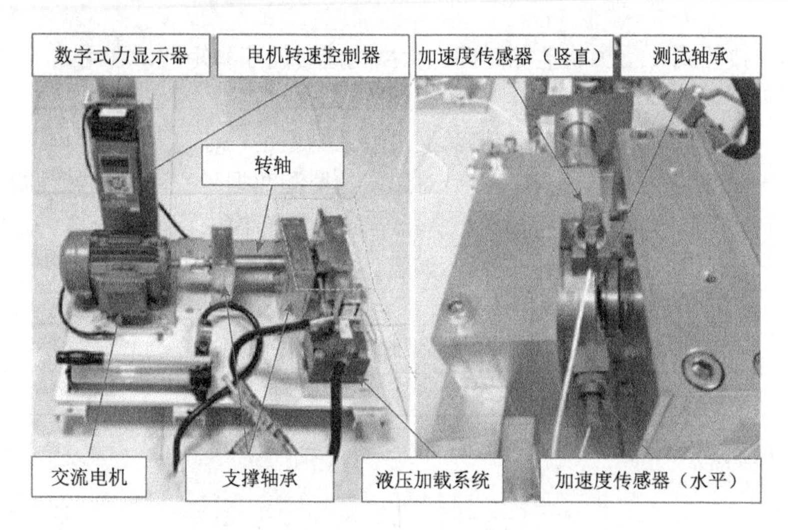

图 2-3　XJTU-SY 滚动轴承全寿命试验装置

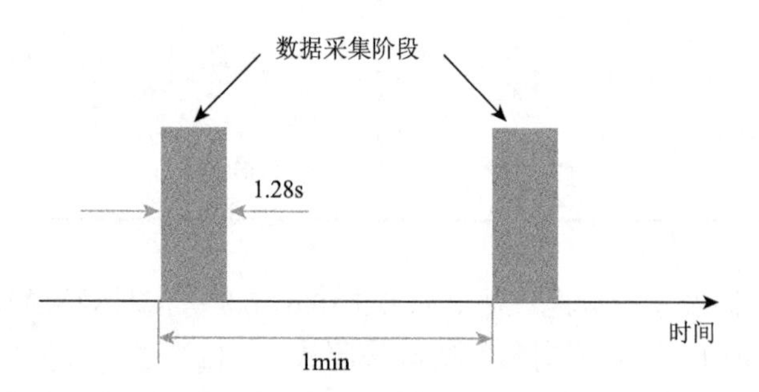

图 2-4　XJTU-SY 滚动轴承全寿命试验数据采集示意

表 2-3　轴承加速寿命试验工况

参数	编号 1	编号 2	编号 3
转速/(r/min)	2100	2250	2400
径向力/kN	12	11	10

表 2-4　XJTU-SY 全寿命试验轴承参数

参数名称	数值	参数名称	数值
内圈滚道直径/mm	29.30	滚珠直径/mm	7.92
外圈滚道直径/mm	39.80	滚珠个数	8
轴承中径/mm	34.55	滚珠接触角/(°)	0
基本额定动载荷/N	12820	基本额定静载荷/N	6650

2. XJTU-SY 滚动轴承全寿命试验数据随机矩阵构造

首先根据监测数据特点构造随机矩阵 $\boldsymbol{X}$，通过时间窗技术对监测数据进行框定进而构造时间窗矩阵，然后对其进行特征提取、矩阵扩充、模拟矩阵融合等操作，最终构造出不同行列之比的随机监测矩阵，主要的行列之比为 0.4、0.5、0.6 和 0.8。

2.3 基于最大最小特征值之比的滚动轴承早期异常检测

2.3.1 基于最大最小特征值之比的滚动轴承异常检测算法

1. 基于特征值之比的滚动轴承异常检测指标构造

滚动轴承异常状态检测模型通常可以将滚动轴承运行状态分为正常和异常两个阶段，U_1 代表实际正常状态，U_2 代表实际异常状态。对滚动轴承进行多点监测数据采样，并利用 2.2 节所描述的构造方法构造随机监测矩阵 $\boldsymbol{Y}$，其协方差矩阵为

$$\boldsymbol{R}_Y(n)=\frac{\sigma^2}{n}\boldsymbol{Y}\boldsymbol{Y}^{\mathrm{H}} \tag{2.16}$$

式中，σ^2 为矩阵 $\boldsymbol{Y}$ 的方差；另外

$$\boldsymbol{R}_Y=E(\boldsymbol{Y}\boldsymbol{Y}^{\mathrm{H}}) \tag{2.17}$$

当满足 $m\to\infty$ 且 $m/n=c\to 1$ 时可以认为

$$\boldsymbol{R}_Y=\frac{n}{\sigma^2}\boldsymbol{R}_Y(n) \tag{2.18}$$

$\boldsymbol{R}_Y(n)$ 的最大特征值与最小特征值分别记为 $\lambda_{\max}$ 和 $\lambda_{\min}$，将 $\lambda_{\max}/\lambda_{\min}$ 作为检测指标用于研究滚动轴承的早期异常状态。

2. 基于特征值之比的滚动轴承检测阈值的确定

将最大特征值与最小特征值之比 $D=\lambda_{\max}/\lambda_{\min}$ 作为检验指标，选择合适的阈值，来判断滚动轴承的运行状态。根据谱分析理论中的 M-P 律[12]，求得 $\lambda_{\max}$ 和 $\lambda_{\min}$ 的渐近值 b 和 a，则阈值设定为

$$d=\frac{b}{a}=\left(\frac{1+\sqrt{c}}{1-\sqrt{c}}\right)^2 \tag{2.19}$$

则有如下结论：

$$\begin{cases} D\leqslant d, & H \\ D>d, & A \end{cases} \tag{2.20}$$

式中，H（healthy state）代表算法判断滚动轴承正常状态；A（anomaly state）代表判断为异常状态。

定义准确率η_r是异常检测结果正确的概率，误警率η_w是指检测结果错误的概率，即当实际运行状态为U_1判断为A或者实际状态为U_2判断结果为H时的概率，通过误警率来研究判决阈值的变化。根据误警率的定义可知

$$\begin{cases}\eta_r = P(H|U_1) + P(A|U_2) \\ \eta_w = P(H|U_2) + P(A|U_1)\end{cases} \tag{2.21}$$

令

$$\alpha = (\sqrt{n-1} + \sqrt{m})^2 \tag{2.22}$$

$$\beta = (\sqrt{n-1} + \sqrt{m})\left(\frac{1}{\sqrt{n}} + \frac{1}{\sqrt{m}}\right)^{1/3} \tag{2.23}$$

则$\Gamma_{\max} = \dfrac{\lambda_{\max} - \alpha}{\beta}$收敛于 Tracy-Widom 第一分布：

$$\begin{aligned}\eta_w &= P(F_1|U_2) + P(F_2|U_1) \\ &= P(D > d|U_2) + P(D \leqslant d|U_1) \\ &= P\left(\frac{\lambda_{\max}}{\lambda_{\min}} > d|U_2\right) \\ &= P\left(\frac{\sigma^2}{n}\lambda_{\max}(R(n)) > d\lambda_{\min}\right)\end{aligned} \tag{2.24}$$

结合 M-P 律可知，$\lambda_{\min} = \sigma^2(1-\sqrt{c})^2$，将其代入式（2.24），得到式（2.25）：

$$\begin{aligned}\eta_w &\approx P\left(\lambda_{\max} > d(\sqrt{n} - \sqrt{m})^2\right) \\ &= P\left(\frac{\Gamma_{\max} - \alpha}{\beta} > \frac{d(\sqrt{n} - \sqrt{m})^2 - \alpha}{\beta}\right) \\ &= 1 - F_{T\text{-}W_1}\left(\frac{d(\sqrt{n} - \sqrt{m})^2 - \alpha}{\beta}\right)\end{aligned} \tag{2.25}$$

在考虑误警率η_w的情况下，改进的滚动轴承特征值指标异常状态检测阈值如式（2.26）所示：

$$d' = \left(\frac{1+\sqrt{c}}{1-\sqrt{c}}\right)^2 \cdot \left(\frac{1}{\sqrt[6]{nm} \cdot \sqrt[3]{(\sqrt{n} + \sqrt{m})^2}} F_{T\text{-}W_1}^{-1}(1-\eta_w) + 1\right) \tag{2.26}$$

式中，$F_{T\text{-}W_1}(x)$是指满足 Tracy-Widom 第一分布的函数[13]。由式（2.26）得出的阈值更加准确，也更适合有限数据情况。

最后，结合改进的阈值计算方法对滚动轴承状态进行判定：

$$\begin{cases} D \leqslant d', & H \\ D > d', & A \end{cases} \tag{2.27}$$

2.3.2　应用研究

1. IMS 轴承全寿命数据应用研究

1）滚动轴承状态异常检测阈值的影响因素分析

对构造的监测随机矩阵 $\boldsymbol{X} \in \mathbf{C}^{M \times N}$ 按照滚动轴承状态异常检测算法进行处理。由式（2.26）可知，矩阵的构造会对状态判断阈值产生影响，不同 c 取值所对应的检测阈值如图 2-5 所示。

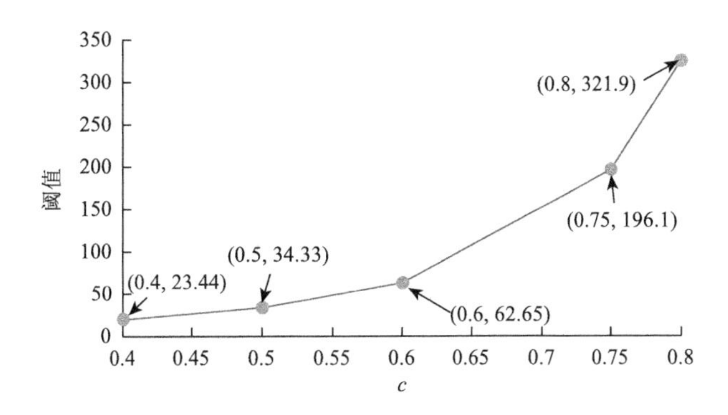

图 2-5　检测阈值随参数 c 的变化曲线

由图 2-5 可知，异常检测阈值随着监测矩阵行列之比 c 的增加而逐渐增大，两者呈现正相关关系。换言之，在滚动轴承状态异常检测阈值确定时，构造的高维检测矩阵规模越大，相应的阈值就越大。同时也表明在对滚动轴承运行状态进行判断时，结果的准确性很大程度上取决于 c 的取值。

取不同 c 值时检测阈值随误警率变化的曲线如图 2-6 所示。

由图 2-6 可知，误警率 η_w 与阈值 d' 呈现正相关性，随着 η_w 的增大，滚动轴承运行状态异常检测阈值也在增大。这表明在滚动轴承状态异常检测中，误警率会对早期异常点检测阈值产生影响，会影响对异常状态出现时间的判断。实际生产中，误警率小代表对异常状态检测精度的要求高，要求能尽早检测出滚动轴承的早期故障点。

将参数 c 和误警率 η_w 对异常检测阈值的影响进行了量化分析，结果如表 2-5 和表 2-6 所示。

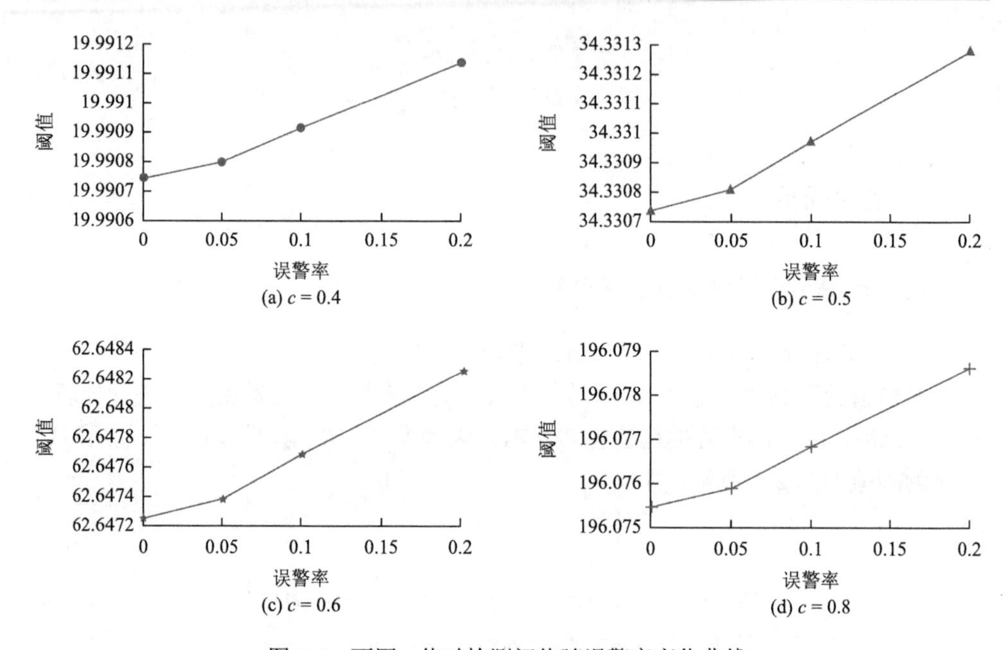

(a) $c = 0.4$　(b) $c = 0.5$　(c) $c = 0.6$　(d) $c = 0.8$

图 2-6　不同 c 值时检测阈值随误警率变化曲线

表 2-5　矩阵规模对异常检测阈值影响结果

c	d'			
	$\eta_w = 0$	$\eta_w = 0.05$	$\eta_w = 0.1$	$\eta_w = 0.2$
0.4	19.99075	19.9908	19.9909	19.99115
0.5	34.3307	34.3308	34.331	34.3313
0.6	62.6473	62.6474	62.6477	62.6483
0.8	321.0755	321.0758	321.0768	321.0787
阈值变化范围	301.08475	301.085	301.0859	301.08755

表 2-6　误警率对异常检测阈值影响结果

η_w	d'			
	$c = 0.4$	$c = 0.5$	$c = 0.6$	$c = 0.8$
0	19.99075	34.3307	62.6473	321.0755
0.05	19.9908	34.3308	62.6474	321.0758
0.1	19.9909	34.331	62.6477	321.0768
0.2	19.9911	34.3313	62.6483	321.0787
阈值变化范围	0.00035	0.0006	0.0010	0.0032

由表 2-5 和表 2-6 可知，当参数 c 确定时，η_w 的变化对阈值的变化影响较小，η_w 从 0 到 0.2 的变化过程中，阈值变化范围数量级保持在 10^{-3}；当 η_w 确定时，c 从 0.4 变化到 0.8 的过程中，阈值的变化范围数量级为 10^2。由表 2-5 和表 2-6 可知，矩阵规模与误警率都会对滚动轴承异常检测判决阈值产生影响，但就影响程度而言，矩阵规模对判决阈值影响更大，这表明在对滚动轴承运行状态检测时，可以根据实际需要调节矩阵规模和设置误警率，从而改变检测阈值，以达到最佳检测效果。

2）滚动轴承早期异常状态检测研究

根据上述分析，高维矩阵规模不同会导致检测阈值的明显变化，同时，矩阵规模也会对异常检测指标产生影响。当 $D=\lambda_{\max}/\lambda_{\min}>d'$ 时，判定滚动轴承运行状态出现异常，并结合异常判定指标曲线确定出早期故障点。当误警率取 $\eta_w=0.05$ 时，图 2-7 分别是 $c=0.4$、0.5、0.6 和 0.8 情况下滚动轴承早期异常点的检测结果。

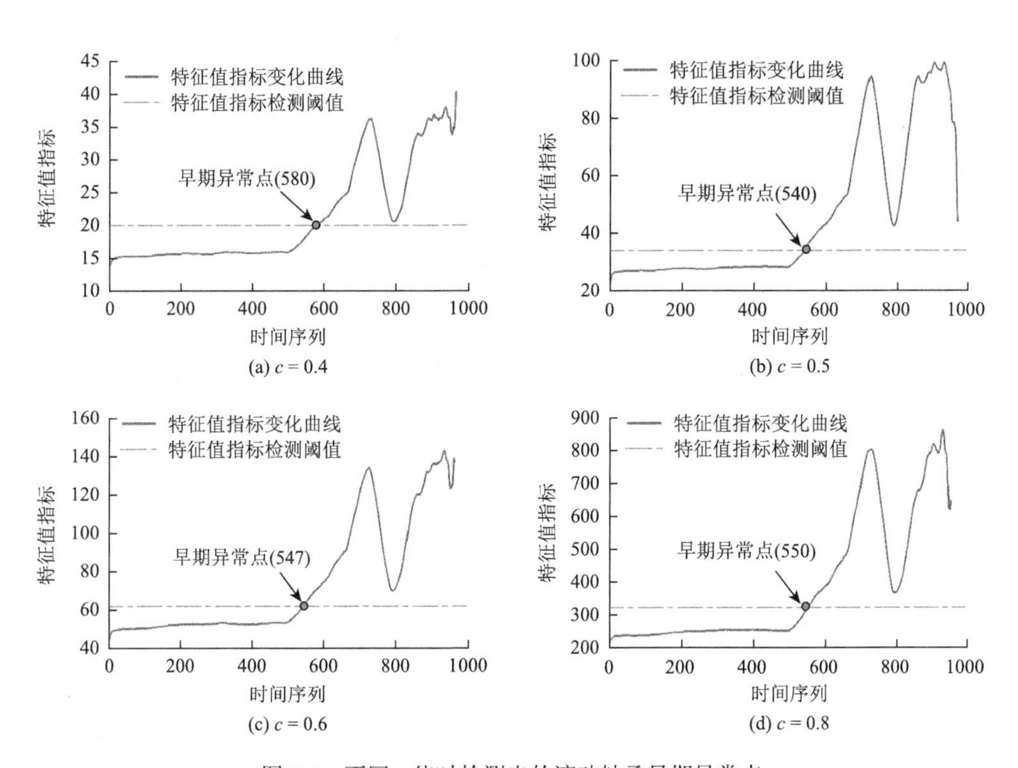

图 2-7　不同 c 值时检测出的滚动轴承早期异常点

由图 2-7 可知，高维矩阵构造规模的不同会引起特征值指标 D' 和特征值指标检测阈值 d' 的动态变化，两者的交点会产生波动，其位置表征滚动轴承运行中早期异常点所对应的时间序列号。同时可以看出，阈值随矩阵行列之比和误警率的变化而有所波动，检测指标同时也会发生变化，但是两者能够维持相对稳定，由此可见此方法虽然有参数在不断变化，但仍能够稳定找到滚动轴承早期异常点。

当 c 取 0.5 时早期故障点的时间序列号为 540，在上述几种情况中时间序列号最为靠前，说明能最早发现其异常状态，在实际生产中，尽早发现运行异常就有可能及时采取维护措施。c 取 0.5 时，滚动轴承早期异常检测指标曲线局部放大如图 2-8 所示。基于峭度指标检测的滚动轴承早期异常点如图 2-9 所示。

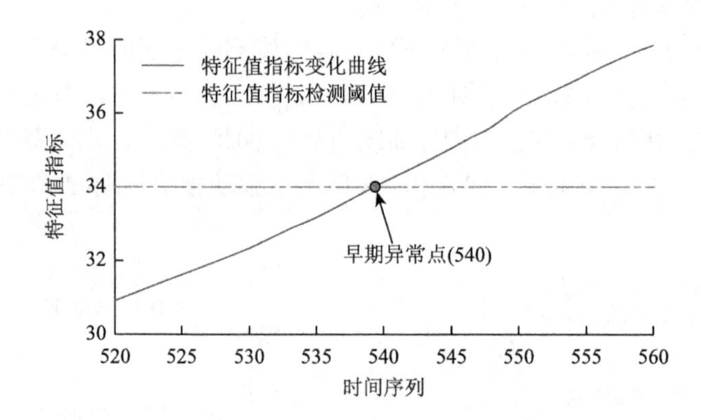

图 2-8 滚动轴承早期异常检测指标曲线局部放大图

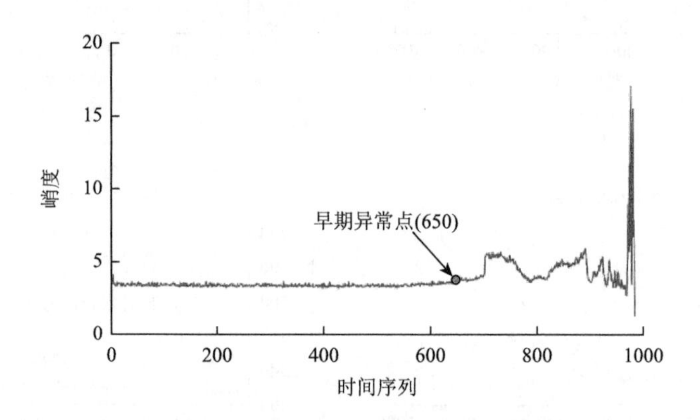

图 2-9 基于峭度指标检测的滚动轴承早期异常点

由图 2-7 可知，不同 c 值所检测的早期异常点都比图 2-9 由峭度得出的文件序号 650 的结果提前。同时，由图 2-7 也可以看出，c 值对于早期异常点的确定有直接影响，c 取值的不同会导致阈值与检测值的交点会产生波动，但是早期异常点的变化与 c 值变化并不是线性关系。由此可见，提出的基于随机矩阵理论的滚动轴承异常状态检测方法能够有效判断出轴承运行的早期异常点，并且较传统方法能够更早地发现异常状态。

2. XJTU-SY 轴承全寿命数据应用研究

2.2 节对 XJTU-SY 全寿命试验数据进行了详细介绍，按照 IMS 全寿命数据处理的方法将特征值指标算法应用于 XJTU-SY 轴承全寿命数据，误警率、矩阵规模等参数选取与 IMS 全寿命数据处理过程相同，对 XJTU-SY 数据进行相同规模的矩阵构造和处理之后，不同矩阵规模对应的早期异常点检测结果如图 2-10 所示。结果显示，矩阵行列之比为 0.4、0.5、0.6 和 0.8 的情况下，早期异常点检测结果分别为时间序列 1845、1860、1930 和 1882。基于峭度指标法早期异常点检测结果如图 2-11 所示。

与峭度指标法检测结果相比，特征值检测指标在不同矩阵行列比情况下都比峭度指标法提前发现早期异常点，提前时间最多的是 $c = 0.4$，提前了 536 个时间序列。结合前面 IMS 全寿命数据的分析结果，可以发现在不同的矩阵规模情况下，早期异常点的判断结果大致相同。与传统算法相比，特征值指标检测算法能大幅提前早期异常点的检测时间，表明该算法在滚动轴承尚未出现明显故障之前能尽早发现异常，从而为安全生产提供保障。在发现滚动轴承进入早期异常之后，根据其不同的退化程度，可以采取相应的维护和保养措施。

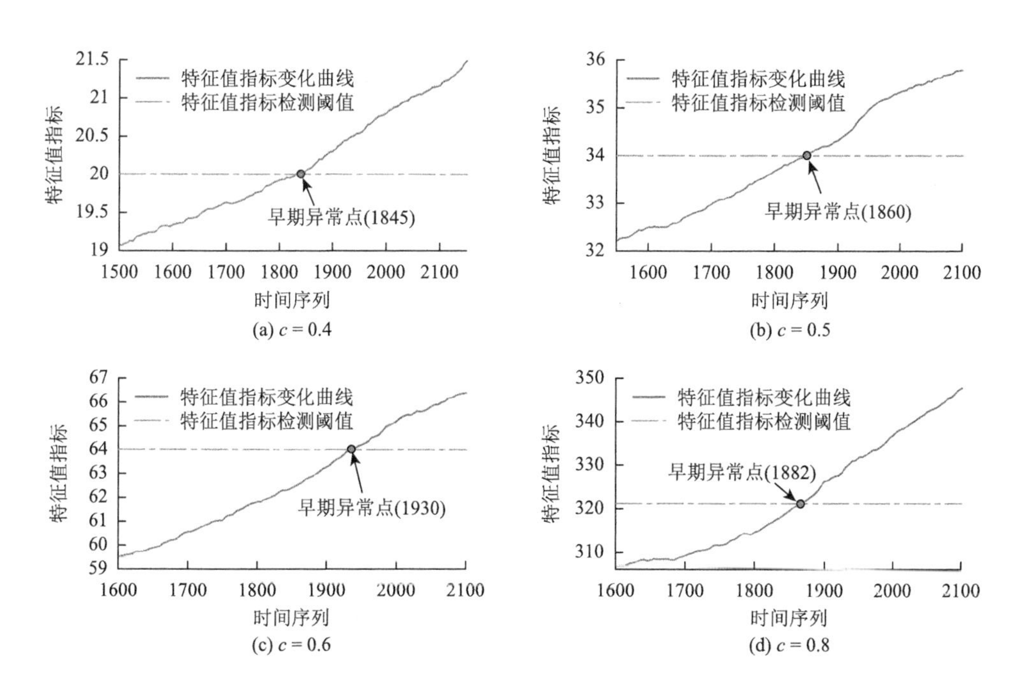

图 2-10　不同 c 值 XJTU-SY 轴承特征值指标早期异常点检测结果

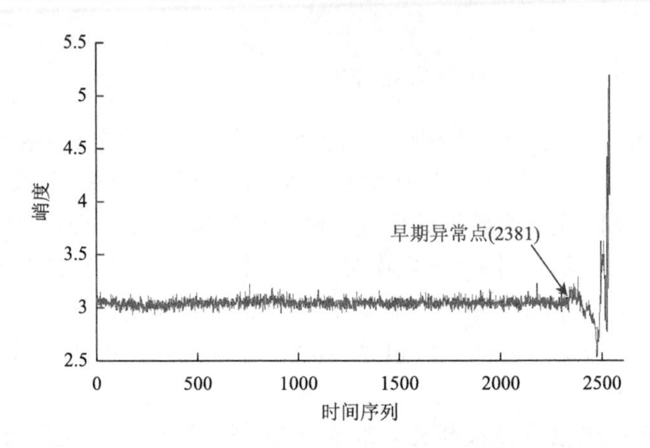

图 2-11 XJTU-SY 轴承峭度指标法早期异常点检测结果

2.4 基于随机矩阵综合特征指标的滚动轴承早期异常检测

2.4.1 随机矩阵特征向量

矩阵的特征向量是矩阵理论上的重要概念之一。数学上，一个线性变换通常可以由其特征值和特征向量完全描述。线性变换的特征向量（本征向量）是一个非简并的向量，其方向在该变换下不变。该向量在此变换下缩放的比例称为其特征值（本征值）[14]。谱定理在有限维的情况下，将所有可对角化的矩阵作了分类，它显示一个矩阵是可对角化的，当且仅当它是一个正规矩阵，这包括自共轭（埃尔米特）的情况[15-17]。

如果矩阵 $\boldsymbol{A}_n$ 是 n 阶方阵，λ 和 n 维非零列向量 ζ 满足关系式

$$\boldsymbol{A}_n\boldsymbol{\zeta} = \lambda\boldsymbol{\zeta} \tag{2.28}$$

则称 λ 为 $\boldsymbol{A}_n$ 的特征值，$\boldsymbol{\zeta}$ 为 $\boldsymbol{A}_n$ 对应特征值 λ 的一个特征向量，如果 $\boldsymbol{\zeta}$ 为 $\boldsymbol{A}_n$ 对应特征值 λ 的一个特征向量，那么对于 $k(k \neq 0)$，$k\boldsymbol{\zeta}$ 也是矩阵 $\boldsymbol{A}_n$ 对应特征值 λ 的一个特征向量，其维度为 n。

特征向量包含协方差矩阵重要信息，从而反映对象的相关信息，但是随机矩阵特征向量限于维度较高，很难被整体应用。主特征值是指模最大的特征值，主特征向量是指主特征值对应的特征向量。特征向量可以按照式（2.29）进行分解。

$$\boldsymbol{A}_n = \boldsymbol{V}\boldsymbol{\Lambda}\boldsymbol{V}^{\mathrm{T}} \tag{2.29}$$

式中，$\boldsymbol{\Lambda} = \mathrm{diag}(\lambda_1, \lambda_2, \cdots, \lambda_n)$ 表示 $\boldsymbol{A}_n$ 特征值的对角阵，最大特征值为 $\lambda_{\max}$，最小特征值为 $\lambda_{\min}$；$\boldsymbol{V}$ 是一个正交矩阵，其列 $\boldsymbol{v}_1, \boldsymbol{v}_2, \cdots, \boldsymbol{v}_n$ 是对应于特征值 $\lambda_1, \lambda_2, \cdots, \lambda_n$ 的特征向量，主特征向量即为 $\boldsymbol{v}_1$，可以视为样本矩阵最大特征值代表的能量分量[18, 19]。

主特征向量能够反映特征向量的主要特点，所以可利用主特征向量来表征特征向量的主要信息。在不同的矩阵行列之比下，最大特征值与最小特征值之比的结果如图 2-12 所示，主特征向量变化如图 2-13 所示，相比可以看出，在任意的矩阵规模情况下，主特征向量区分度较小，变化也不明显。

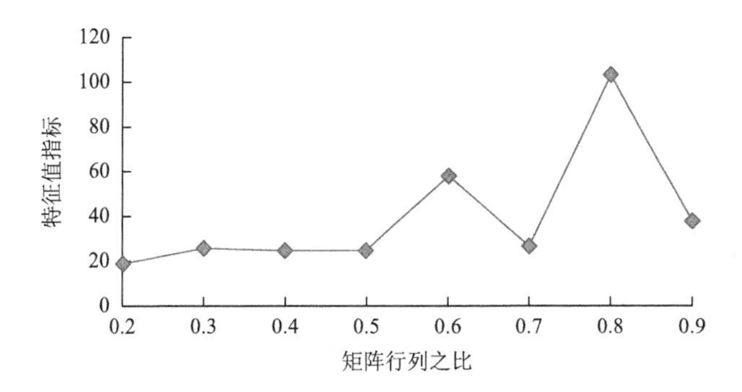

图 2-12　随机矩阵最大特征值与最小特征值之比变化曲线

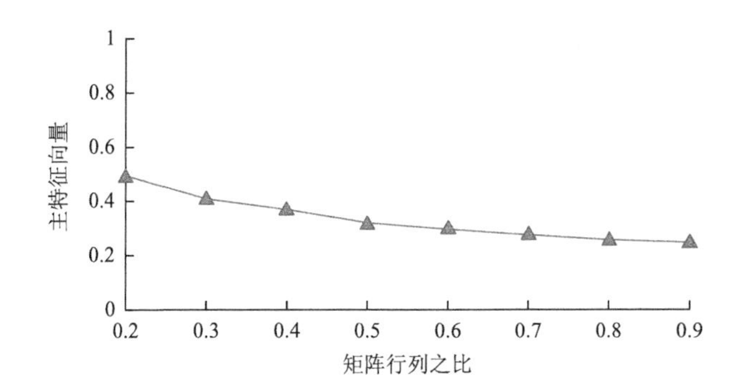

图 2-13　随机矩阵主特征向量变化曲线

2.4.2　基于综合特征指标的滚动轴承早期异常检测算法

1. 特征值与主特征向量相融合的综合特征指标构造

根据式（2.30）构造采样协方差矩阵

$$\boldsymbol{R}_{Z'}(n)=\frac{1}{n}\boldsymbol{Z}'\boldsymbol{Z}'^{\mathrm{T}} \tag{2.30}$$

式中，$\boldsymbol{Z}'^{\mathrm{T}}$ 是 $\boldsymbol{Z}'$ 的转置矩阵。

根据随机矩阵理论，样本协方差矩阵与总体协方差矩阵谱结构存在定量的关系，当样本维数相对于样本量成比例变化且趋于无穷时，在适当的条件下，$\boldsymbol{R}_{Z'}(n)$ 的经验谱分布将收敛于一个确定的分布。

按照上面公式对 $\boldsymbol{R}_{Z'}(n)$ 进行特征分解，可以得到采样协方差矩阵的主特征向量，为充分利用主特征向量信息，并改进其区分度较小的不足，将最大特征值与最小特征值之比 $D=\lambda_{\max}/\lambda_{\min}$ 作为主特征向量的放大系数，并结合主特征向量的模，构造滚动轴承状态异常检测综合特征指标 D'，如式（2.31）所示：

$$D'=\frac{\lambda_{\max}}{\lambda_{\min}}\cdot|\boldsymbol{v}_1|=D\cdot|\boldsymbol{v}_1| \tag{2.31}$$

式中，$\boldsymbol{v}_1$ 指运行轴承监测数据样本协方差矩阵的主特征向量。

综合特征检测指标融合了随机矩阵最大特征值、最小特征值和主特征向量信息，能描述监测数据在全局范围内的相互关系。它包含了滚动轴承监测数据在不同时间尺度下的局部特征信号，并且在特征空间投影方向不同，表征了滚动轴承运行状态信息。

2. 基于综合特征指标的异常检测阈值确定

利用式（2.30）分别对正常状态与异常状态监测数据的协方差矩阵进行分解，两种状态下的特征值与主特征向量相关性会随着异常程度的加重越来越低，利用特征值和主特征向量结合的综合特征指标检测滚动轴承异常状态。

根据 2.3 节的描述，将最大特征值与最小特征值之比 $D=\lambda_{\max}/\lambda_{\min}$ 作为检验指标，根据谱分析理论中的 M-P 律，求得 $\lambda_{\max}$ 和 $\lambda_{\min}$ 的渐近值为 b 和 a，从而构造出特征值指标阈值如式（2.19）所示。为充分挖掘随机矩阵信息，将随机矩阵特征值指标与主特征向量相结合，构造出综合特征指标，相应的阈值如式（2.32）所示：

$$t'=\frac{b}{a}\cdot|\boldsymbol{v}_H|=\left(\frac{1+\sqrt{c}}{1-\sqrt{c}}\right)^2\cdot|\boldsymbol{v}_H| \tag{2.32}$$

式中，$\boldsymbol{v}_H$ 指正常运行状态数据主特征向量。

综上所述，滚动轴承监测矩阵的特征值与特征向量共同反映其运行状态信息，通过最大特征值与最小特征值之比和主特征向量构成的综合特征值指标，能够更加充分地挖掘数据信息，从而更全面地反映其运行状态。通过与综合特征指标阈值的比较，确定其运行状态正常或者异常，从而及时对滚动轴承运行异常状态进行预警。

2.4.3 应用研究

1. IMS 滚动轴承异常状态检测

按照 2.2 节所述，利用时间窗方法对 IMS 全寿命试验数据监测矩阵 $\boldsymbol{X}$ 进行时空断面数据锁定，然后对锁定区域数据进行多域特征提取，共提取时域特征 30 个，即 $m=30$，然后通过扩充得到采样特征矩阵 $\boldsymbol{Z}'$，取 $m=400$，$n=500$，则 $c=400/500=0.8$。将 $\boldsymbol{Z}'$ 进行数据扩充、模拟矩阵构造等操作得到采样协方差随机矩阵，并对其进行特征值分解，得到最大特征值、最小特征值和主特征向量等信息，按照式（2.31）计算出综合特征指标 D'，并按照式（2.33）计算其阈值 t' 为 174。

$$t'=\frac{b}{a}\cdot|\boldsymbol{v}_H|=\left(\frac{1+\sqrt{c}}{1-\sqrt{c}}\right)^2\cdot|\boldsymbol{v}_H|=174 \tag{2.33}$$

因此

$$\begin{cases}D'\leqslant t', & H\\ D'>t', & A\end{cases} \tag{2.34}$$

式中，H 为判定出的正常状态；A 为判定出的异常状态；t' 为综合特征指标 D' 所对应的检测阈值。

基于特征值指标的异常状态检测结果如图 2-14 所示，IMS 全寿命数据对应的主特征向量如图 2-15 所示。

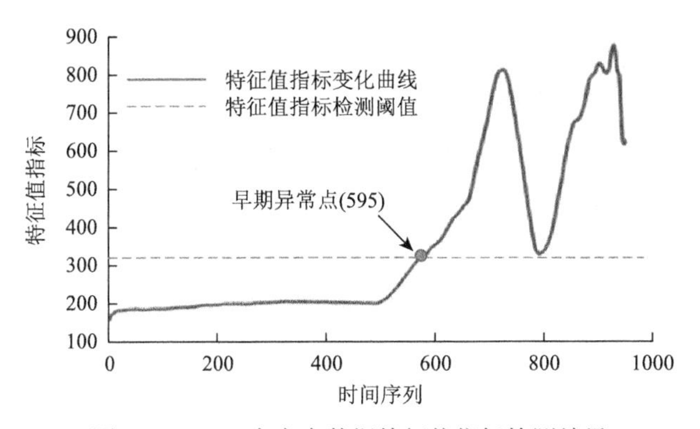

图 2-14　IMS 全寿命数据特征值指标检测结果

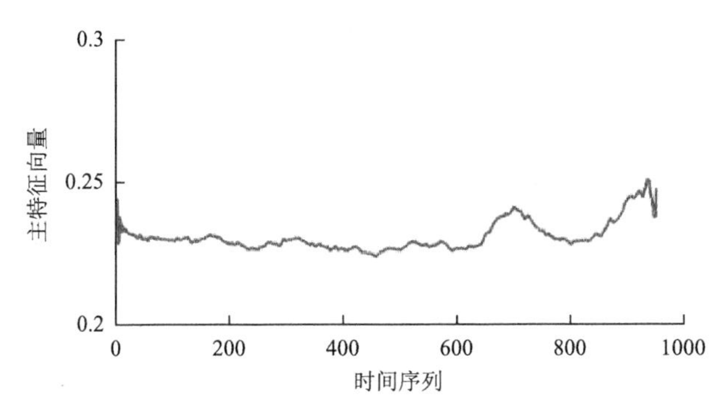

图 2-15　IMS 全寿命数据主特征向量

如图 2-14 所示，特征值指标判断出滚动轴承在文件序列号为 595 时进入早期异常状态。由图 2-15 可知，主特征向量量纲区分度小，不能充分反映滚动轴承不同运行状态的区别，采用综合特征指标构造的方法，以相同的矩阵规模，对主特征向量进行系数放大。采用综合特征指标的检测结果如图 2-16 所示，其局部放大如图 2-17 所示。

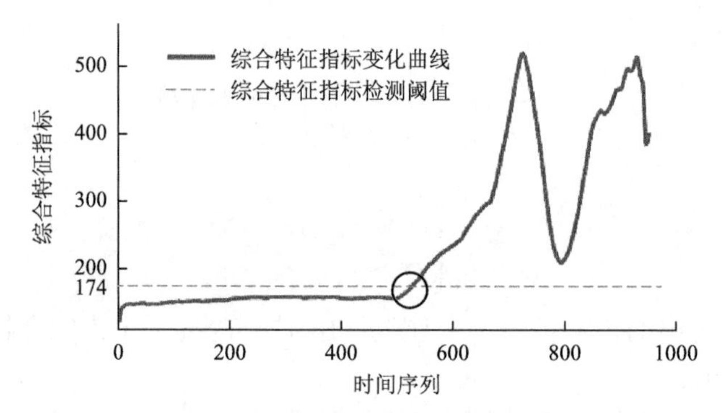

图 2-16　IMS 全寿命数据综合特征指标检测结果

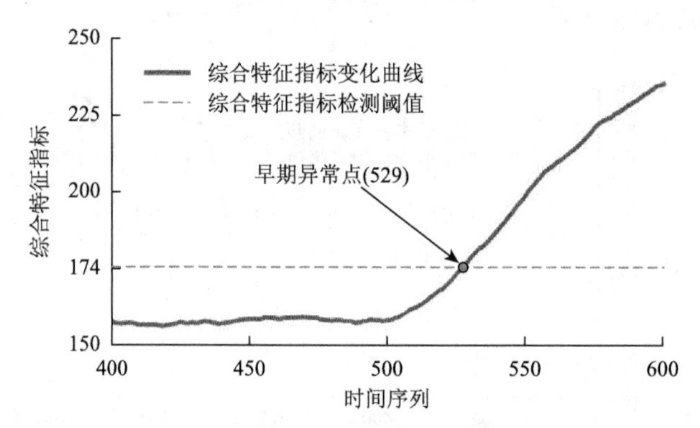

图 2-17　IMS 全寿命数据早期异常点检测曲线局部放大图

不同早期检测算法检测出的滚动轴承早期异常点结果如图 2-18 和表 2-7 所示。同峭度指标法判断结果相比，综合特征指标法能够提前约 20.2h 发现其早期异常点；与特征值指标法相比，综合特征指标法能够提前 11h 发现其早期异常点，从而为设备维护和维修提供较为充足的时间。

表 2-7　IMS 全寿命数据不同算法早期故障点检测结果对比

算法	早期异常点
峭度指标法	108.3h
特征值指标法	99.17h
综合特征指标法	88.17h

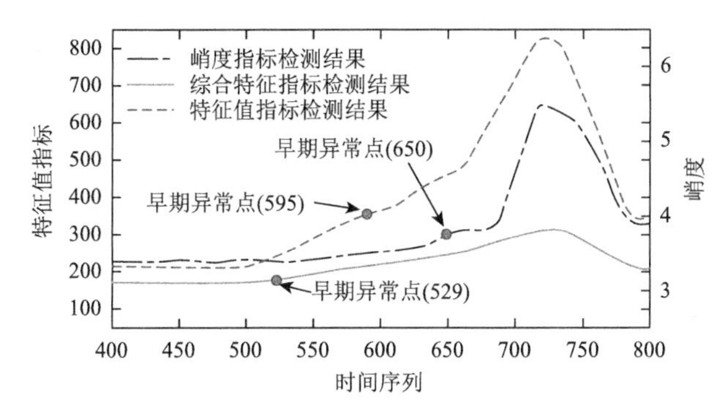

图 2-18　IMS 全寿命数据不同早期异常点检测结果

2. XJTU-SY 滚动轴承异常状态检测

采用与 IMS 全寿命数据相同的矩阵构造方法，将综合指标检测方法应用于 XJTU-SY 全寿命数据。基于特征值指标早期异常检测结果如图 2-19 所示。主特征向量变化曲线如图 2-20 所示。

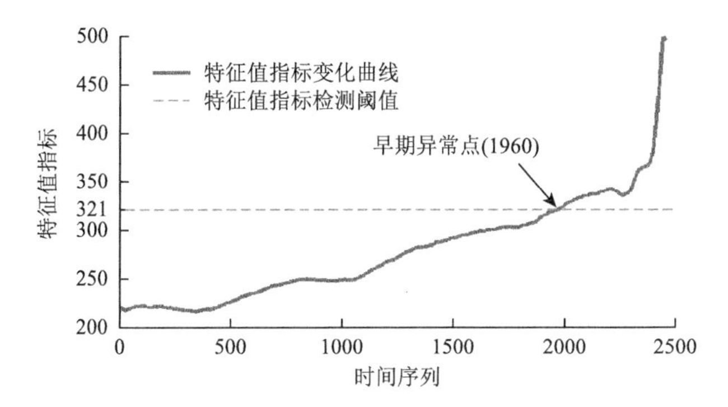

图 2-19　XJTU-SY 全寿命数据特征值指标早期异常检测结果

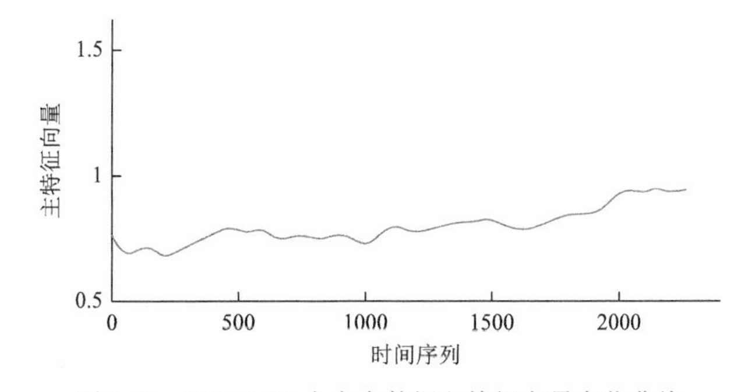

图 2-20　XJTU-SY 全寿命数据主特征向量变化曲线

由图 2-20 可知，主特征向量区分度较小，因此结合特征值构造综合特征检测指标，检测结果如图 2-21、图 2-22 所示。

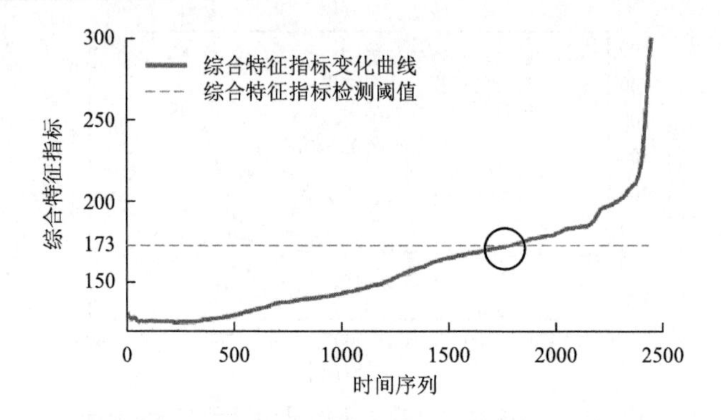

图 2-21　XJTU-SY 全寿命数据综合特征指标异常状态检测曲线

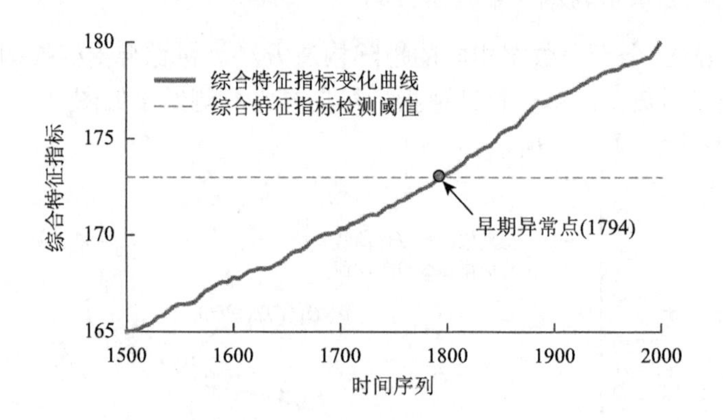

图 2-22　XJTU-SY 全寿命数据早期异常状态检测曲线局部放大图

基于不同方法得到的轴承早期异常状态检测结果如图 2-23 和表 2-8 所示。

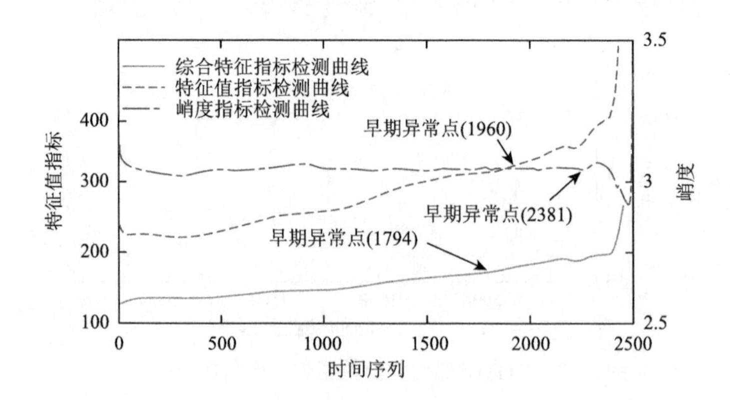

图 2-23　XJTU-SY 全寿命数据早期异常状态检测结果对比

表2-8　早期异常点检测时间对比

算法	早期异常点
峭度指标法	39.68h
特征值指标法	32.67h
综合特征指标法	29.9h

由对比结果可知，同峭度指标法、特征值指标法检测结果相比，综合特征指标法都能提前检测出早期异常点。

2.5　基于最大最小特征值之差的滚动轴承早期异常检测

2.5.1　基于最大最小特征值之差的早期异常检测算法

1. 滚动轴承监测数据随机矩阵构造

利用式（2.10）构造出滚动轴承时间序列矩阵，所构造出的时间序列矩阵蕴含滚动轴承的所有退化信息，但为了满足高维随机矩阵维数较大的要求，构造模拟矩阵 $\boldsymbol{Z}$ 对滚动轴承退化矩阵进行扩充，将 t_i 时刻采集到数据列向量的 P 行分成 k 段 $(k\geqslant 2)$，形成 k 个规模为 $S\times 1$ 的子矩阵 $\tilde{\boldsymbol{H}}_i(i=1,2,\cdots,k)$。模拟矩阵 $\boldsymbol{Z}$ 中第 i 段矩阵对应列向量 $\boldsymbol{x}(t_i)$ 的前 i 个子矩阵 $\tilde{\boldsymbol{H}}_i$ 随机化且累加后求其平均值，所以模拟矩阵 $\boldsymbol{Z}$ 的子矩阵 $\tilde{\boldsymbol{Z}}_i$ 为

$$\tilde{\boldsymbol{Z}}_i=\sum_{j=1}^{i}\theta_j\tilde{\boldsymbol{H}}_i/i,\quad i=1,2,\cdots,k \tag{2.35}$$

式中，θ 为随机生成数，用于矩阵随机化构造。

构造的模拟矩阵 $\boldsymbol{Z}$ 为

$$\boldsymbol{Z}=[\tilde{\boldsymbol{Z}}_1,\tilde{\boldsymbol{Z}}_2,\cdots,\tilde{\boldsymbol{Z}}_k],\quad k\geqslant 2 \tag{2.36}$$

式(2.35)、式(2.36)重复操作 n 次，生成 n 个模拟矩阵分别记为 $\boldsymbol{Z}_o(o=1,2,\cdots,n)$，构造出 t_i 时刻高维监测矩阵 $\tilde{\boldsymbol{X}}$：

$$\tilde{\boldsymbol{X}}=[\boldsymbol{x}(t_i),\boldsymbol{Z}_1,\boldsymbol{Z}_2,\cdots,\boldsymbol{Z}_n] \tag{2.37}$$

为满足随机矩阵理论中矩阵行列比 $c\in(0,1)$ 的要求，重构监测矩阵 $\tilde{\boldsymbol{X}}$ 的规模，最终构造出 t_i 时刻高维随机矩阵 $\boldsymbol{X}_i\in\mathbf{C}^{m\times n}$ 用于特征提取并进行状态评估。

2. 基于最大最小特征值之差的异常指标构造

按上面所述方法构建轴承 t_i 时刻的高维监测矩阵 $\boldsymbol{X}_i$，由式（2.38）计算其协方差矩阵：

$$\boldsymbol{B}_n = \frac{\sigma^2}{N}\boldsymbol{X}_i\boldsymbol{X}_i^{\mathrm{T}} \tag{2.38}$$

式中，σ^2 为矩阵 $\boldsymbol{X}_i$ 的方差。

对 $\boldsymbol{B}_n$ 进行特征值分解，如式（2.39）所示：

$$\boldsymbol{B}_n = \boldsymbol{E}\boldsymbol{\varLambda}\boldsymbol{E}^{\mathrm{T}} \tag{2.39}$$

式中，$\boldsymbol{\varLambda}$ 为矩阵 $\boldsymbol{B}_n$ 特征值对应的对角矩阵；$\boldsymbol{E}$ 为正交矩阵。

滚动轴承数据信号采集中，存在未知的噪声信号，提取出 $\boldsymbol{B}_n$ 的特征值极值如式（2.40）所示：

$$\begin{cases}\lambda_{\min} = \lambda_{v-\min} + \lambda_n \\ \lambda_{\max} = \lambda_{v-\max} + \lambda_n\end{cases} \tag{2.40}$$

式中，$\lambda_{v-\min}$ 与 $\lambda_{v-\max}$ 分别为振动信号协方差矩阵最小值和最大值；λ_n 为未知噪声协方差矩阵特征值。

为消除噪声干扰，提高检测指标的鲁棒性，采用最大最小特征值之差构造异常检测指标 D：

$$D = \lambda_{\max} - \lambda_{\min} = \lambda_{v-\max} - \lambda_{v-\min} \tag{2.41}$$

结合阈值对滚动轴承异常状态进行检测，判决方法如式（2.42）所示：

$$\begin{cases}D \leqslant d, & H \\ D > d, & A\end{cases} \tag{2.42}$$

式中，H 为检测出轴承为正常状态；A 为检测出轴承为异常状态；d 为检测指标 D 所对应的异常检测阈值。

3. 异常检测阈值确定

定理 2.1　当矩阵行列数满足 $\lim\limits_{N\to\infty}\frac{M}{N} = c(0 < c < 1)$ 保持不变时，Wishart 随机矩阵特征值极限表达式为[20]

$$\begin{cases}\lim\limits_{N\to\infty}\lambda_{\min} = \dfrac{\sigma^2}{N}a = \dfrac{\sigma^2}{N}(\sqrt{N}-\sqrt{M})^2 \\ \lim\limits_{N\to\infty}\lambda_{\max} = \dfrac{\sigma^2}{N}b = \dfrac{\sigma^2}{N}(\sqrt{N}+\sqrt{M})^2\end{cases} \tag{2.43}$$

式中，σ^2 为矩阵 $\boldsymbol{X}_i$ 的方差；M、N 分别为矩阵 $\boldsymbol{X}_i$ 的行列数；a、b 分别为 M-P 律中最小、最大特征值的收敛值，且满足 $a = \sigma^2(1-\sqrt{c})^2$ 与 $b = \sigma^2(1+\sqrt{c})^2$。

定理 2.2　当随机矩阵中元素为实信号[21]，在 $\lim\limits_{N\to\infty}\frac{M}{N} = c(0 < c < 1)$ 保持不变时，满足

$$\boldsymbol{A}_n = \frac{N}{\sigma^2}\boldsymbol{B}_n \tag{2.44}$$

式中，$\boldsymbol{B}_n$ 为 $\boldsymbol{X}_i$ 的协方差矩阵。且满足

$$\alpha = (\sqrt{N-1} + \sqrt{M})^2 \tag{2.45}$$

$$\beta = (\sqrt{N-1} + \sqrt{M})\left(\frac{1}{\sqrt{N}} + \frac{1}{\sqrt{M}}\right)^{1/3} \tag{2.46}$$

则 $\dfrac{\lambda_{\max}(\boldsymbol{A}_n) - \alpha}{\beta}$ 服从 Tracy-Widom 第一分布。其中，$\lambda_{\max}(\boldsymbol{A}_n)$ 为随机矩阵 $\boldsymbol{A}_n$ 的最大特征值。

将滚动轴承的实际工作状态划分为正常状态 U_1 和异常状态 U_2。考虑到滚动轴承早期故障特征较为微弱，异常信号不明显，在进行异常检测时可能出现误判情况，即轴承实际已进入异常状态 U_2，但判断为正常状态 H 或轴承实际为正常状态 U_1，判断为异常状态 A，造成误判，误警率 η_w 定义为

$$\eta_w = P(H \mid U_2) + P(A \mid U_1) \tag{2.47}$$

为提高检测的精度，利用误警率 η_w 研究检测阈值 d。由于轴承异常检测时难以给出 S_2 状态下检测指标 D 的概率密度分布，无法通过 $P(H \mid U_2)$ 得到一个较为准确的判定阈值。因此，本书基于 $P(A \mid U_1)$ 情况推导出阈值 d，如式（2.48）所示：

$$\begin{aligned}
\eta_w &= P(A \mid U_1) \\
&= P(\lambda_{\max} - \lambda_{\min} \geqslant d \mid U_1) \\
&= P\left(\frac{\sigma^2}{N}\lambda_{\max}(A_n) - \lambda_{\min} \geqslant d\right) \\
&= P\left(\lambda_{\max}(A_n) \geqslant \frac{N}{\sigma^2}(d + \lambda_{\min})\right) \\
&= P\left((\lambda_{\max}(A_n) - \alpha)/\beta \geqslant \left(\left(\frac{N}{\sigma^2}(d + \lambda_{\min}) - \alpha\right)\Big/\beta\right)\right) \\
&= 1 - F_{\text{T-W}}\left(\left(\frac{N}{\sigma^2}(d + \lambda_{\min}) - \alpha\right)\Big/\beta\right)
\end{aligned} \tag{2.48}$$

将式（2.43）、式（2.45）和式（2.46）代入式（2.48）中，得到检测阈值 d 数学表达式如式（2.49）所示：

$$d = \sigma^2\left(\frac{1}{N}(\beta F_{\text{T-W}}^{-1}(1 - \eta_w) + \alpha) - (1 - \sqrt{c})^2\right) \tag{2.49}$$

式中，$F_{\text{T-W}}(\cdot)$ 为 Tracy-Widom 第一分布累积函数；σ^2 为矩阵 $\boldsymbol{X}_i$ 的方差；N 为矩阵 $\boldsymbol{X}_i$ 的列数。综上所述，基于最大最小特征值之差的滚动轴承异常检测算法流程如图 2-24 所示，步骤如下。

（1）将轴承各个时刻的信号按监测时间序列构造出滚动轴承数据源矩阵。

（2）利用平移时间窗锁定数据源矩阵各个时间段轴承数据，将锁定的数据矩阵通过分段、随机化、矩阵扩增及维度重构等方法构造出行列之比 $c(0<c<1)$ 的高维随机矩阵 $\boldsymbol{X}_i$。

（3）提取高维随机矩阵最大最小特征值构造出特征值之差指标 D，利用随机矩阵理论中的 M-P 律及 Tracy-Widom 第一分布计算检测阈值 d，结合检测指标对轴承运行状态进行判定。

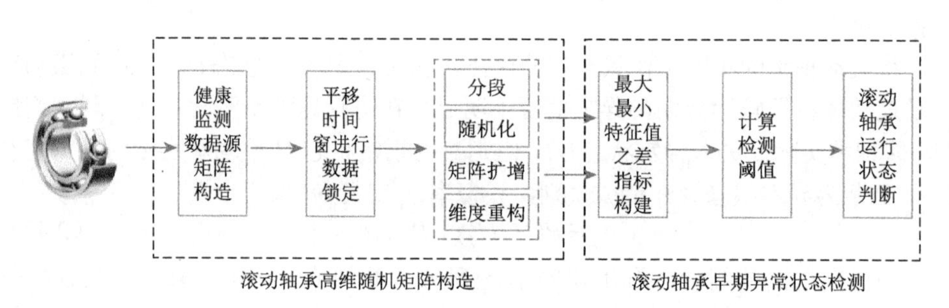

图 2-24　基于最大最小特征值之差的滚动轴承异常检测算法流程

2.5.2　应用研究

试验数据来源于 IMS 全寿命试验，轴承 1 在 t_i 时刻采集到 20480 个振动数据，为便于矩阵构造，选取其中 20000 个数据构造列向量 $\boldsymbol{x}(t_i)$，将其进行分段、随机化用于构造模拟矩阵 $\boldsymbol{Z}$，在重复 9 次矩阵扩增及维度重构操作后，最终得到 t_i 时刻高维随机特征矩阵 $\boldsymbol{X}\in\mathbf{C}^{400\times500}$（行列之比 $c=0.8$），按照 2.5.1 节所述方法求得轴承 1 不同时刻的检测指标 D 与相应的检测阈值 d，利用式（2.42）对轴承状态进行异常检测。

1. 误警率对异常状态检测的影响

由式（2.49）可知，检测阈值 d 与误警率 η_w 有关，不同误警率会影响轴承异常检测结果。取不同误警率 η_w 对轴承 1 进行检测，结果如图 2-25 所示。

由图 2-25 可知，当 $\eta_w=0.1$ 时特征值指标与阈值在序列号 532 出现交点，可判断早期异常的发生。532 号文件前特征值指标位于阈值下方，进入异常状态后特征值指标整体位于阈值上方。但在交点附近，出现误判现象，即通过阈值判定轴承已进入异常状态 A，但仍存在少数特征值指标 D 小于阈值 d。当 $\eta_w=0.01$ 时，阈值曲线可较好地将轴承 1 正常与异常状态进行划分，阈值与特征值指标的“混叠”现象基本消除，提高了滚动轴承早期异常检测的准确率，但检测的早期异常点时间滞后。

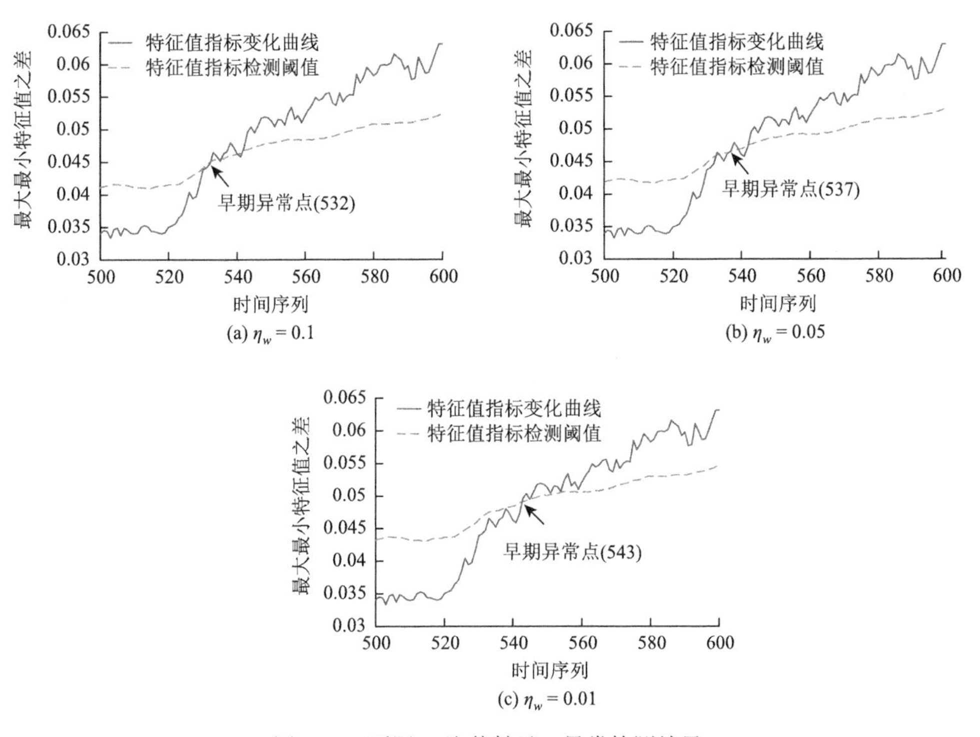

(a) $\eta_w = 0.1$　(b) $\eta_w = 0.05$　(c) $\eta_w = 0.01$

图 2-25　不同 η_w 取值轴承 1 异常检测结果

为进一步研究不同误警率 η_w 取值时阈值 γ 与特征值指标 D 的关系，分别取 η_w 为 0.01、0.05、0.1，对动态阈值曲线与特征值指标曲线之间的绝对误差值之和进行分析，如图 2-26 所示。随着误警率 η_w 减小，检测阈值与特征值指标之间的绝对

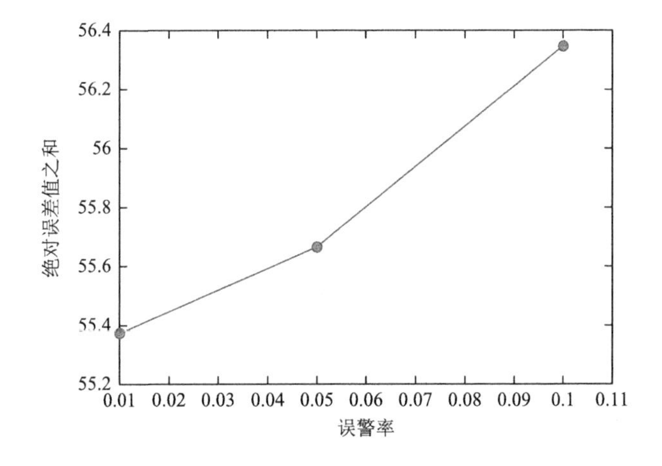

图 2-26　不同 η_w 取值时检测阈值与检测指标绝对误差值之和

误差值之和在逐渐减小，阈值曲线从整体上更逼近于检测指标，提高了检测的精度。因此，可根据采集到的轴承数据复杂程度及实际生产对异常检测准确率进行综合考虑，选择合适的误警率对检测阈值进行调节，以达到最佳的检测效果。

2. 滚动轴承异常状态检测结果分析

由图 2-25 可知，当 $\eta_w = 0.01$ 时，轴承 1 的检测效果最佳，检测指标与检测阈值在序列号 543 时相交，在交点之后轴承 1 特征值指标上升趋势明显，阈值曲线位于特征值指标曲线下方，判定序列号 543 为轴承 1 早期异常点，与文献[22]检测出的早期异常点一致，与峭度指标（图 2-27）检测结果（序列号 650）相比，本节所提算法可提前 17.67h 检测出轴承异常状态。

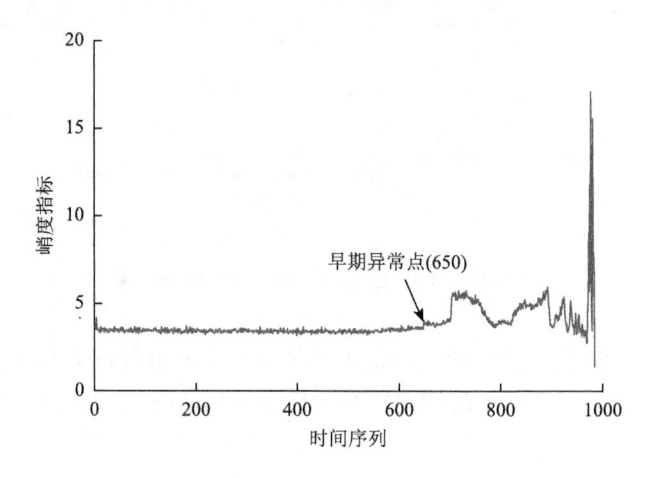

图 2-27　基于峭度指标法检测轴承异常状态检测结果

在 2.3 节中提出了采用随机矩阵最大最小特征值之比的检测指标，并给出了检测阈值 t'，如式（2.50）所示：

$$t' = \left(\frac{1+\sqrt{c}}{1-\sqrt{c}}\right)\left(\frac{1}{\sqrt[6]{NM}\sqrt[3]{(\sqrt{N}+\sqrt{M})^2}} F_{\text{T-W}}^{-1}(1-\eta_w)+1\right) \tag{2.50}$$

式中，M 和 N 分别为矩阵行和列；c 为矩阵行列之比；$F_{\text{T-W}}(\cdot)$ 为 Tracy-Widom 第一分布累积分布函数。

取误警率 $\eta_w = 0.01$，$c = 0.8$，基于最大最小特征值之比的特征指标与阈值对轴承 1 进行异常状态检测，并与基于特征值之差的检测结果进行比较，如图 2-28 所示。采用特征值之比在时间序列 598 时检测出轴承异常状态，与本节所提出算法相比滞后约 9.2h，说明最大最小特征值之差算法对轴承早期异常更为敏感。

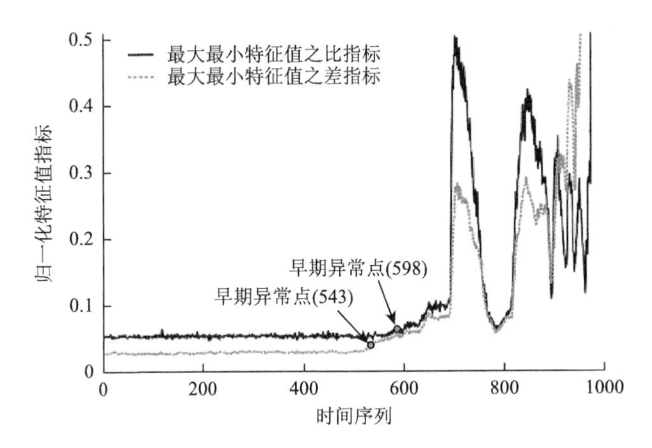

图 2-28　基于不同特征值指标的轴承异常状态检测结果比较

最大最小特征值之比指标在轴承早期异常点后波动剧烈，单调性较差，这是由于轴承进入退化阶段，提取的最小与最大特征值之间差异逐步增大，$\lambda_{\max}/\lambda_{\min}$ 将此差异放大了，造成相邻时刻指标变化加剧，降低了指标的单调性。而采用特征值之差指标对轴承 1 运行状态进行表征时，数据曲线波动小，稳定性高，可有效消除噪声带来的干扰，降低了轴承在退化阶段数据差异对指标单调性的影响，进一步提高了检测指标的鲁棒性。

此外，由式（2.50）可知，最大最小特征值之比算法给出的异常检测阈值主要由矩阵规模 c 和误警率确定，在两者确定的条件下，异常状态检测阈值为常数。但是，滚动轴承健康监测是动态过程，不同的时间段采集的数据不同，在保证准确率的情况下，检测阈值应随着轴承监测信号的变化而改变。本节利用平移时间窗对不同时刻的数据信息进行锁定，结合当前时刻数据方差 σ^2 与规模 c 给出了动态阈值的计算公式，轴承处于正常状态时，采集到的数据分布稳定，方差 σ^2 变化较小，阈值接近于常数。当滚动轴承进入异常状态时，随着退化程度的加剧，不同采样时刻数据间差异性越来越大，方差 σ^2 变化较大，阈值增加，其变化趋势为随特征指标变化的动态曲线，可实现对轴承异常状态的有效检测。

2.6　基于随机矩阵单环理论的滚动轴承性能退化评估

2.6.1　基于单环理论的滚动轴承性能退化评估算法

1. 滚动轴承监测数据单环曲线

根据 2.5.1 节所述，按照监测数据随机化算法得到随机监测矩阵 $\boldsymbol{X}_i$，利用式（2.51）对其进行归一化处理得到矩阵 $\boldsymbol{Y}_1$，即

$$Y_1 = \frac{\boldsymbol{X}_i - \bar{\boldsymbol{X}}_i}{\sigma} \tag{2.51}$$

式中，$\bar{\boldsymbol{X}}_i$ 是 $\boldsymbol{X}_i$ 的平均值；σ 是 $\boldsymbol{X}_i$ 的标准差。

利用式（2.52）对矩阵 $\boldsymbol{Y}_1$ 进行奇异值分解，得到测量矩阵 $\boldsymbol{Y}_2 \in \mathbf{C}^{n\times n}$：

$$\boldsymbol{Y}_2 = \boldsymbol{U}\sqrt{\boldsymbol{Y}_1\boldsymbol{Y}_1^{\mathrm{H}}} \tag{2.52}$$

式中，矩阵 $\boldsymbol{U}$ 是 Haar 酉矩阵；$\boldsymbol{Y}_1^{\mathrm{H}}$ 为 $\boldsymbol{Y}_1$ 的转置。

如果对于 L 个非 Hermitian 矩阵都进行上述的处理，就可以得到 L 个奇异值等价矩阵 $\boldsymbol{Y}_{2i}(i=1,2,\cdots,L)$。根据式（2.53）求这 L 个矩阵的乘积，即

$$\boldsymbol{Y}_3 = \prod_{i=1}^{L}\boldsymbol{Y}_{2i} \tag{2.53}$$

为使矩阵 $\boldsymbol{Y}_3$ 每行都满足 $\sigma^2 = 1/n$，将矩阵 $\boldsymbol{Y}_3$ 按照式（2.54）逐行标准化处理，就得到判决矩阵 $\boldsymbol{Y}_4$，本节取 $L=1$：

$$\boldsymbol{Y}_{4i} = \boldsymbol{Y}_{3i}/[\sqrt{n}\sigma(\boldsymbol{Y}_{3i})],\quad i=1,2,\cdots,n \tag{2.54}$$

式中，$\boldsymbol{Y}_{3i}$ 为矩阵 $\boldsymbol{Y}_3$ 的第 i 行；$\boldsymbol{Y}_{4i}$ 为 $\boldsymbol{Y}_4$ 的第 i 行。

$\boldsymbol{Y}_4$ 的极限谱分布依概率收敛于关于函数 λ 的谱分布函数，式（2.55）为此谱分布函数的概率密度函数[23]：

$$f_d(\lambda) = \begin{cases} \dfrac{|\lambda|^{(L-4)/2}}{\pi cL}, & (1-c)^{L/2} \leqslant |\lambda| \leqslant 1 \\ 0, & \text{其他} \end{cases} \tag{2.55}$$

式中，λ 为判决矩阵 $\boldsymbol{Y}_4$ 的特征值；c 为随机监测矩阵行列之比，即 $c=m/n$ 且 $c\in(0,1)$。以特征值 λ 的实部为横坐标，虚部为纵坐标，在复平面上绘制特征值 λ 的离散点分布。由单环理论可知，该离散点分布呈现圆环状，圆环外圈半径为 1，内圈半径为 $(1-c)^{L/2}$，该分布表征了滚动轴承的运行状态。

2. 滚动轴承退化状态评估指标构建

准确评估设备性能退化程度的关键是对设备状态量化指标的有效选择，线性特征统计量可以反映特征值的分布情况，对于 $\boldsymbol{Y}_4$ 定义其特征值统计量为

$$\Psi_N(\varphi) = \sum_{i=1}^{n}\varphi(\lambda_i) = \mathrm{tr}(\varphi(\boldsymbol{Y}_4)) \tag{2.56}$$

式中，$\lambda_i(i=1,2,\cdots,n)$ 为 $\boldsymbol{Y}_4$ 的特征值；$\varphi(\cdot)$ 为测试函数。当 $\boldsymbol{Y}_4$ 规模较大时，可结合大数定理分析特征值统计量的极限，如

$$\lim_{n\to\infty}\frac{1}{n}\Psi_n(\varphi) = \int\varphi(\lambda)\rho(\lambda)\mathrm{d}\lambda \tag{2.57}$$

式中，$\rho(\lambda)$ 为特征值概率密度函数。

通过随机矩阵线性特征统计量，结合滚动轴承运行状态单环图，提出下列量化指标，定量评估滚动轴承性能退化程度。

（1）平均谱半径（mean spectral radius，MSR）为矩阵的所有特征值在复平面上分布半径的均值，其定义为

$$\kappa_{\text{MSR}}=\sum_{i=1}^{n}|\lambda_i|/n \tag{2.58}$$

式中，λ_i 为 $\boldsymbol{Y}_4$ 的第 i 个特征值。

（2）突破内圈的离散点个数 n_{in}：离散点分布状况是表征滚动轴承运行状态的重要指标，由于不同的运行状态，离散点可能会有局部密度较大或者突破内圈和外圈的情况出现，因此，单环图中突破内圈的离散点个数 n_{in} 是一个重要的统计指标，上述两个量化指标如图2-29所示。

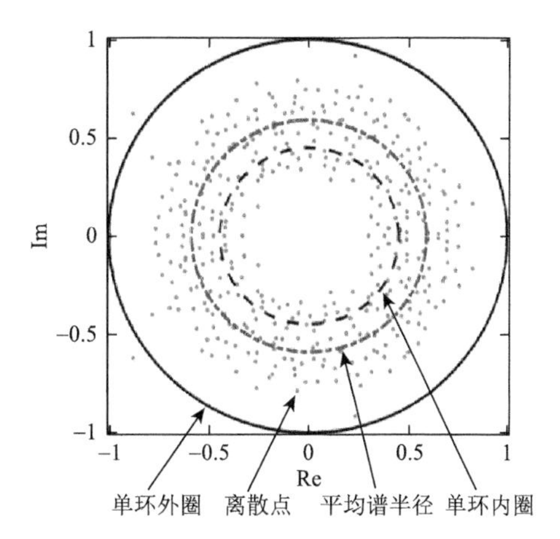

图2-29　基于单环曲线的滚动轴承退化评估指标示意图

综上所述，本书将滚动轴承各个时刻采集到的轴承数据进行分段、扩充构造高维随机矩阵；基于随机矩阵理论中的单环曲线研究轴承数据特征值的分布状况，并提出采用平均谱半径及离散点分布来研究轴承的退化历程，算法流程如图2-30所示。

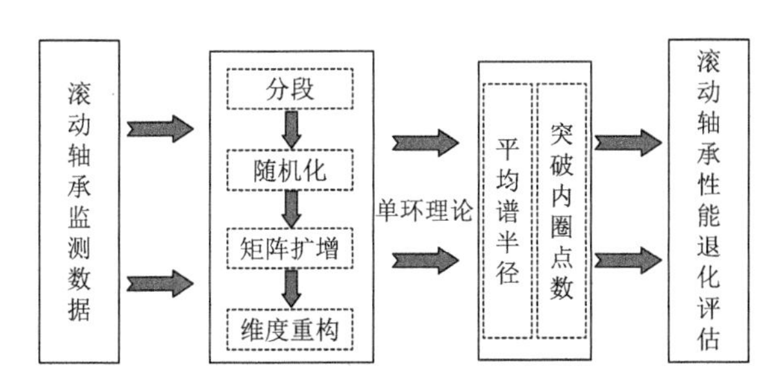

图2-30　基于单环理论的滚动轴承退化评估算法流程图

2.6.2　应用研究

1. IMS滚动轴承性能退化评估

按照2.6.1节随机矩阵构造方法，数据源矩阵经过分段、随机化和重复9次矩阵扩增及维度重构后，最终得到 t_i 时刻高维随机特征矩阵 $\boldsymbol{X}\in\mathbf{C}^{400\times500}$（行列之比 $c=0.8$），利用平均谱半径变化及离散点分布对滚动轴承性能退化进行研究。

课题组对 IMS 轴承全寿命的退化状态进行了划分[24]，结果如图 2-31 所示。由图 2-31 可知，该算法将滚动轴承退化状态划分为退化状态 1、退化状态 2、退化状态 3 和失效状态，分别选取轴承 1 时间序列为 300、650、750 和 950 的数据以代表从正常到失效的典型状态进行研究，基于随机矩阵理论得到的滚动轴承性能退化单环曲线如图 2-32 所示。

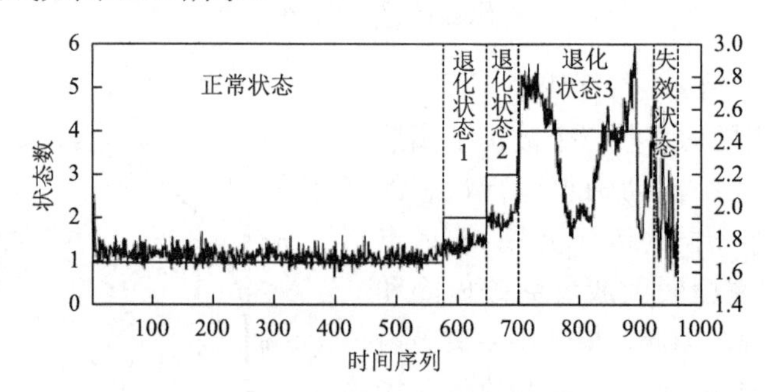

图 2-31 IMS 滚动轴承全寿命状态划分结果

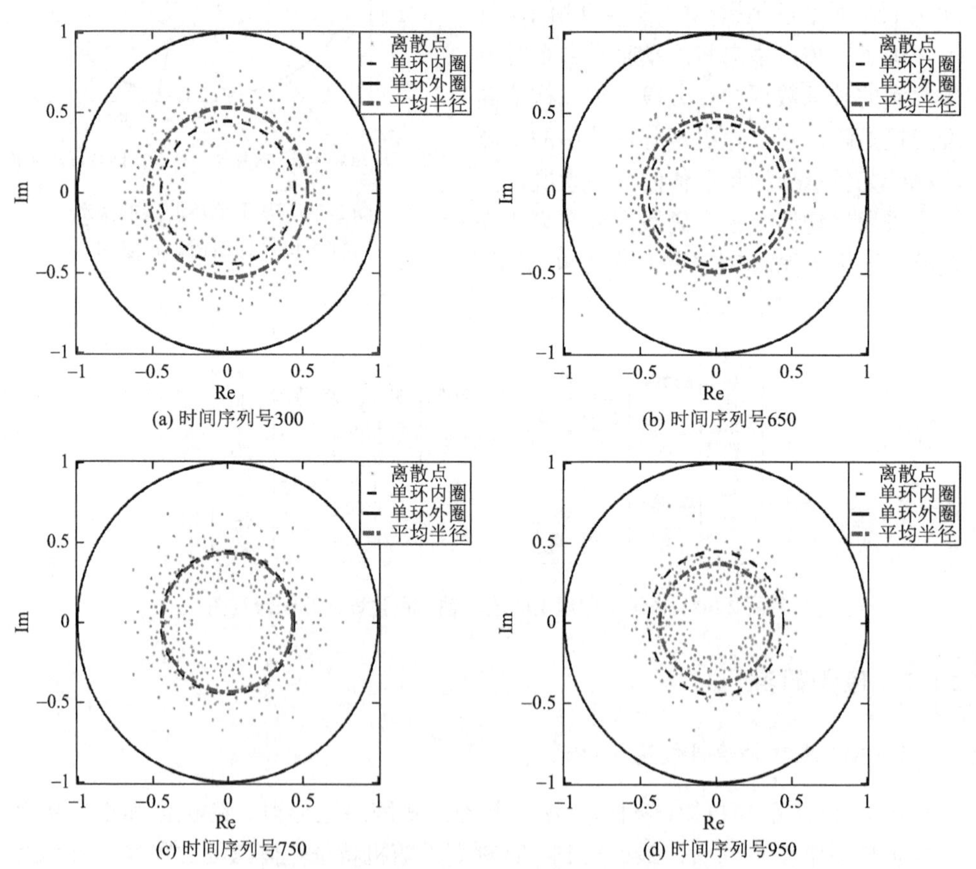

图 2-32 IMS 滚动轴承不同状态对应的单环图

图 2-32（a）～（d）表示序列号为 300、650、750 和 950 时，对应的监测随机矩阵获得的单环图，分别表示半径为 1 的单环外圈，半径为 0.447 的单环内圈及半径为 $\kappa_{\rm MSR}$ 的单环平均谱半径。根据试验描述，图 2-32（a）是滚动轴承试验时间序列号为 300 的数据处理结果，此时滚动轴承运行稳定，属于正常状态；图 2-32（b）、（c）和（d）分别是时间序列号 650、时间序列号 750 和时间序列号 950 数据的处理结果，结合图 2-31 可知分别代表轻微退化状态、严重退化状态和失效状态。根据前面对试验的描述，数据序列编号逐渐增大，可以认为随着运行时间逐渐推移，滚动轴承状态从正常逐渐趋于退化直至最后失效。由图 2-32 可知，四组数据对应的单环图有明显的区别，离散点的分布变化、平均半径的移动都能反映出滚动轴承性能运行状态的改变，如图 2-33、图 2-34 和表 2-9 所示。

表 2-9　IMS 滚动轴承退化评估量化指标

运行状态	时间序列	$\kappa_{\rm MSR}$	$n_{\rm in}$
正常状态	300	0.574	127
轻微退化状态	650	0.519	185
严重退化状态	750	0.437	225
失效状态	950	0.398	271

由图 2-33 可知，随着运行时间的增加，$\kappa_{\rm MSR}$ 呈现出先稳定后连续减小的变化趋势，由表 2-9 可知，$\kappa_{\rm MSR}$ 从序列号 300 的 0.574 逐渐减小到序列号 950 的 0.398，序列号 950 的数据可以视为滚动轴承已经失效。可见，滚动轴承由正常到失效的全寿命历程中，$\kappa_{\rm MSR}$ 是一个连续变化的过程。

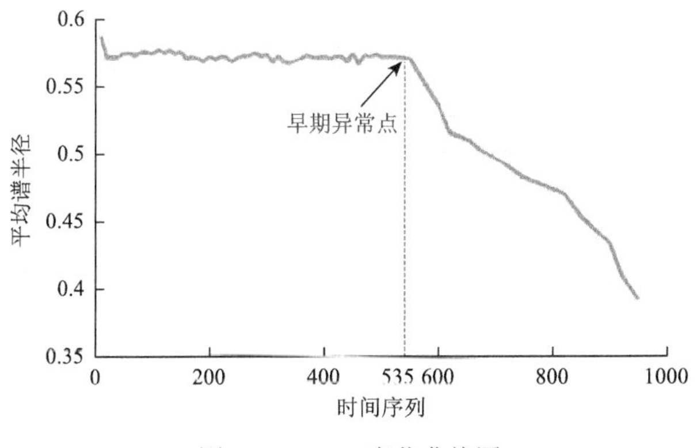

图 2-33　$\kappa_{\rm MSR}$ 变化曲线图

如图 2-34 所示，$n_{\rm in}$ 呈现的也是一个连续变化的过程，与 $\kappa_{\rm MSR}$ 类似，只是 $n_{\rm in}$

先稳定后连续增大，这代表随着滚动轴承运行时间的增加，突破内圈的离散点的数量在持续增加，这也符合图 2-32（a）～（d）所呈现的直观变化趋势，n_{in} 的统计结果如表 2-9 所示，对应序列号 300 到序列号 950，n_{in} 从 127 增加到 271，其变化连续性可以为滚动轴承运行状态辨别提供信息，λ_{max} 逐渐减小体现的也是外围点逐渐向内圈收缩的趋势。

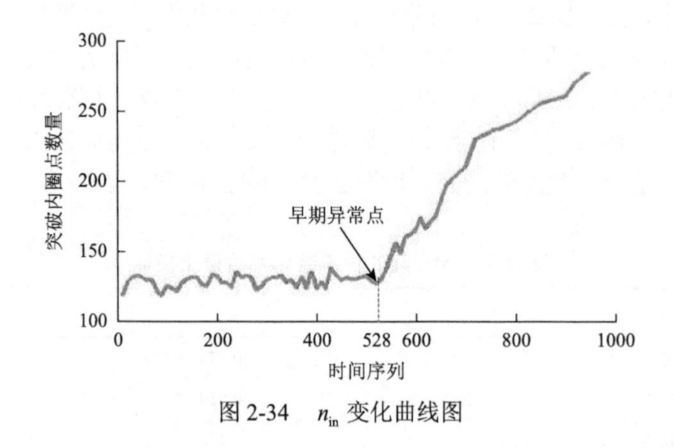

图 2-34　n_{in} 变化曲线图

通过图 2-33、图 2-34 可观察到轴承在序列号 535 及序列号 528 后各指标退化曲线有明显的下降或上升趋势，将其定义为早期异常点。曲线的整体变化趋势与传统峭度指标（图 2-35）相比，基于单环理论所提出的退化指标呈现良好的单调性。且从图 2-33、图 2-34 得出轴承 1 的早期异常点序列号与王庆锋等运用不同方法检测出的轴承早期异常点（序列号 533）基本一致[25, 26]，相比于峭度指标（序列号 650），提高了对轴承早期故障的敏感程度，进一步验证了本节所提算法对轴承退化历程的准确表征能力。

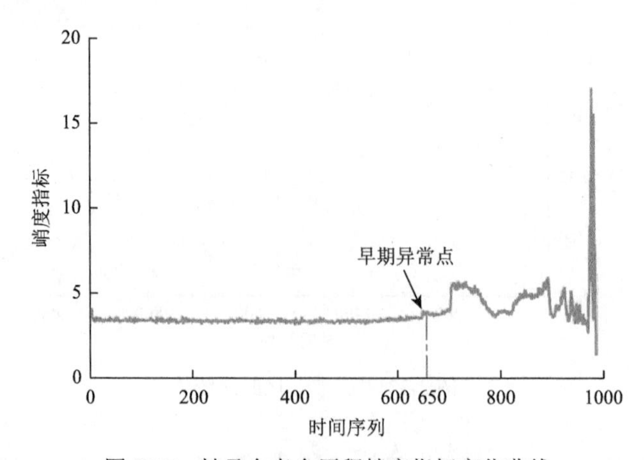

图 2-35　轴承全寿命历程峭度指标变化曲线

2. XJTU-SY 滚动轴承性能退化评估

对 XJTU-SY 全寿命数据按照上述的方法框定时间序列为 1500、1900、2400 和 2510 的数据代表正常状态、轻微退化状态、严重退化状态和失效状态，然后进行随机化构造，按照 2.6.1 节描述的算法流程对其进行处理，得到图 2-36 所示的结果。

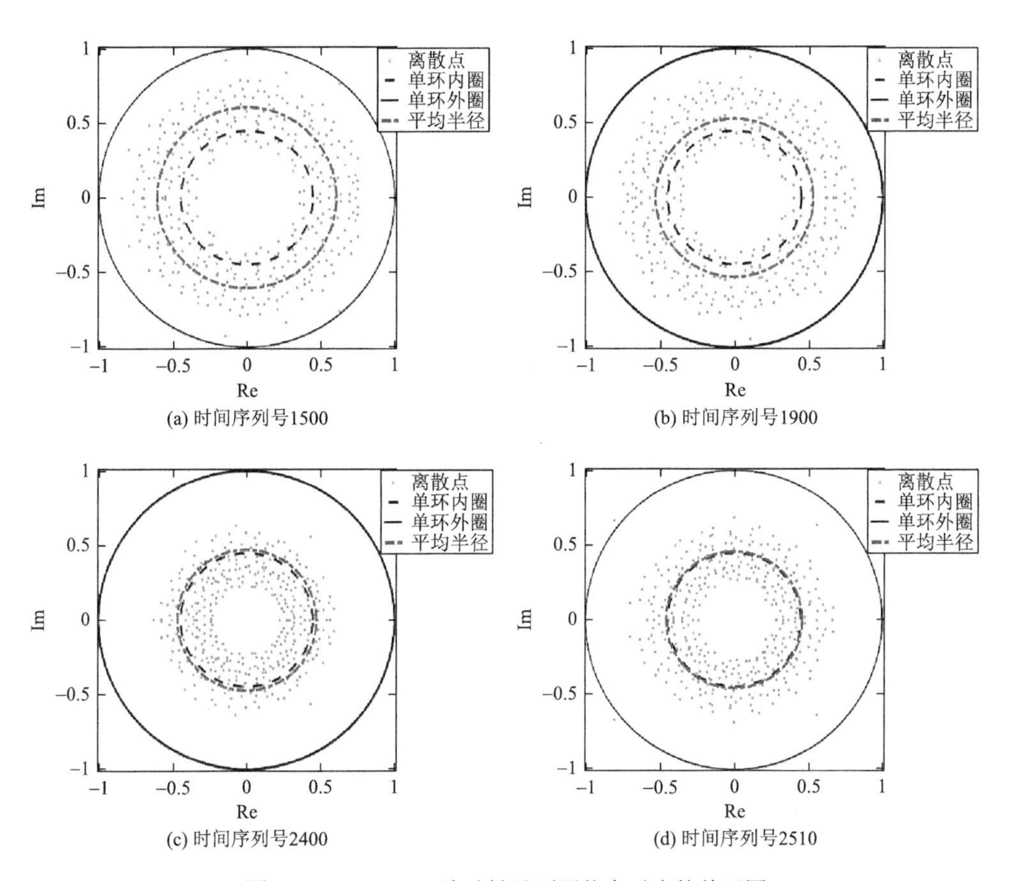

图 2-36 XJTU-SY 滚动轴承不同状态对应的单环图

由图 2-36（a）～（d）可以看出，随着运行时间的推移，滚动轴承由正常状态经历轻微退化、严重退化，直至失效。综合两种指标分析，指标的连续变化趋势的一致性能够反映矩阵元素的波动情况，进而反映滚动轴承不同运行状态，能定量描述随机矩阵特征值离散点分布的变化规律与滚动轴承的退化程度。

退化状态评估指标参数变化如表 2-10 所示，滚动轴承从正常状态到失效状态的变化趋势与 IMS 全寿命试验数据基本一致，但是具体指标值的变化会有所不同，证明了随机矩阵理论能够在实际应用中有效地描述与评估滚动轴承性能退化过程。

表 2-10　XJTU-SY 滚动轴承退化评估量化指标

运行状态	时间序列	κ_{MSR}	n_{in}
正常状态	1500	0.654	127
轻微退化状态	1900	0.619	185
严重退化状态	2400	0.497	225
失效状态	2510	0.465	271

2.7　基于随机矩阵与主成分分析融合的滚动轴承性能退化评估

对轴承数据的实时采集与分析可实现状态的准确监测，但监测数据量过大产生的“维度灾难”对特征提取造成困难，同时采用传统特征提取方法忽略了数据间整体的关联性，容易造成信息损失。因此，如何在大数据背景下对轴承状态进行有效评估是一个难题。随机矩阵理论作为统计分析的重要数学工具之一，常用于研究大维数据下的渐近分布，已在频谱感知、电网配电、金融统计等领域得到了应用。例如，许炜阳等将随机矩阵中的渐近谱理论结合多用户协作检测，提出一种精确的最大最小特征值差的协作感知算法，获得了更好的检测性能[27]。安然等将随机矩阵理论中的单环理论应用于电网的无功优化，通过构造无功优化随机矩阵的方式来提取数据特征，实现定量描述某时刻系统状态信息的目的[28]。倪广县等基于随机矩阵理论中的 M-P 律，提出一种基于最大最小特征值之比的滚动轴承异常检测指标，与传统方法相比可及早检测出异常发生[29]。以上方法皆在大数据分析领域取得良好的应用效果，但只采用单一指标，未将单环理论与 M-P 律中的多指标充分利用，对数据信息表征不充分。主成分分析（PCA）算法旨在研究数据的内在联系，可将同一空间中的多个指标进行转换融合，融合后的综合指标中少数几个主成分可涵盖多指标绝大部分特征，可更好地对数据信息进行表征，目前已在数据降维、降噪等方面得到广泛应用[30]。本节采用 PCA 进行多指标融合，构造出表征能力更好的指标用于对滚动轴承性能退化历程进行研究。

2.7.1　基于随机矩阵指标的滚动轴承退化特征提取

在 2.6.1 节中，利用随机矩阵中的单环理论研究了不同时间段下滚动轴承的特征值的分布，由图 2-32、图 2-36 可知，当轴承处于正常运行阶段时，特征值主要分布于单环内圈与外圈区间；随着轴承性能不断退化，特征值开始远离单环外圈向内圈靠拢；当特征值在内圈圆心集中分布时，轴承性能退化严重。因此，利用单环曲线可以表征滚动轴承不同运行状态，并通过特征值的分布构造滚动轴承性能退化指标。单环曲线中位于单环内圈与外圈之间的特征数据点数，记为 $N_{\text{in-out}}$；突破内圈的数据量记为 N_{in}，构造如式（2.59）所示的两个特征指标：

$$\begin{cases} p_1 = N_{\text{in}} / (N_{\text{in}} + N_{\text{in-out}}) \\ p_2 = N_{\text{in}} / N_{\text{in-out}} \end{cases} \tag{2.59}$$

将 2.5.1 节中 t_i 时刻所构造出的特征矩阵 $\boldsymbol{X}_i$ 通过式（2.60）可得到其协方差矩阵 $\boldsymbol{B}_n$：

$$\boldsymbol{B}_n = \frac{\sigma^2}{q} \boldsymbol{X}_i \boldsymbol{X}_i^{\text{T}} \tag{2.60}$$

式中，σ^2 为 t_i 时刻特征矩阵 $\boldsymbol{X}_i$ 的方差；q 为矩阵 $\boldsymbol{X}_i$ 的列数。

对协方差矩阵 $\boldsymbol{B}_n$ 进行特征值分解，提取其所有的特征值 λ。当特征矩阵 $\boldsymbol{X}_i$ 内元素满足独立同分布，各元素满足均值为 0，方差为 σ^2，p 和 q 趋于无穷，且其行列式之比 $c = p / q (c \in (0,1])$ 保持不变时，其协方差矩阵 $\boldsymbol{B}_n$ 特征值的经验谱分布满足 M-P 律[31]，其所有特征值 λ 满足：

$$f_{\text{M-P}}(\lambda) = \begin{cases} \dfrac{1}{2\pi\lambda c\sigma^2}\sqrt{(b-\lambda)(\lambda-a)}, & a \leqslant |\lambda| \leqslant b \\ 0, & \text{其他} \end{cases} \tag{2.61}$$

式中，$a = \sigma^2(1-\sqrt{c})^2$；$b = \sigma^2(1+\sqrt{c})^2$。

由 M-P 律可知，$\boldsymbol{B}_n$ 的特征值 λ 具有收敛性，其分布在区间 $S = [a,b]$ 内[32]。基于 M-P 律研究协方差矩阵特征值的分布特性，借鉴不同特征指标在频谱感知方面呈现出的良好应用效果[33]，构造如表 2-11 所示的 12 个指标。其中，$\lambda_{\min}$ 为协方差矩阵 $\boldsymbol{B}_n$ 的最小特征值，$\lambda_{\max}$ 为最大特征值，λ_{var} 为特征值方差，λ_{mid} 为特征值中位数，$\text{tr}(\cdot)$ 为矩阵的迹。

表 2-11　基于随机矩阵的特征指标构造公式

特征指标	计算公式	特征指标	计算公式	特征指标	计算公式
p_3	$p_3 = \lambda_{\text{mid}}$	p_5	$p_5 = \lambda_{\max} - \lambda_{\text{mid}}$	p_7	$p_7 = \lambda_{\max} - \lambda_{\min}$
p_4	$p_4 = \lambda_{\max} / \lambda_{\text{mid}}$	p_6	$p_6 = \sum_{i=1}^{n} \lambda_i / n$	p_8	$p_8 = \lambda_{\max} / \lambda_{\min}$

续表

特征指标	计算公式	特征指标	计算公式	特征指标	计算公式
p_9	$p_9 = \lambda_{\max}\Big/\left(\sum_{i=1}^{n}\lambda_i / n\right)$	p_{11}	$p_{11} = \lambda_{\max} - \sum_{i=1}^{n}\lambda_i / n$	p_{13}	$p_{13} = \lambda_{\max} / \lambda_{\mathrm{var}}$
p_{10}	$p_{10} = \lambda_{\max}\Big/\left(\sum_{i=1}^{n}\lambda_i - \lambda_{\max}\right)$	p_{12}	$p_{11} = \lambda_{\max} / \mathrm{tr}(\boldsymbol{B}_n)$	p_{14}	$p_{14} = (\lambda_{\max} - \lambda_{\min}) / \lambda_{\mathrm{mid}}$

2.7.2 基于随机矩阵理论与 PCA 的滚动轴承性能退化评估算法

节点 j 在采样时刻 t_i 时，共提取 14 个退化特征指标，构成一行向量，如式（2.62）所示：

$$\boldsymbol{p}_j(t_i) = [p_{j,1}, p_{j,2}, \cdots, p_{j,14}] \tag{2.62}$$

将不同采样时刻节点 j 采集到的特征值指标按照时间顺序构成一个多指标矩阵，即

$$\boldsymbol{P} = [\boldsymbol{p}_j(t_1), \boldsymbol{p}_j(t_2), \cdots, \boldsymbol{p}_j(t_i), \cdots], \quad j = 1,2,\cdots,M \tag{2.63}$$

本节构建出的多指标矩阵 $\boldsymbol{P}$ 与单一指标相比，所涵盖的退化信息更全面，然而增加了数据复杂性和冗余度。为实现对信息的综合利用，采用 PCA 算法对多指标进行主成分提取与信息融合。PCA 作为一种数据降维、降噪工具[34]，其原理是把高维上的多个指标通过坐标转换成新的多元信息融合的综合指标，使得综合指标中少数几个主成分涵盖多个指标的绝大部分信息，降低了数据的冗余度，实现了数据综合利用，具体步骤如下。

（1）将各类特征值指标构成的矩阵 $\boldsymbol{P}$ 进行归一化及零均值化处理，降低数据之间的差异，得到矩阵 $\tilde{\boldsymbol{P}}$ 。

（2）建立并提取 $\tilde{\boldsymbol{P}}$ 相关系数矩阵的特征根 $l_i (i = 1,2,3,\cdots,14)$ ，得到指标相互融合后的综合矩阵 $\boldsymbol{F}$ ：

$$\boldsymbol{F} = (\mathrm{IMF}_1, \mathrm{IMF}_2, \cdots, \mathrm{IMF}_{14}) \tag{2.64}$$

式中， $\mathrm{IMF}_i (i = 1,2,3,\cdots,14)$ 为融合后第 i 个特征根对应的主成分数据。

（3）根据特征根计算各主成分的贡献率 $C_{\mathrm{Rate}}(l_i)$ ，贡献率越大即数据融合效果越好：

$$C_{\mathrm{Rate}}(l_i) = l_i \Big/ \sum_{i=1}^{14} l_i \tag{2.65}$$

（4）将各主成分的贡献率相加计算其累积贡献率，将累积贡献率大于 90%的主成分 IMF_i 提取出来，用其平均值构建出融合特征指标进行轴承性能退化评估。

本节利用滚动轴承健康监测数据，基于随机矩阵理论构造多维退化特征，并通过 PCA 建立融合特征指标，实现对其性能退化定量评估，算法流程如图 2-37 所示。

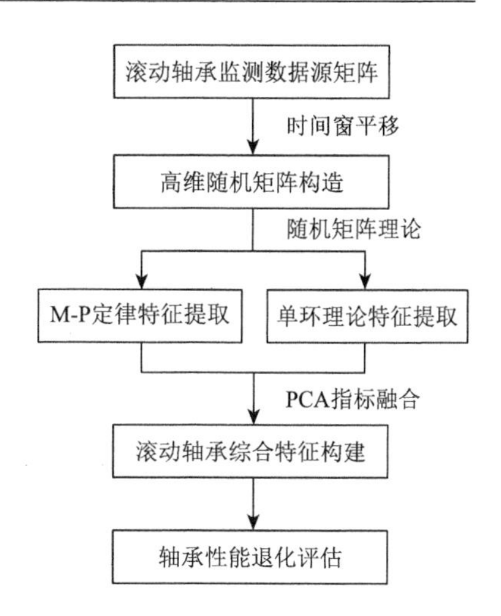

图 2-37　滚动轴承性能退化融合指标构建算法流程

2.7.3　应用研究

随机矩阵的构造方式按 2.6.1 节所述，得到 t_i 时刻高维随机特征矩阵 $\boldsymbol{X}_i \in \mathbf{C}^{400\times500}$（行列之比 $c=0.8$），分析其协方差矩阵特征值 λ 的概率密度分布 $F(\lambda)$，如图 2-38 所示。在轴承正常状态，其特征值整体分布有良好的渐近收敛特性，符合 M-P 律，如图 2-38（a）所示。随着轴承进入退化状态，特征值逐渐发散且整体呈增大的趋势，分布特性逐渐被破坏，如图 2-38（b）、（c）

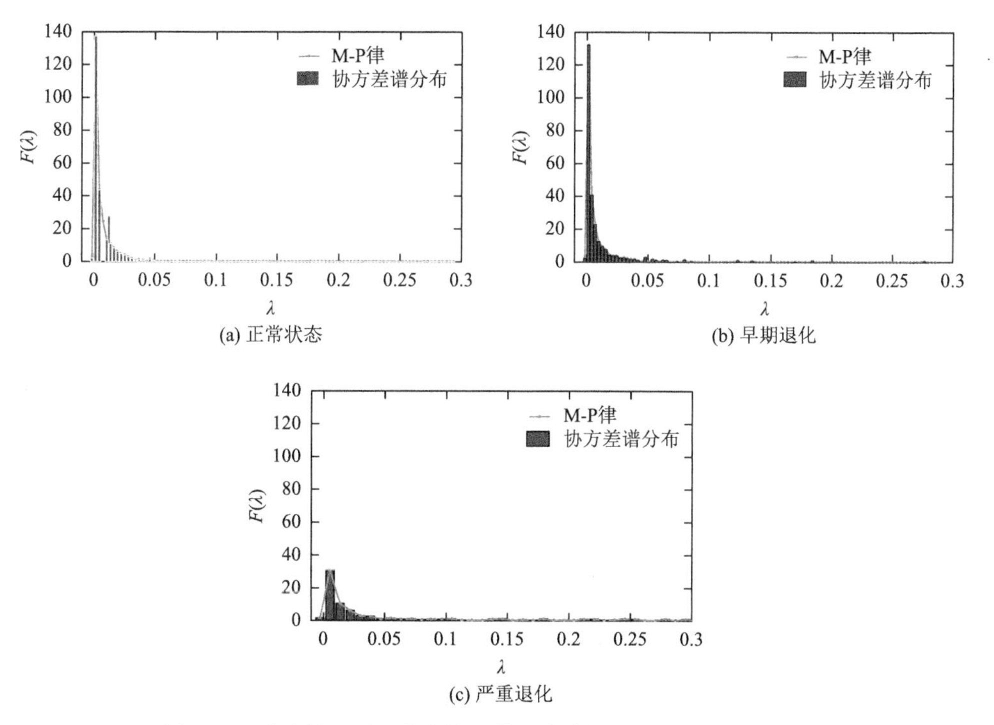

图 2-38　滚动轴承不同状态协方差矩阵特征值的概率密度分布图

所示。故可用 M-P 律对轴承特征值分布进行研究，在滚动轴承处于正常状态时，其特征值整体分布收敛且稳定，可使得特征值指标变化呈现为一条稳定直线。当进入异常状态时，特征值分布发生变化，整体有变大的趋势，特征值指标随着退化的加剧而变化剧烈，可通过特征值收敛与发散实现对轴承正常与异常状态的区分，且通过对整体特征值的变化对轴承退化程度进行有效表征。

1. 退化融合特征指标构建

基于随机理论中的单环理论与 M-P 律对不同采样时刻所构造出的矩阵 $\boldsymbol{X}_i$ 进行特征指标提取，14 个无量纲特征指标的变化趋势如图 2-39 所示。

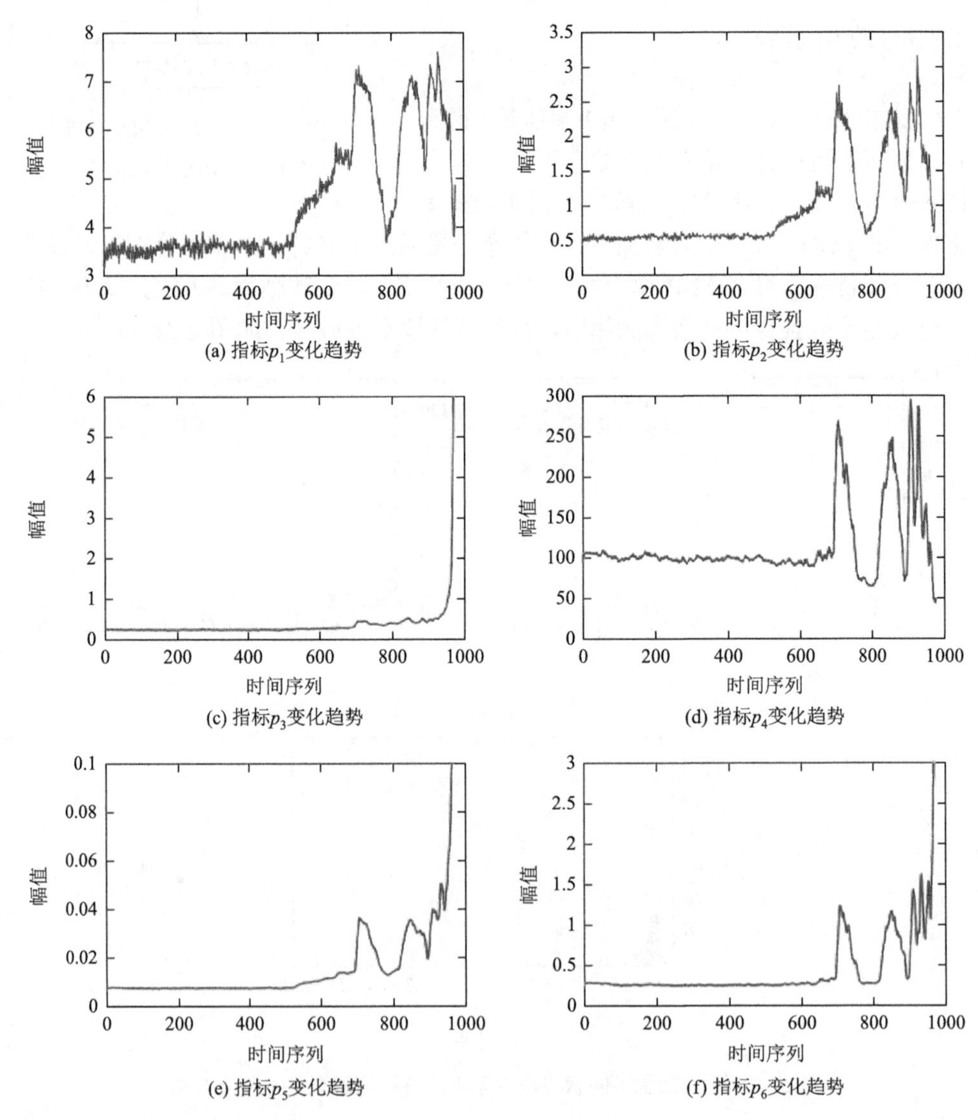

(a) 指标p_1变化趋势　(b) 指标p_2变化趋势

(c) 指标p_3变化趋势　(d) 指标p_4变化趋势

(e) 指标p_5变化趋势　(f) 指标p_6变化趋势

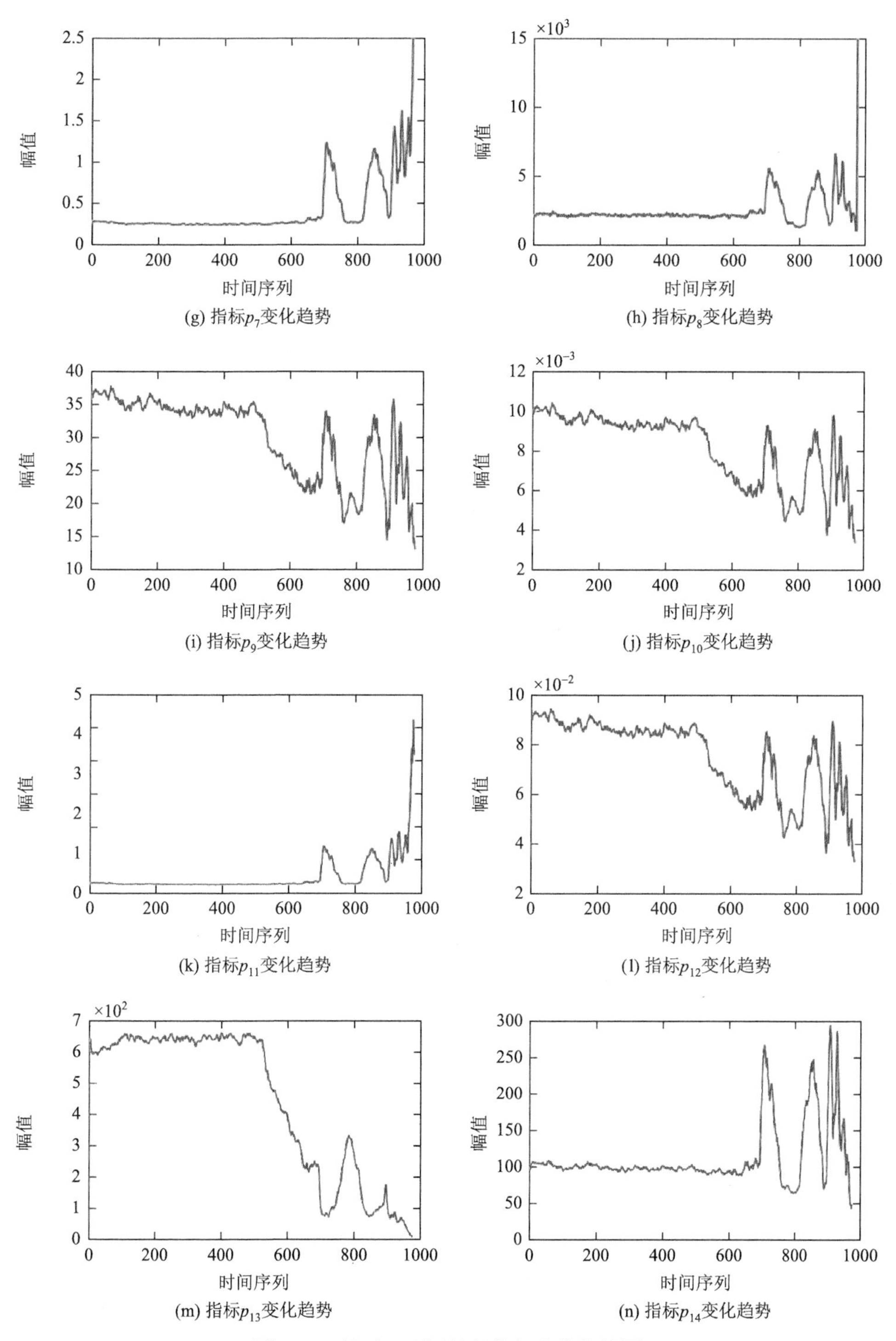

(g) 指标p_7变化趋势

(h) 指标p_8变化趋势

(i) 指标p_9变化趋势

(j) 指标p_{10}变化趋势

(k) 指标p_{11}变化趋势

(l) 指标p_{12}变化趋势

(m) 指标p_{13}变化趋势

(n) 指标p_{14}变化趋势

图 2-39　轴承 1 不同特征指标变化趋势图

由图 2-39 可知，14 个特征指标反映了轴承 1 由正常到失效整个全寿命历程，各指标都呈现了一定趋势，但对早期异常敏感程度、轴承各阶段划分的准确度及指标单调性方面均未达到最佳，指标 p_1、p_2 对轴承早期微弱故障较为敏感，但整体单调性差，对轴承各退化阶段开始与结束表征不准确；p_3、p_6、p_{13} 指标有较好的单调性，但在轴承退化加剧时所呈现出的变化趋势不明显；其余指标对轴承的退化过程反应较为剧烈，但数据存在冗余，总体上这 14 个指标所含信息较为庞杂，难以对轴承性能退化过程进行很好的表征。因此，需要对不同指标进行主成分分析，降低冗余特征对退化指标的干扰，同时保留这 14 个指标中所需要的有效信息，构造出一个融合指标用于对轴承退化历程进行表征。在对 14 个特征值指标按照 2.7.2 节所示方法进行 PCA 融合后，计算各成分特征根及其累积贡献率，如表 2-12 所示。可观察到融合后前三组主成分的贡献率较大，其累积贡献率已达到 93.61%（大于 90%），融合效果较好，在保证最少主成分的前提下基本可涵盖轴承 14 个指标中所有有用信息，故选取前三组主成分，计算其均值用于对轴承退化历程描述和状态识别。

表 2-12　滚动轴承退化特征主成分分析结果

参数	第一主成分	第二主成分	第三主成分
特征根	7.43	3.11	2.56
贡献率/%	53.08	22.21	18.32
累积贡献率/%	53.08	75.29	93.61

2. 早期异常状态检测

通过 PCA 处理后获得融合指标对轴承 1 进行性能退化评估，如图 2-40 所示，通过 PCA 坐标变换使得各个特征指标样本部分散落于新坐标轴的负半轴，使其纵坐标出现负值，但指标整体的单调性、对早期异常检测的灵敏度与退化历程的表征能力较各单一指标而言有所加强。该指标在时间序列为 523 前变化平缓、波动较小，之后上升明显，据此判断轴承 1 的早期异常在时间序列为 523 时发生。为验证 PCA 融合特征指标对滚动轴承早期异常点的敏感程度，将检测结果与其他算法进行对比。在 2.3.1 节中采用最大最小特征值之比指标对轴承 1 进行早期异常点检测，结果如图 2-41 所示，较传统峭度指标可提前 11h 检测出轴承异常的发生，但此方法通过对轴承信号进行频域、时域特征的提取，破坏了数据整体的关联性，造成部分有用信息损失，且单一特征值指标对轴承退化信息表征不完整，使其未能及时检测出轴承的早期异常。对比图 2-40、图 2-41 可知，PCA 融合特征指标比最大最小特征值之比指标提前 12.5h 检测出轴承 1 的早期异常，验证了此算法对轴承早期故障更为敏感。

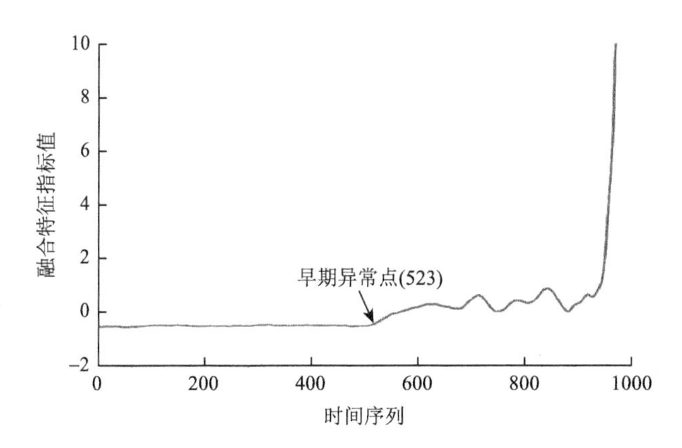

图 2-40　基于 PCA 融合特征指标的轴承早期异常检测

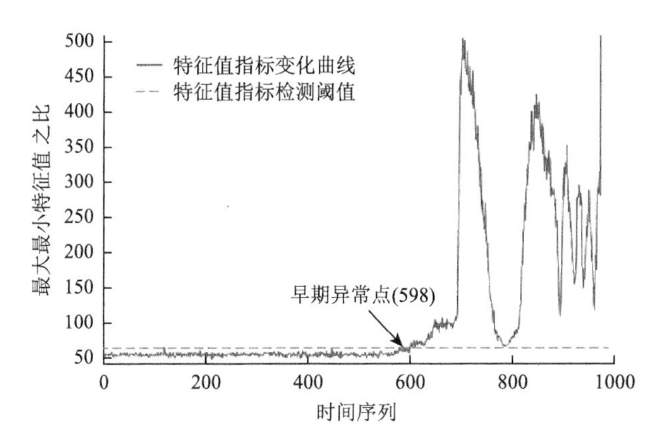

图 2-41　基于最大最小特征值之比算法的轴承早期异常检测

3. 性能退化评估

利用 PCA 融合特征指标对 IMS 轴承 1 运行状态进行划分和性能评估，如图 2-42 所示，采用传统方法对退化指标曲线的变化趋势与变化幅度分析进而对轴承退化状态进行划分，在时间序列 523 之前为正常状态；523 后，轴承 1 开始进入不同程度的退化状态。时间序列 523～626 为早期退化状态，此阶段性能指标有明显的上升趋势；626～788 与 788～932 分别表征中期和严重退化状态，轴承 1 的指标曲线存在明显的周期性波动；轴承的严重故障点发生的序列号为 932，此后指标急剧上升，意味着轴承 1 进入故障状态并即将失效。为验证算法有效性，与 HDP-CHMM 算法得到的性能退化评估结果进行比较，HDP-CHMM 算法获得的早期异常点的序列号为 576，严重故障点为 930，与本节算法的结果接近。因此，可证明融合特征指标能对轴承 1 全寿命历程中的不同运行状态进行有效表征。

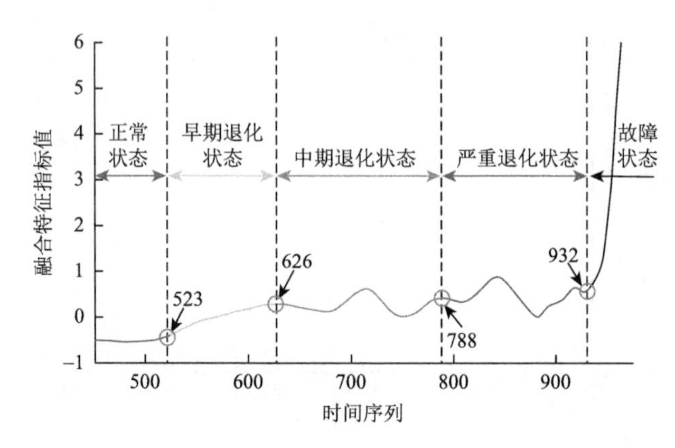

图 2-42　基于随机矩阵融合指标的滚动轴承性能退化评估结果

考虑到数据变化的不稳定性，传统方法过多依赖退化指标变化的趋势与幅度，使得轴承状态划分缺少科学性。本节结合轴承故障机理与故障频域信息对轴承 1 状态识别与划分的有效性进行分析，降低了仅依据轴承数据变化趋势而造成状态划分不准确的风险。本课题组前期研究结果表明[35]，轴承 1 的早期异常为外圈早期故障，当轴承 1 进入中期退化状态时，外圈表面缺陷刚刚形成，小的剥落或者裂纹出现，振动幅值上升，随后滚动体连续运转将缺陷抚平，幅值又会下降，融合指标呈现周期性变化，此现象被称为“愈合现象”[36]。如图 2-42 所示，融合指标曲线在序列号为 626 后开始下降，进入波动状态，此波动一直持续到 932，此期间存在两个变化趋势较相似的波动周期（时间序列号 626～788 与 788～932），且在 788～932 中融合特征的幅值较上一阶段有所增加，表明轴承损伤进一步加剧。因此，将这两个周期分别确定为轴承 1 的中期与严重退化阶段，此阶段中融合指标所呈现出的变化能反映轴承外圈的故障发展历程；在时间序列为 932 后，轴承损伤扩展到更广的区域而无法愈合，振动不断加剧，轴承发生故障，即将完全失效。

分别提取轴承 1 早期退化状态（序列号 523～626）、中期和严重退化状态（序列号 626～932）的振动数据进行频谱分析，如图 2-43 所示，当滚动轴承开始退化时，受故障频率影响，产生幅值较大的频率成分 f_0= 985.4Hz，约为外圈故障频率 f_e（236.73Hz）的 4 倍，但早期退化状态时其高频段幅值较小，如图 2-43（a）所示。当进入中期和严重退化状态后，高频段的幅值较前一阶段有较大的增长，频谱图高频段出现了如图 2-43（b）所示的等间隔边频带 Δf = 231Hz（接近外圈故障特征频率）。结合轴承故障机理分析，轴承 1 在此阶段经历了“损伤-愈合-再损伤”

的过程，性能退化加剧，滚动体与外圈频繁冲击，瞬态冲击能量较大，激励起轴承 1 的固有频率（5172Hz）并出现调制现象，产生了以轴承固有频率为中心频率、以外圈故障频率为调制频率的边频带。在运行至序列号 932 后，轴承 1 损伤严重无法愈合。因此，本节提出的融合指标对轴承 1 中期和严重退化状态的划分和评估，实现了对其经历的两次“损伤-愈合-再损伤”变化过程的描述，较为精准地描述了轴承 1 的实际退化历程。

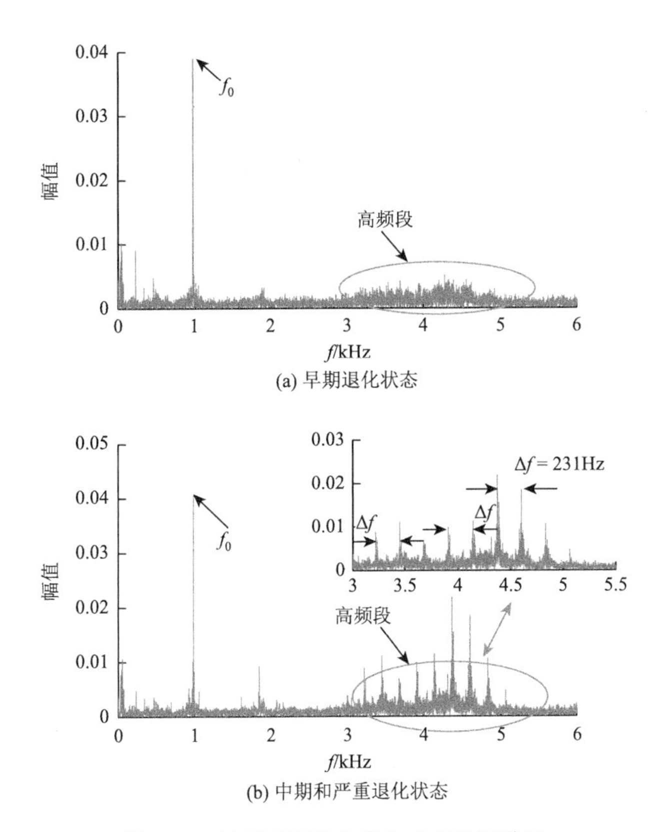

图 2-43　轴承不同退化状态对应的频谱图

2.8　本 章 小 结

结合随机矩阵渐近谱分析理论，2.3 节提出了一种基于随机矩阵理论最大最小特征值之比的滚动轴承的早期异常检测算法。通过构造随机监测矩阵的样本协方差矩阵，求解样本协方差矩阵的最大特征值与最小特征值，利用最大最小特征值之比构造特征值检测指标，并确定检测阈值。在考虑误警率和矩阵规模的情况下，监测数据符合 Tracy-Widom 第一分布，利用样本协方差矩阵的最大特征值和最小特征值近似值，改进了特征值指标和检测阈值。将特征值指标及改进特征值指标应用于 IMS 和 XJTU-SY 轴承全寿命试验数据，确定了早期异常点时间序列，并与传统峭度指标法进行比较，验证了所提方法的有效性。

为进一步充分利用随机矩阵特征向量信息，2.4 节将监测矩阵特征值与特征向量有机融合，提出一种基于随机矩阵综合特征指标的滚动轴承早期异常检测算法。针对随机矩阵主特征向量量纲较小、区分度不明显的缺点，采用特征值之比作为放大系数，构造综合特征指标，并给出阈值表达式，对滚动轴承异常状态进行检测。将综合特征检测指标应用于 IMS 和 XJTU-SY 轴承全寿命数据，进行早期异常检测，与特征值指标和传统峭度指标法相比，综合特征指标能更早检测出早期异常点，从而为设备维护和健康管理提供依据和指导。

2.5 节提出一种基于随机矩阵最大最小特征值之差的滚动轴承早期异常检测算法，利用特征值之差构建出的检测指标可降低噪声带来的干扰，结合误警率所推导出的动态检测阈值，可实现对早期异常状态的检测。应用结果表明，与最大最小特征值之比算法相比，最大最小特征值之差指标不仅可及早检测出滚动轴承早期异常的发生，且检测效果更优。

2.6 节提出了一种基于随机矩阵单环理论的滚动轴承性能退化评估算法。通过矩阵奇异值分解、与 Haar 酉矩阵结合、判决矩阵标准化处理等手段，将滚动轴承运行状态信息以单环曲线的形式呈现。通过单环曲线构造出平均谱半径和突破内圈离散点数量等量化指标，通过对 IMS 与 XJTU-SY 轴承全寿命不同状态对应的数据进行分析，验证在轴承性能退化定量评估中的可行性。基于单环理论提出的指标与传统指标相比具有较好的单调性，可清晰准确刻画轴承从早期异常到失效的整个历程，验证了所提出的退化指标对滚动轴承运行状态表征的有效性。

2.7 节提出了一种基于随机矩阵与主成分分析相融合的滚动轴承性能退化评估算法。利用平移时间窗对监测数据源矩阵不同时间段的数据进行锁定采集，构造出的矩阵包含当前时刻信息与历史信息，降低了数据频繁波动而对整体趋势变化产生的干扰，提高了退化指标的稳定性。IMS 轴承寿命数据结果表明，融合特征指标较最大最小特征值指标相比可提前 12.5h 检测出轴承早期异常的发生；通过与 HDP-CHMM 算法检测出的早期异常点与严重故障点进行比较，表明融合特征指标可对轴承的退化历程进行有效评估，为轴承的退化评估程度提供了一种可行的量化指标；结合轴承的故障机理与故障信号的频谱分析，验证了基于融合特征指标划分轴承全寿命运行状态的有效性和合理性。

参 考 文 献

[1] 王妍，杨钧，孙凌峰，等. 基于随机矩阵理论的高维数据特征选择方法. 计算机应用，2017，37（12）：3467-3471.

[2] Nation C，Porras D. Off-diagonal observable elements from random matrix theory：Distributions，fluctuations，

and eigenstate thermalization. New J. Phys.，2018，20：103003.

[3] 王小英. 大维样本协方差矩阵的线性谱统计量的中心极限定理. 长春：东北师范大学，2009.

[4] Guionnet A，Krishnapur M，Zeitounio. The single ring theorem. Ann. Math.，2009，174（2）：1189-1217.

[5] Najim J. Introduction to a large random matrix theory. Trait. Signal，2016，33（2/3）：161-222.

[6] Paul D，Aue A. Random matrix theory in statistics：A review. J. Stat. Plan. Inference，2014，150：1-29.

[7] Liu H Y，Aue A，Paul D. On the Marcenko-Pastur law for linear time series. Ann. Stat.，2015，43（2）：675-712.

[8] Feinberg J，Riser R. Pseudo-Hermitian random matrix theory：A review. J. Phys. Conf. Ser.，2021，2038（1）：012009.

[9] Qiu H，Lee J，Lin J，et al. Wavelet filter-based weak signature detection method and its application on rolling element bearing prognostics. J. Sound Vib.，2006，289（4）：1066-1090.

[10] 雷亚国，韩天宇，王彪，等. XJTU-SY 滚动轴承加速寿命试验数据集解读. 机械工程学报，2019，55（16）：1-6.

[11] Wang B，Lei Y G，Li N P，et al. A hybrid prognostics approach for estimating remaining useful life of rolling element bearings. IEEE T. Reliab.，2018，69（1）：1-12.

[12] Weidenmüller H A. Random-matrix theories in quantum physics and classical chaos. Philos. Mag. B.，2000，80（12）：2119-2128.

[13] Tracy C A，Widom H. Level spacing distributions and the Airy kernel. Commun. Math. Phys.，1994，159（1）：151-174.

[14] 夏宁宁. 大维随机矩阵特征向量的极限分析. 长春：东北师范大学，2013.

[15] Hanea A M，Nane G F. The asymptotic distribution of the determinant of a random correlation matrix. Stat Neerl，2018，72（1）：14-33.

[16] 王磊，郑宝玉，崔景伍. 基于随机矩阵理论的频谱感知技术研究综述. 信号处理，2011，27（12）：1889-1897.

[17] 解俊山. 随机矩阵谱统计量的若干概率极限定理. 杭州：浙江大学，2012.

[18] 方秋莲，王培锦，隋阳，等. 朴素 Bayes 分类器文本特征向量的参数优化. 吉林大学学报（理学版），2019，57（6）：1479-1484.

[19] 张日新，朱跃龙，万定生，等. 基于特征向量的两阶段异常检测方法研究. 信息技术，2019，43（11）：67-71，77.

[20] Federico P，Roberto G，Maurizio A S. Cooperative spectrum sensing based on the limiting eigenvalue ratio distribution in wishart matrices. IEEE Commun. Lett.，2009，13（7）：507-509.

[21] 朱文昌，李伟，倪广县，等. 基于高维随机矩阵综合特征指标的滚动轴承状态异常检测算法. 仪表技术与传感器，2021，8：82-86.

[22] 夏均忠，郑建波，白云川，等. 基于 NAP 和 RMI 的滚动轴承性能退化状态识别与评估. 振动与冲击，2019，38（23）：33-37.

[23] Belinschi S，Nowak M A，Speicher R，et al. Squared eigenvalue condition numbers and eigenvector correlations from the single ring theorem. J. Phys. A Math. Theor.，2017，50（10）：105204.

[24] 季云，王恒，朱龙彪，等. 基于 DPMM-CHMM 的机械设备性能退化评估研究. 振动与冲击，2017，36（23）：170-174.

[25] 王庆锋，卫炳坤，刘家赫，等. 一种数据驱动的旋转机械早期故障检测模型构建和应用研究. 机械工程学报，2020，56（16）：22-32.

[26] 冯辅周，司爱威，饶国强，等. 基于小波相关排列熵的轴承早期故障诊断技术. 机械工程学报，2012，48（13）：73-79.

[27] 许炜阳，李有均，徐宏乾，等. 基于随机矩阵非渐近谱理论的协作频谱感知算法研究. 电子与信息学报，2018，

40（1）：123-129.

[28] 安然，吴俊勇，石琛，等. 基于随机矩阵和历史场景匹配的配电网无功优化.中国电力，2020，53（4）：69-78.

[29] 倪广县，陈金海，王恒. 滚动轴承高维随机矩阵状态异常检测算法. 西安交通大学学报，2019，53（10）：65-71.

[30] 张剑，童言，徐明迪，等. 轻量级主机数据采集与实时异常事件检测方法研究. 西安交通大学学报，2017，51（4）：97-102.

[31] Chiani M. On the probability that all eigenvalues of Gaussian and Wishart random matrices lie within an interval. IEEE T. Inform. Theory，2017，63（7）：4521-4531.

[32] Aditya V，Vio G A. Numerical and experimental assessment of random matrix theory to quantify uncertainty in aerospace structures. Mech. Syst. Signal Pr.，2019，118：408-422.

[33] 赵文静，李贺，金明录. 基于特征值的频谱感知融合算法. 通信学报，2019，40（11）：57-64.

[34] 欧阳鸿武，肖叶萌，胡仕成，等. 汽车技术性能综合评价方法及应用. 中南大学学报（自然科学版），2020，51（3）：650-660.

[35] Wang H，Chen J H，Zhou Y W，et al. Early fault diagnosis of rolling bearing based on noise-assisted signal feature enhancement and stochastic resonance for intelligent manufacturing. Int. J. Adv. Manuf. Tech.，2019，107：1017-1023.

[36] Williams T，Ribadeneira X，Billington S，et al. Rolling element bearing diagnostics in run-to-failure lifetime testing. Mech. Syst. Signal Pr.，2001，15（5）：979-993.

第3章　基于形态学滤波和噪声辅助增强的滚动轴承早期故障诊断

滚动轴承作为旋转机械的关键零部件之一，在异常检测的基础上，如何有效提取其故障频率特征、诊断滚动轴承早期故障类型，是进行健康管理与维护的关键。本章聚焦滚动轴承早期微弱故障诊断的科学问题，开展了基于噪声干扰滤除和噪声辅助增强的早期微弱故障诊断理论研究，提出基于变分模态分解的自适应形态学滤波和基于噪声辅助特征增强的滚动轴承早期故障诊断方法。

3.1　形态学滤波理论及算法

3.1.1　数学形态学概述

数学形态学（mathematical morphology，MM），由法国巴黎矿业学院博士生Jean Serra及其导师Georges Matheron于1964年提出，在分析铁矿核的定量岩石开采价值的研究中提出“击中/击不中变换”，并首次在理论层面上定义了形态学的表达式，建立了颗粒分析方法[1]，他们的工作为形态学的发展奠定了理论基础。

数学形态学基本算子主要有腐蚀、膨胀、开闭与高低帽算子等[2]。在采用形态学进行数字图像处理时，设计一种类似“探针”的结构元素执行相关计算操作，通过如像素值、尺寸和承载形状等在图像中以预定的路径不断移动，来分析图像内相邻像素之间的联系，判断图像的结构特点。形态学结构元素具有特定的几何形状，其实质是一个比较小的数据矩阵，大小远小于待处理图像，是一种能有效度量和探测图像特征的工具。结构元素的合理设计与选取是形态学图像处理的关键。结构元素在形态学图像处理中的探测过程可用图3-1描述。

3.1.2　数学形态学基本原理及算法

1. 数学形态学基本算子

滚动轴承故障信号是一维的数据集，所以只涉及腐蚀、膨胀、开运算、闭运算和开、闭运算的级联组合，其中腐蚀和膨胀是形态学的基本运算。设采集到的滚动轴承故障信号数据为定义在$F=\{0,1,2,\cdots,N-1\}$上的一维多值函数$f(n)$，一维结构元素$g(n)$的定义域为$G=\{0,1,2,\cdots,M-1\}$，其中N和M都是整数，且$N>M$。

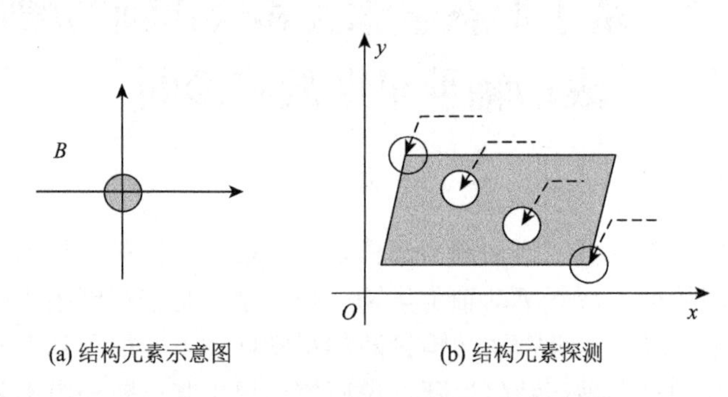

图 3-1　结构元素与“探测”示意图

$f(n)$被$g(n)$腐蚀记为$(f\Theta g)(n)$，定义为

$$\begin{cases}(f\Theta g)(n)=\min(f(n+m)-g(m))\\ m\in(0,1,2,\cdots,M-1)\\ n\in(0,1,2,\cdots,N-1)\end{cases}\tag{3.1}$$

$f(n)$被$g(n)$膨胀记为$(f\oplus g)(n)$，定义为

$$\begin{cases}(f\oplus g)(n)=\max(f(n-m)+g(m))\\ m\in(0,1,2,\cdots,M-1)\\ n\in(0,1,2,\cdots,N-1)\end{cases}\tag{3.2}$$

利用$g(n)$对$f(n)$做开运算，记为$(f\circ g)(n)$，定义为

$$(f\circ g)(n)=(f\Theta g\oplus g)(n)\tag{3.3}$$

利用$g(n)$对$f(n)$做闭运算，记为$(f\cdot g)(n)$，定义为

$$(f\cdot g)(n)=(f\oplus g\Theta g)(n)\tag{3.4}$$

数学形态学中的腐蚀运算能够抑制正脉冲，平滑负脉冲；膨胀运算可以平滑正脉冲，抑制负脉冲；而开运算可以滤除信号上方的正脉冲噪声，去除信号边缘的毛刺，但保留了负脉冲；闭运算可以滤除信号下方的负脉冲噪声，填补信号的漏洞和裂纹，但保留了正脉冲。

2. 形态开、闭组合滤波器

为了同时滤除故障信号中的正脉冲和负脉冲，通常将形态开、闭运算进行组合，构成形态开-闭和闭-开级联滤波器。MARAGOSP 采用相同尺寸的同一种结构元素，通过不同顺序级联开、闭运算，定义了形态开-闭和闭-开滤波器。

形态开-闭滤波器和形态闭-开滤波器分别定义为

$$F_{\mathrm{OC}}(f(n))=(f\circ g\cdot g)(n) \tag{3.5}$$

$$F_{\mathrm{CO}}(f(n))=(f\cdot g\circ g)(n) \tag{3.6}$$

由上述定义可知，形态闭-开和开-闭滤波器综合了形态开-闭运算的一切性质，能同时滤除正负脉冲干扰信号，但因为闭运算扩张性和开运算收缩性的存在，闭-开滤波器的输出偏大，开-闭滤波器的输出偏小，这就是形态学统计偏移存在的原因，直接影响到噪声滤除的能力。为了提高形态学滤波器滤除噪声的能力，在级联开、闭运算的基础上构造闭-开和开-闭组合滤波器[3]：

$$y(n)=\frac{1}{2}(F_{\mathrm{CO}}(f(n))+F_{\mathrm{OC}}(f(n))) \tag{3.7}$$

3.1.3　自适应形态学滤波器

对于传统的单一结构元素的形态学滤波器，在组合闭-开滤波器中，进行闭运算滤除负脉冲噪声的同时会增加正脉冲噪声，开-闭组合形态滤波器存在同样的问题，为了能同时有效地滤除正负脉冲噪声，钱林等[4]提出一种自适应开-闭和闭-开组合滤波器：

$$F_{\mathrm{OC}}(f(n))=(f\circ g_1\cdot g_2)(n) \tag{3.8}$$

$$F_{\mathrm{CO}}(f(n))=(f\cdot g_1\circ g_2)(n) \tag{3.9}$$

式中，g_1 和 g_2 是两个不同的结构元素，由此在组合得到的形态开-闭、闭-开级联滤波器基础上分别增加一个权值 α 和 β，实现自适应滤波：

$$y(n)=\alpha F_{\mathrm{OC}}(f(n))+\beta F_{\mathrm{CO}}(f(n)) \tag{3.10}$$

Shen 等[5]将自适应变尺度形态学滤波器用于滚动轴承故障信号特征提取，实现结构元素的自适应选择；李兵等[6]选取幅值为零的半圆形结构元素和扁平形结构元素处理信号，利用大小不同的结构元素组成组合形态滤波器提取信号冲击特征，并进行形态梯度变换以提取有效的故障特征信号。

3.1.4　仿真信号分析

构造如式（3.11）所示的仿真信号，并采用数学形态学滤波算法对其滤波分析。

$$y(t)=x_1(t)+x_2(t)+n(t) \tag{3.11}$$

式中，$x_1(t)$ 为谐波信号，$x_1(t)=(1+\cos(100\pi t))\sin(300\pi t)+\sin(700\pi t)$，谐波频率为 150Hz 和 350Hz，而且 150Hz 谐波频率附近伴有 50Hz 的调制频率；$x_2(t)$为 20Hz 的周期性衰减信号，$x_2(t)=0.8\mathrm{e}^{-2t}\sin(20\pi t)$；$n(t)$是标准差为−5dB 的高斯白噪声信号。采样频率设为 1000Hz，采样时间为 1s。图 3-2 为仿真信号的时域波形图和功率谱，经数学形态学滤波后的结果如图 3-3 所示。

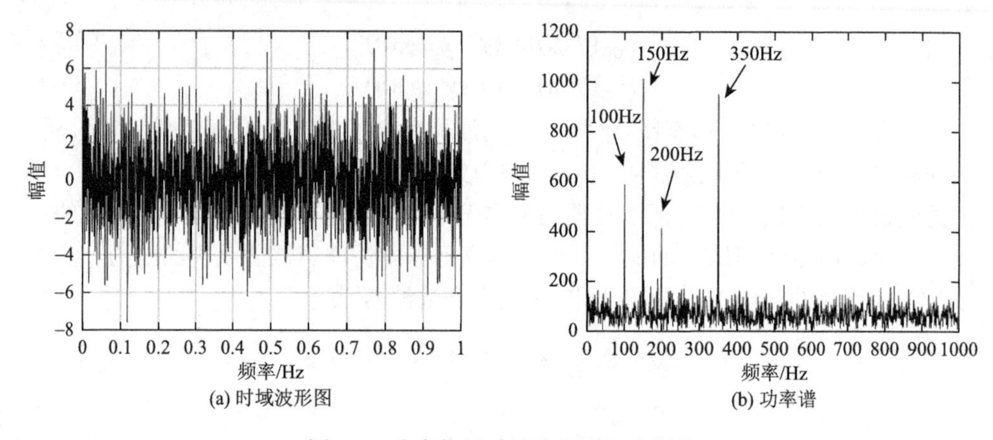

(a) 时域波形图　　(b) 功率谱

图 3-2　仿真信号时域波形图和功率谱

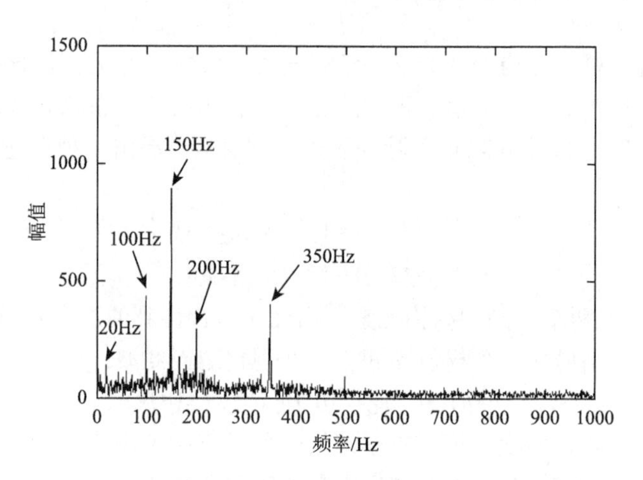

图 3-3　数学形态学滤波结果

由图 3-2 和图 3-3 可知，数学形态学滤波算法成功抑制了谐波频率和白噪声，有效提取出了 20Hz 的脉冲特征频率及调制频率。

3.2　变分模态分解算法

3.2.1　变分模态分解基本原理

变分模态分解（variational mode decomposition，VMD）是 Dragomiretskiy 等提出的一种与递归模态分解完全不同的信号分解新方法[7]。相比经验模态分解（empirical mode decomposition，EMD）和局部均值分解（local mean decomposition，

LMD）的递归模式“筛选”，VMD 将信号分解转化为非递归的分解模式，其实质是多个自适应维纳滤波组，在信号滤波中表现出很好的噪声鲁棒性。VMD 可分为变分问题的构造和求解两个过程[8]。

1. 变分问题的构造

假设各模态函数都为有限带宽，且都具有中心频率，则变分模态分解的过程就是寻求 k 个模态函数 $u_k(t)$，满足每个模态分量之和等于输入信号 f 时的各模态分量的带宽之和达到最小，步骤如下。

（1）为了得到各模态的单边谱，经希尔伯特变换得到各模态函数 $u_k(t)$ 的解析信号：

$$\left(\delta(t)+\frac{\mathrm{j}}{\pi t}\right)u_k(t) \tag{3.12}$$

（2）为了将各模态分量的频谱解调到对应的基频带上，在解析信号中加入预估中心频率 $\mathrm{e}^{-\mathrm{j}\omega_k t}$：

$$\left(\left(\delta(t)+\frac{\mathrm{j}}{\pi t}\right)u_k(t)\right)\mathrm{e}^{-\mathrm{j}\omega_k t} \tag{3.13}$$

（3）为了计算出各模态分量的估计带宽，求各解调信号平方的 L2 范数：

$$\begin{cases}\min\limits_{\{u_k\},\{w_k\}}\left(\sum\limits_{k=1}^{k}\left\|\partial_t\left(\left(\delta(t)+\frac{\mathrm{j}}{\pi t}\right)u_k(t)\right)\mathrm{e}^{-\mathrm{j}\omega_k t}\right\|_2^2\right)\\ \text{s.t.}\ \sum\limits_{k=1}^{k}u_k=f\end{cases} \tag{3.14}$$

式中，ω_k 为模态函数 u_k 的中心频率；f 为输入信号。

2. 变分问题的求解

（1）为将变分问题的约束性转变为非约束性，引入拉格朗日乘法算子 $\lambda(t)$ 和二次惩罚因子 α，其中二次惩罚因子可在强背景噪声下保证信号的重构精度，拉格朗日乘法算子可以保持约束条件的严格性。扩展的拉格朗日表达式如式（3.15）所示：

$$L(\{u_k\},\{\omega_k\},\lambda)=$$
$$\alpha\sum_k\left\|\partial_t\left(\left(\delta(t)+\frac{\mathrm{j}}{\pi t}\right)u_k(t)\right)\mathrm{e}^{-\mathrm{j}\omega_k t}\right\|_2^2+\left\|f(t)-\sum_k u_k(t)\right\|_2^2+\left\langle\lambda(t),f(t)-\sum_k u_k(t)\right\rangle \tag{3.15}$$

（2）采用乘法算子交替方向法交替更新 u_k^{n+1}、ω_k^{n+1} 和 λ^{n+1}。u_k^{n+1} 的取值用式（3.16）表述：

$$u_k^{n+1} = \arg\min_{u_k \in X}\left(\alpha\left\|\partial_t\left(\left(\delta(t)+\frac{\mathrm{j}}{\pi t}\right)u_k(t)\right)\mathrm{e}^{-\mathrm{j}\omega_k t}\right\|_2^2 + \left\|f(t)-\sum_i u_i(t)+\frac{\lambda(t)}{2}\right\|_2^2\right) \tag{3.16}$$

式中，ω_k 等同于 ω_k^{n+1}；$\sum_i u_i(t)$ 等同于 $\sum_{i\neq k} u_i(t)^{n+1}$ 。

由傅里叶变换将式（3.16）变换到频域：

$$\hat{u}_k^{n+1} = \arg\min_{\hat{u}_k, u_k \in X}\left(\alpha \| \mathrm{j}\omega((1+\mathrm{sgn}(\omega+\omega_k))\cdot u_k(\omega+\omega_k)) \|_2^2 + \left\|\hat{f}(\omega)-\sum_i \hat{u}_i(\omega)+\frac{\hat{\lambda}(\omega)}{2}\right\|_2^2\right) \tag{3.17}$$

以 $\omega-\omega_k$ 替代第一项的 ω：

$$\hat{u}_k^{n+1} = \arg\min_{\hat{u}_k, u_k \in X}\left(\alpha \| \mathrm{j}(\omega-\omega_k)((1+\mathrm{sgn}(\omega))\hat{u}_k(\omega)) \|_2^2 \left\|\hat{f}(\omega)-\sum_i \hat{u}_i(\omega)+\frac{\hat{\lambda}(\omega)}{2}\right\|_2^2\right) \tag{3.18}$$

将式（3.18）的形式转换为非负频率区间积分：

$$\hat{u}_k^{n+1} = \arg\min_{\hat{u}_k, u_k \in X}\left(\int_0^\infty 4\alpha(\omega-\omega_k)^2 |\hat{u}_k(\omega)| + 2\left|\hat{f}(\omega)-\sum_i \hat{u}_i(\omega)+\frac{\hat{\lambda}(\omega)}{2}\right|^2 \mathrm{d}\omega\right) \tag{3.19}$$

将式（3.19）进行二次优化，解得

$$\hat{u}_k^{n+1}(\omega) = \frac{\hat{f}(\omega)-\sum_{i\neq k}\hat{u}_i(\omega)+\dfrac{\hat{\lambda}(\omega)}{2}}{1+2\alpha(\omega-\omega_k)^2} \tag{3.20}$$

同理，采用傅里叶变换将中心频率的取值问题变换到频域：

$$\omega_k^{n+1} = \arg\min_{\omega_k}\left(\int_0^\infty (\omega-\omega_k)^2 |\hat{u}_k(\omega)|^2 \,\mathrm{d}\omega\right) \tag{3.21}$$

中心频域更新算法的求解结果为

$$\omega_k^{n+1} = \frac{\int_0^\infty \omega |\hat{u}_k^{n+1}(\omega)|^2 \,\mathrm{d}\omega}{\int_0^\infty |\hat{u}_k^{n+1}(\omega)|^2 \,\mathrm{d}\omega} \tag{3.22}$$

式中，$\hat{u}_k^{n+1}(\omega)$ 为剩余量 $\hat{f}(\omega)-\sum_{i\neq k}\hat{u}_i(\omega)$ 的维纳滤波；ω_k^{n+1} 为当前模态函数的功率谱重心。对 $\{\hat{u}_k(\omega)\}$ 进行傅里叶变换，可得其实部 $\{u_k(t)\}$ 。

3. VMD 算法流程

（1）初始化 $\{\hat{u}_k^1\}$、$\{\omega_k^1\}$、$\{\hat{\lambda}^1\}$ 和 $n=0$；

（2）$n=n+1$，开始循环；

（3）根据式（3.20）和式（3.22）更新 u_k 和 ω_k；

（4）更新 λ：

$$\hat{\lambda}^{n+1}(\omega) \leftarrow \hat{\lambda}^{n}(\omega) + \xi\left(\hat{f}(\omega) - \sum_k u_k^{n+1}(\omega)\right) \tag{3.23}$$

（5）循环判别精度设为 $e=10^{-4}$，若 $\sum_k \| \hat{u}_k^{n+1} - \hat{u}_k^{n} \|_2^2 / \| \hat{u}_k^{n} \|_2^2 < e$，则迭代停止，输出 k 个模态分量，否则返回步骤（2）。

3.2.2　经验模态分解和变分模态分解对比分析

分别采用 EMD 和 VMD 处理 3.1.4 节的仿真信号。仿真信号经 EMD 后其各模态分量如图 3-4 所示，从图中可以看出，分解出来的各模态分量间出现了混叠现象，图 3-5 为互信息法选取出来的有效模态分量求和重构后的信号频谱图。

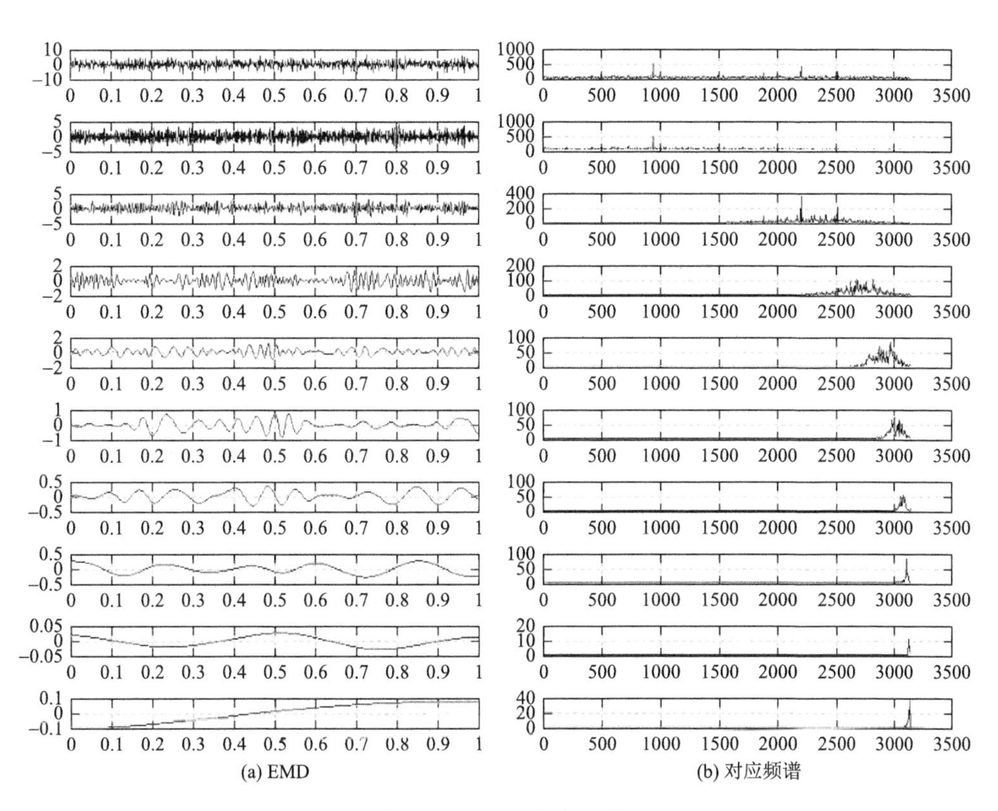

图 3-4　EMD 各模态分量

图（a）中横轴代表时间 t/s，纵轴代表幅值；图（b）中横轴代表频率/Hz，纵轴代表幅值

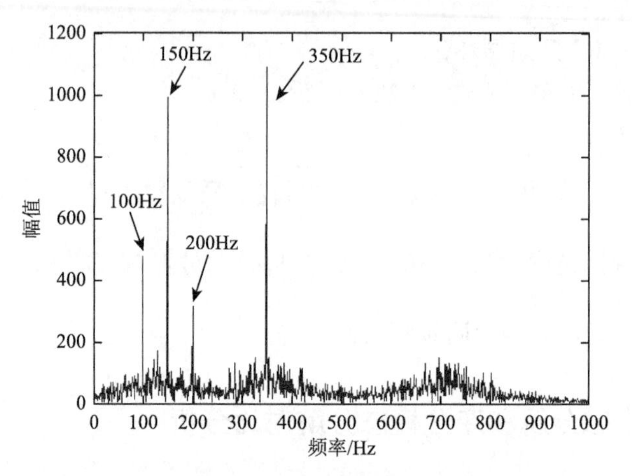

图 3-5 EMD 有效模态求和重构频谱图

对仿真信号进行 VMD，其各模态分量如图 3-6 所示，可以看出各分量间没有模态混叠的现象，进一步按互信息法选取有效模态分量求和重构，重构后的信号频谱如图 3-7 所示。

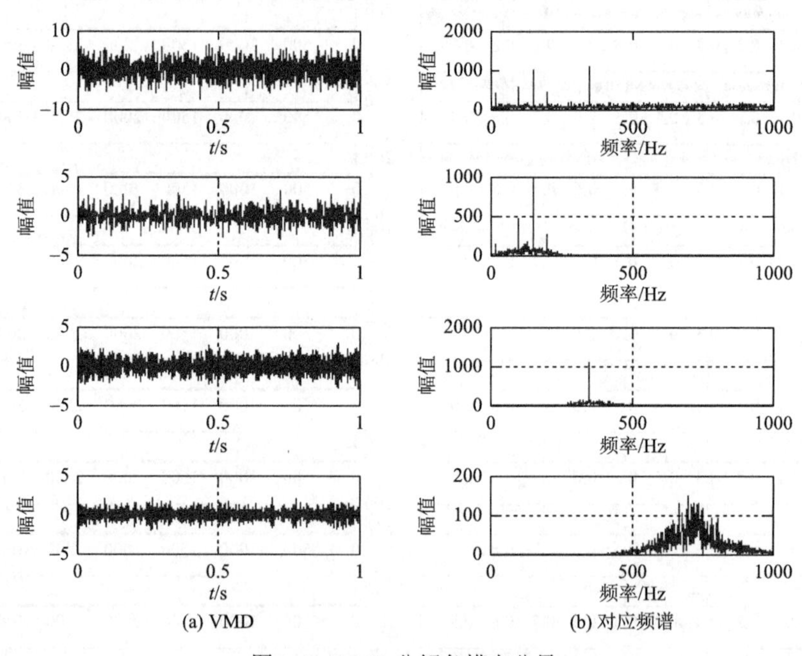

图 3-6 VMD 分解各模态分量

比较图 3-6 和图 3-7 可以看出，经 VMD 并重构后的信号频谱图中提取出了特征频率为 20Hz 的脉冲信号，而且各信号特征频率幅值大于 EMD 重构后的特征频率，验证了 VMD 在信号处理中的有效性。

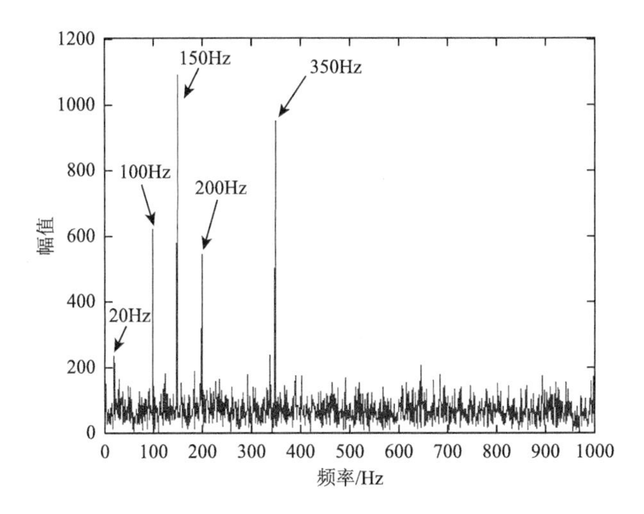

图 3-7　VMD 有效模态求和重构频谱图

3.3　随机共振理论

随机共振是由 Benzi 等[9]和 Nicolis 等[10]于 1981 年研究古气候冰川问题时所提出的，为了解释地球冰川期和暖气候相互交替的现象，分析研究了太阳对地球的引力、地球的非线性系统和太阳给地球的周期性输入信号三者的相互作用。后来，Fauve 等[11]和 Mcnamara 等[12]通过物理试验证实了随机共振现象的存在。随后，相关学者和研究人员深入研究了随机共振现象的发生条件和应用效果，其研究成果得到了广泛的应用。双稳系统是能发生随机共振现象的典型系统，系统示意如图 3-8 所示。

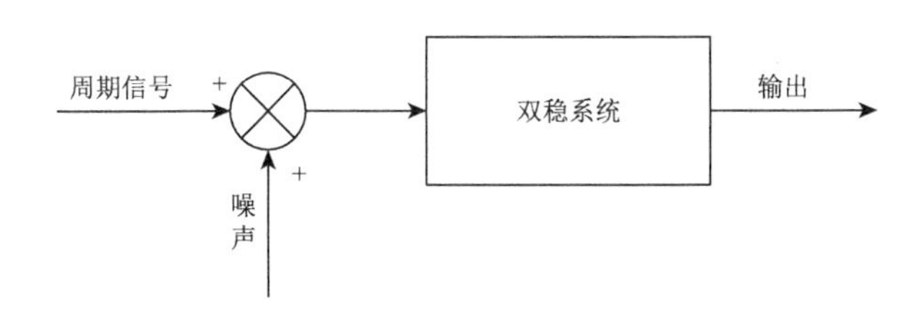

图 3-8　双稳系统随机共振示意图

Gammaitoni 等[13]于 1989 年将一维随机共振拓展到二维 Duffing 振子模型，但此前对随机共振的研究大多集中在一维 Langevin 双稳模型[14]。虽然目前对二维 Duffing 振子模型随机共振的研究还较少，仅有的研究足以证明二维 Duffing 振子模型在处理非线性信号时，其输出信号的信噪比优于一维双稳系统，而且二维 Duffing 振子中引入的阻尼比增强了模型的适应能力[15]。二维 Duffing 振子系统是典型的二维双稳系统，满足随机共振现象产生的必要条件。可用式（3.24）表示二维 Duffing 振子双稳系统的随机共振：

$$\ddot{x} + k\dot{x} - ax + bx^3 = h(t) + \sqrt{2D}\varepsilon(t) \tag{3.24}$$

式中，a、b 为系统参数；系统的势函数 $U(x) = -ax^2/2 + bx^4/4$；k 为阻尼比；$-ax + bx^3$ 是势场力；周期驱动力 $h(t) = A\sin(2\pi f_0 t)$；D 为噪声强度；$\varepsilon(t)$ 为零均值高斯白噪声。势函数如图 3-9 所示。

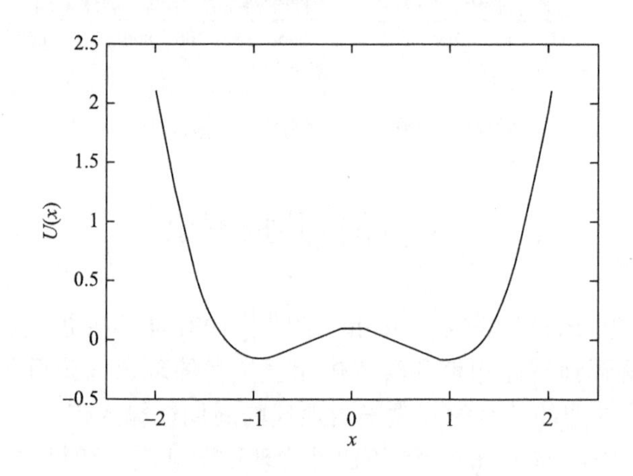

图 3-9　Duffing 振子系统势函数 $U(x)$

二维 Duffing 振子模型的随机共振现象的过程可以从布朗粒子运动的角度来阐述，式（3.24）中的 $x(t)$表征布朗粒子在双稳势场 $U(x)$ 中的束缚，布朗粒子在双稳势场中受到周期驱动力 $h(t)$、阻尼力 $k\dot{x}$、势场作用力 $-\mathrm{d}U(x)/\mathrm{d}x$ 和噪声强度为 D 的高斯白噪声 $\sqrt{2D}\varepsilon(t)$ 的共同作用[16]。周期信号、噪声和系统模型三者相匹配是随机共振现象发生的必要条件，所以采用布朗粒子的运动轨迹来描述这三者的匹配关系。

当系统中无噪声输入时，势函数在周期驱动力的作用下会出现周期性的调制，表示为

$$U'(x) = U(x) - A\sin(2\pi f_0 t)x \tag{3.25}$$

势函数的两个势阱会在周期驱动力的作用下发生周期性的升降，而且存在极值 A_m[17]，当信号幅值 A 小于极值 A_m 时，布朗粒子无法跃迁而只能在其所在的势阱中小幅度地来回振荡。而当信号幅值 A 大于极值 A_m 时，两势阱之间的势垒会

逐渐减小并消失，单势阱结构会逐渐取代双势阱结构，布朗粒子能在势阱中完成跃迁，产生随机共振现象。而如果系统的输入信号中存在噪声，即便周期信号幅值 A 小于 A_m，因为周期驱动力和噪声的混合作用，布朗粒子也能越过势垒而实现大范围的周期性跃迁运动而产生随机共振现象，此时的噪声便不再是消极的，反而产生了积极的作用，而且，其中一部分噪声能量还被转移到了周期信号上，使得特征信号能量增强，增大了周期信号的幅值。

3.4　基于 VMD 的自适应形态学滚动轴承早期故障诊断

3.4.1　峭度-均方根优化准则优化形态学结构元素

形态学滤波器提取滚动轴承故障信号特征时，结构元素的选择直接关系到特征提取的有效性。结构元素的选择主要是类型及尺度的选择，常用的结构元素类型主要有三角形、直线、曲线、圆形、椭圆、多边形及其组合等。结构元素类型确定后，其尺度选择过小，背景噪声和脉冲干扰滤除不完全，尺度选择过大，会造成部分特征信息被滤除，使所提取的特征信号缺失。

峭度准则优化形态学结构元素尺度时，峭度指标对滚动轴承振动早期故障较敏感，但稳定性不好，而均方根对滚动轴承早期故障敏感性不好，稳定性较好，所以，本节将峭度指标和均方根相结合用于形态学结构元素尺度自适应参数优化，提出一种峭度-均方根优化准则自适应选择最佳结构元素尺度参数，实现滚动轴承早期故障诊断。峭度指标为无量纲特征参数，对于正常状态轴承，峭度约为 3，当峭度大于 4 时，预示着轴承出现了一定的损伤，轴承的峭度范围为 3～45[18]。均方根为有量纲特征参数，需要对其进行归一化处理，考虑到峭度和均方根权重相同的问题，故将均方根归一化至区间[3, 45]，并引入权重参数 p 和 q，且满足 $p+q=1$，即

$$\bar{X}_{\mathrm{rms}}=\frac{X_{\mathrm{rms}}}{\sum X_{\mathrm{rms}}}(45-3)+3 \tag{3.26}$$

$$KX_{\mathrm{rms}}=pK+q\bar{X}_{\mathrm{rms}} \tag{3.27}$$

式中，KX_{rms} 为峭度-均方根指标，在一定范围内，峭度-均方根值随轴承故障程度的增加而增大，故采用峭度-均方根指标衡量滤波效果，峭度-均方根值越大，说明滤波误差越小，特征提取效果越好。

Dragomiretskiy 等研究表明[19]，在选择形态学结构元素时，选择与所处理振动信号特征形状越接近的形态学结构元素类型，特征提取效果就越显著，结合试

验工况和理论计算的轴承故障特征频率，本书选择幅值为 1 的扁平型结构元素。峭度-均方根优化准则优化形态学滤波结构元素尺度的步骤如下。

（1）初始化权重参数 p 和 q，权重范围为[0, 1]，结构元素尺度范围为[2, 100]，尺度值递增取整。

（2）以形态学滤波后的峭度和归一化均方根值为量化指标函数，计算初始量化值。

（3）比较各量化值大小，量化值最大时所对应的结构元素尺度值即为最优结构元素尺度。

（4）更新式（3.28）和式（3.29）中的权重和结构元素尺度值：

$$d_{(i+1)j} = d_{ij} + 1 \tag{3.28}$$

$$a_{i(j+1)} = a_{ij} + 0.1 \tag{3.29}$$

式中，$i \times j$ 为迭代步数。

（5）计算新的量化值，并与前一步的量化值进行比较，更新权重和尺度，判断新的量化值是否达到终止条件，达到则执行步骤（6），否则继续执行步骤（4）。

（6）退出迭代，输出 p、q 及 d 的值，d 即为最优结构元素尺度值。

峭度-均方根优化准则流程如图 3-10 所示。

3.4.2　基于 VMD 的自适应形态学滤波算法

VMD 算法类似于 EMD 算法，其实质是根据信号频率的不同而将处理信号分解为频率由低到高的一系列模态分量，首先计算出各模态分量与输入信号的互信息 MF，然后进行归一化处理，并根据互信息法选取有效模态分量进行求和重构。

$$\lambda_i = \mathrm{MF}_i / \max(\mathrm{MF}_i) \tag{3.30}$$

$$\lambda_m = \frac{1}{K}\sum_{i=1}^{K}\lambda_i \tag{3.31}$$

式中，若 $\lambda_i > \lambda_m$，则认为该模态分量为有效分量，否则予以剔除。

VMD 处理非线性、非平稳信号时，虽然抗干扰能力强，但滤除脉冲干扰的能力不及形态学滤波强。形态学具有很强的抑制脉冲干扰的能力，算法简单可行，但其滤除白噪声能力不足，所以将 VMD 与形态学相结合，以实现在滤除脉冲干扰的同时有效滤除噪声。首先采用 VMD 对轴承振动信号进行降噪，然后采用形态学滤波算法进一步降噪处理以提取出脉冲干扰信号，并通过峭度-均方根优化准

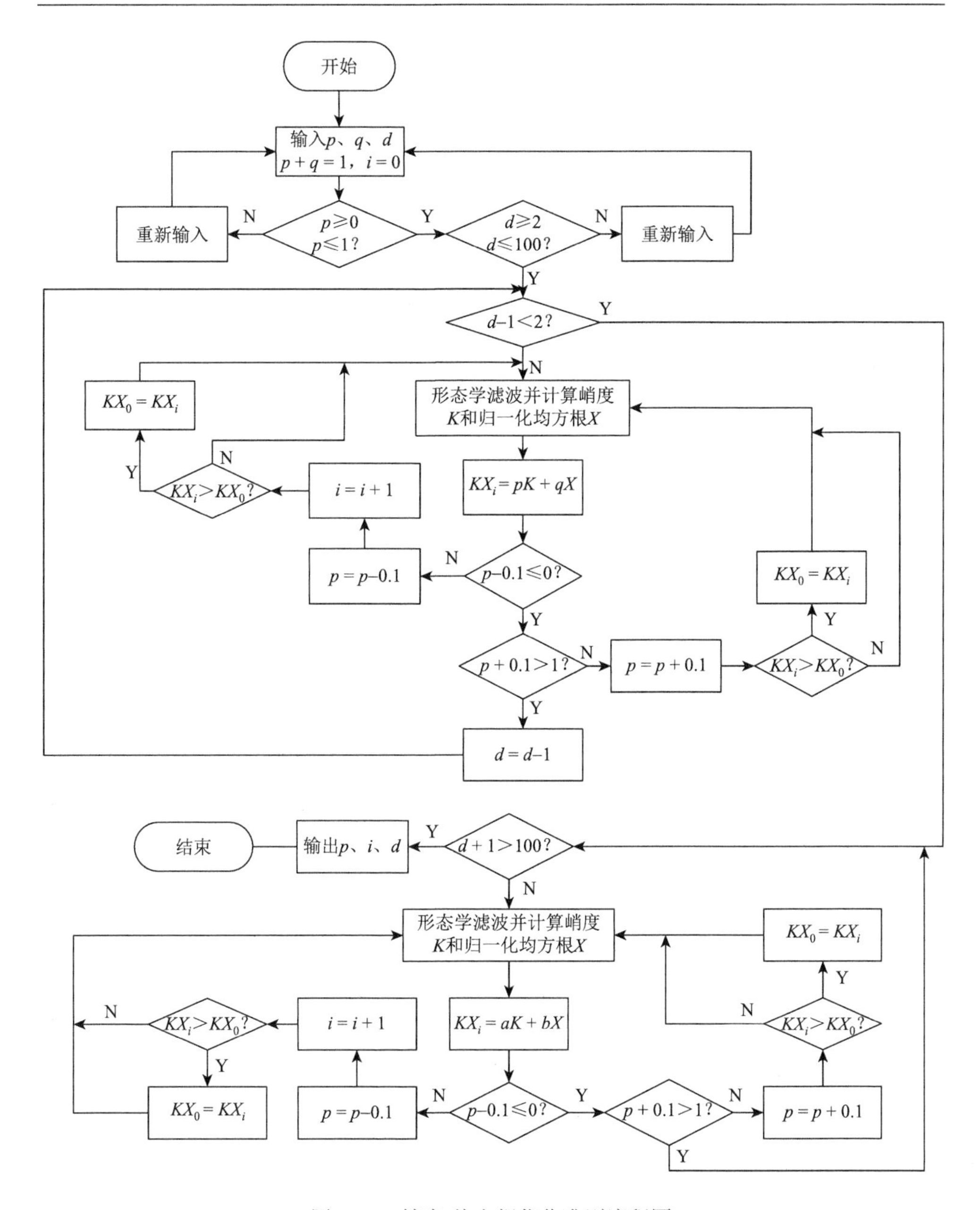

图 3-10　峭度-均方根优化准则流程图

则自适应选择最佳结构元素尺度，提取出有效故障信号特征频率，实现轴承故障诊断，算法流程如图 3-11 所示。

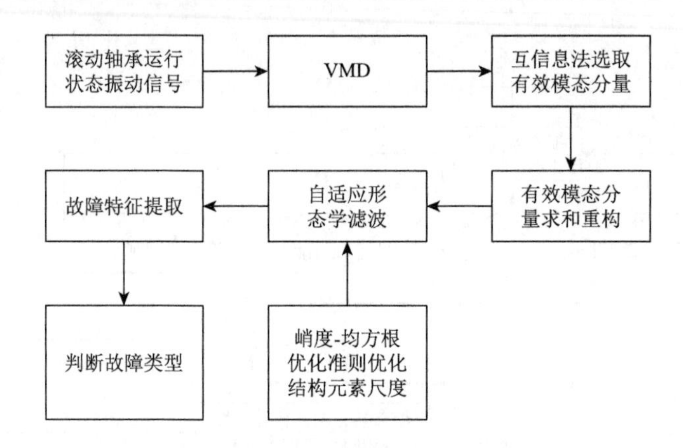

图 3-11　基于 VMD 自适应形态学滤波的滚动轴承故障诊断算法流程

3.4.3　仿真信号分析

为了验证基于 VMD 的自适应形态学滤波方法的有效性，利用 3.1.4 节构造的仿真信号进行验证。基于 EMD 自适应形态学滤波分别采用峭度准则和峭度-均方根优化准则优化结构元素尺度，如图 3-12（a）、（b）所示，峭度准则优化的最佳结构元素尺度为 10，峭度-均方根优化准则优化输出参数为 $a = 0.8$，$b = 0.2$，最佳结构元素尺度为 15。

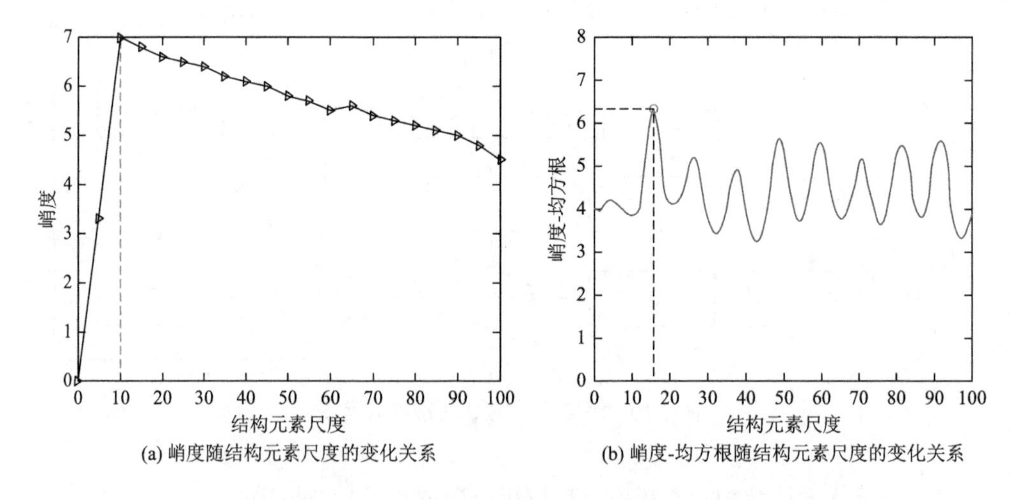

(a) 峭度随结构元素尺度的变化关系　(b) 峭度-均方根随结构元素尺度的变化关系

图 3-12　基于 EMD 自适应形态学结构元素尺度选择

基于 EMD 的自适应形态学滤波结果如图 3-13、图 3-14 所示，图 3-14（b）

为峭度-均方根准则优化的滤波结果局部放大图，相比图 3-13（b）峭度准则优化的滤波结果，本节所提峭度-均方根准则优化的滤波结果中干扰信号更少，信号特征更明显。

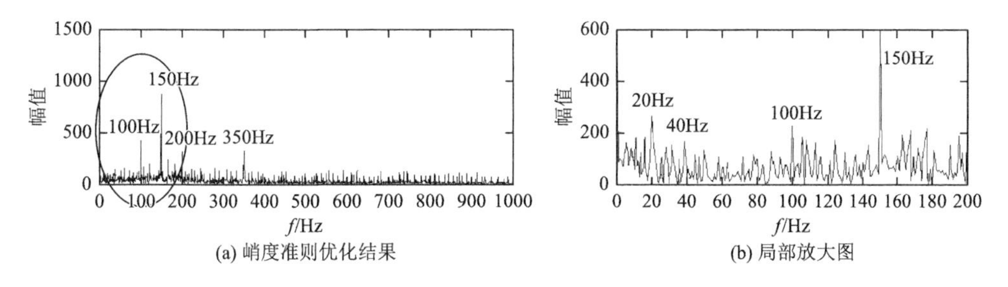

(a) 峭度准则优化结果 (b) 局部放大图

图 3-13 峭度准则优化的基于 EMD 自适应形态学滤波结果

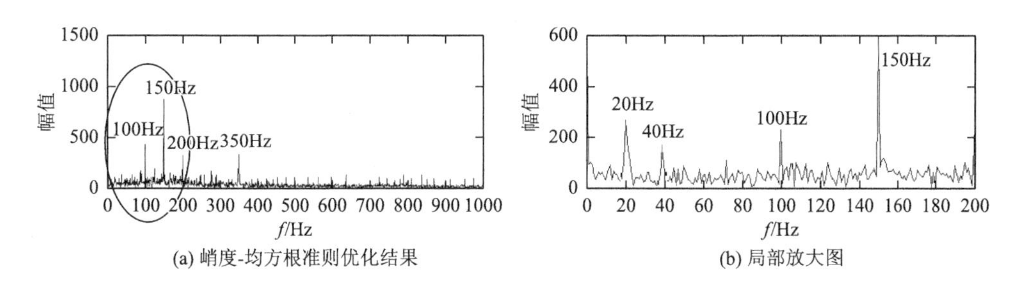

(a) 峭度-均方根准则优化结果 (b) 局部放大图

图 3-14 峭度-均方根准则优化的 EMD 自适应形态学滤波结果

峭度准则优化的 VMD 自适应形态学滤波结果如图 3-15 所示，虽然提取出了 20Hz 的脉冲冲击信号及其倍频，但 350Hz 脉冲信号频率（图 3-15 中圈出位置）被滤除了，这是因为峭度准则选择的结构元素尺度过大，导致有效脉冲信号被滤除。基于 VMD 的自适应形态学滤波采用本节提出的峭度-均方根准则优化结构元素尺度，滤波结果如图 3-16 所示，该方法有效滤除了谐波频率和白噪声，提取出了各调制频率、20Hz 的脉冲特征信号及其倍频。

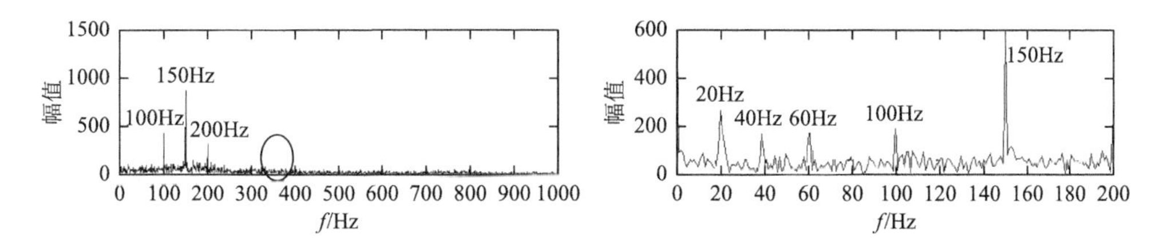

图 3-15 峭度准则优化的 VMD 自适应形态学滤波结果

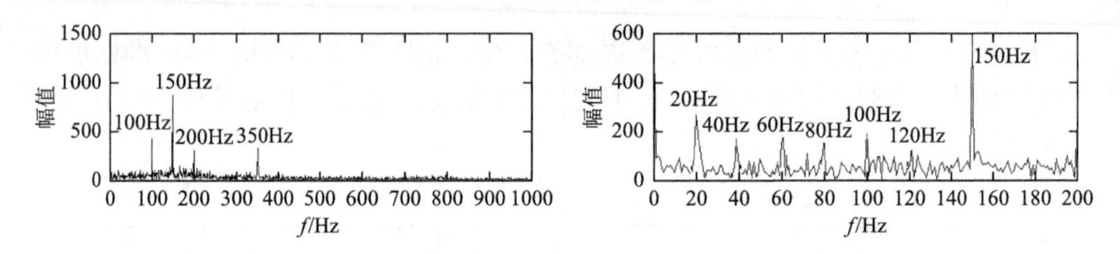

图 3-16　峭度-均方根准则优化的 VMD 自适应形态学滤波结果

综合分析图 3-13～图 3-16 不难看出，基于 VMD 的自适应形态学滤波结果明显优于基于 EMD 的自适应形态学滤波结果，而且峭度-均方根准则优化结构元素尺度后的滤波效果明显优于峭度准则优化的结果，验证了本节所提方法的有效性。

3.4.4　应用研究

1. 凯斯西储大学轴承故障诊断研究

1）试验描述

轴承故障数据来自美国凯斯西储大学电气工程实验室的滚动轴承故障模拟试验[20]。试验采用人为引入 0.1778mm 故障点的 6205-2RS SKF 轴承，电机转速分别为 1797r/min、1772r/min、1750r/min 和 1730r/min，采样频率 12kHz，被测试的滚动轴承支承电机轴。试验装置如图 3-17 所示。

图 3-17　试验装置照片

外圈的故障是固定不变的，因此故障相对于滚动轴承负载区域的位置对滚动轴承产生的振动信号有直接的影响。为了量化这种效应，在 3 点钟（在负载区）、6 点钟（垂直于负载区）和 12 点钟（相对于负载区）位置上，对风扇端和驱动端故障轴承进行试验。

试验所用的驱动端和风扇端的滚动轴承都是深沟球轴承，其尺寸参数如表3-1所示。

表3-1　驱动端和风扇端深沟球轴承参数　（直径单位：mm）

轴承位置	内圈滚道直径 D_1	外圈滚道直径 D_2	滚珠个数 n	滚珠直径 d	节圆直径 D	接触角 α/(°)
驱动端	25	52	9	7.94	39.04	0
风扇端	17	40	8	6.75	28.5	0

通过轴承参数分别计算在不同电机旋转频率下滚动轴承的理论故障特征频率，如表3-2～表3-5所示，分别表示电机旋转频率为29.95Hz、29.53Hz、29.17Hz、28.83Hz时测试轴承的各个故障特征频率。

滚动轴承各部分故障特征频率计算公式如式（3.32）～式（3.35）所示：

$$\mathrm{OF}=\frac{r}{60}\times\frac{1}{2}\times n\left(1-\frac{d}{D}\cos\alpha\right) \tag{3.32}$$

$$\mathrm{IF}=\frac{r}{60}\times\frac{1}{2}\times n\left(1+\frac{d}{D}\cos\alpha\right) \tag{3.33}$$

$$\mathrm{BF}=\frac{r}{60}\times\frac{1}{2}\times\frac{D}{d}\left(1-\left(\frac{d}{D}\right)^2\cos^2\alpha\right) \tag{3.34}$$

$$\mathrm{BCF}=\frac{r}{60}\times\frac{1}{2}\left(1-\frac{d}{D}\cos\alpha\right) \tag{3.35}$$

式中，OF为轴承外圈故障频率；IF为轴承内圈故障频率；BF是轴承滚动体故障频率；BCF是保持架故障频率；r为轴承转速；n为滚珠个数；D为节圆直径；d为滚珠直径；α为接触角。

表3-2　$f_{电机旋转}=29.95\mathrm{Hz}$ 时，驱动端和风扇端深沟球轴承故障特征频率　（单位：Hz）

轴承位置	内圈	外圈	保持架	滚珠
驱动端	162.19	107.36	11.93	141.17
风扇端	148.16	91.44	11.43	119.42

表3-3　$f_{电机旋转}=29.53\mathrm{Hz}$ 时，驱动端和风扇端深沟球轴承故障特征频率　（单位：Hz）

轴承位置	内圈	外圈	保持架	滚珠
驱动端	159.91	105.86	11.76	139.19
风扇端	146.08	90.16	11.27	117.75

表 3-4　$f_{电机旋转}=29.17\text{Hz}$ 时，驱动端和风扇端深沟球轴承故障特征频率　（单位：Hz）

轴承位置	内圈	外圈	保持架	滚珠
驱动端	157.96	104.57	11.62	137.49
风扇端	144.30	89.06	11.13	116.31

表 3-5　$f_{电机旋转}=28.83\text{Hz}$ 时，驱动端和风扇端深沟球轴承故障特征频率　（单位：Hz）

轴承位置	内圈	外圈	保持架	滚珠
驱动端	156.12	103.35	11.48	135.89
风扇端	142.62	88.02	11.00	114.96

2）内圈故障特征提取及故障诊断

（1）选取 $f_{电机旋转}=29.95\text{Hz}$ 时，驱动端内圈故障数据为验证数据，此时内圈故障特征频率为 162.19Hz。

滚动轴承故障振动信号数据时域波形图和功率谱如图 3-18 所示。

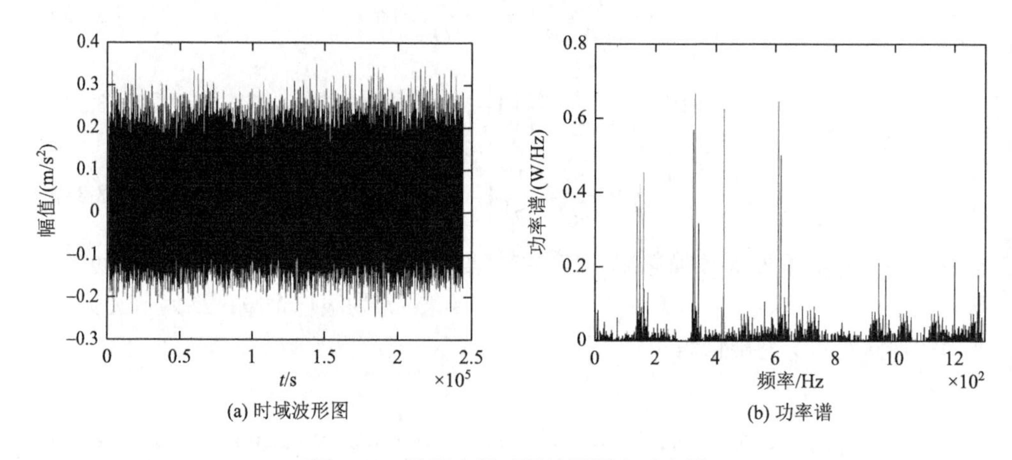

(a) 时域波形图　　(b) 功率谱

图 3-18　轴承内圈时域波形图和功率谱

首先采用 VMD 对其进行分解，各模态分量如图 3-19 所示，根据互信息法选择有效模态分量求和重构，重构后的信号功率谱图如图 3-20 所示，将重构后的振动信号进一步采用形态学滤波算法对其滤波，选取扁平型结构元素作为滤波算子，并采用本节提出的峭度-均方根准则优化形态学结构元素尺度，输出结果为 $p=0.75$，$q=0.25$，结构元素尺度为 $d=12$，滤波结果如图 3-21 所示，该方法有效滤除了干扰信号，并提取出了信号频率为 162.1Hz 的脉冲冲击信号及其倍频。

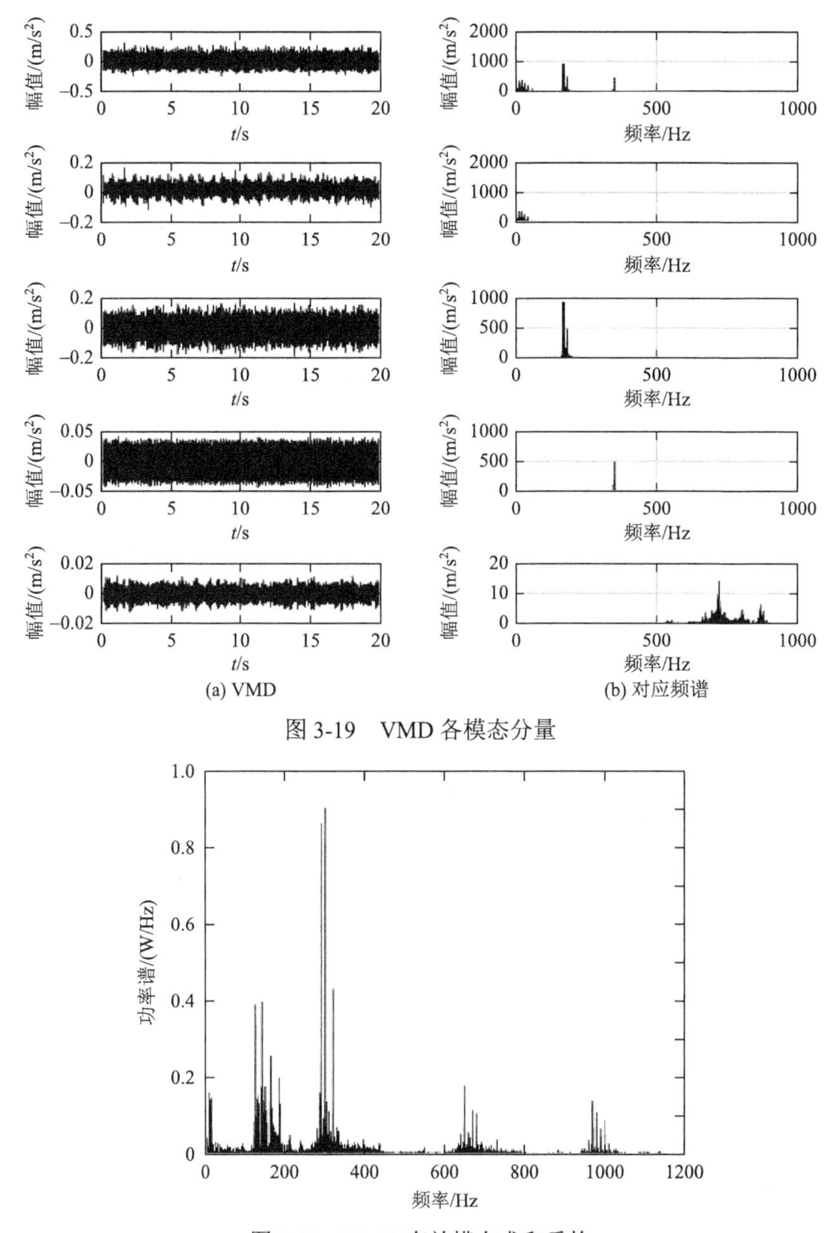

图 3-19　VMD 各模态分量

图 3-20　VMD 有效模态求和重构

图 3-22 为基于 EMD 的自适应形态学滤波结果，相比基于 VMD 的自适应形态学滤波结果，图中也提取出了脉冲主频特征频率为 164.3Hz 信号特征，但干扰信号仍较多，这是由于进行 EMD 时出现模态混叠，导致干扰信号滤除不完全。

（2）选取 $f_{电机旋转}=29.17\text{Hz}$ 时驱动端内圈故障数据，此时内圈故障特征频率为 157.96Hz。

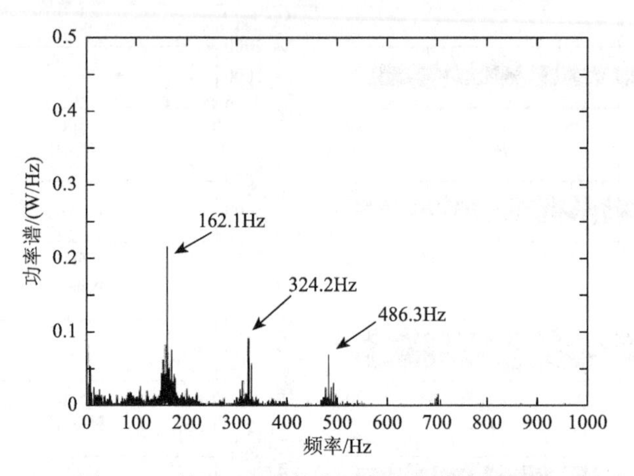

图 3-21　基于 VMD 的自适应形态学滤波结果

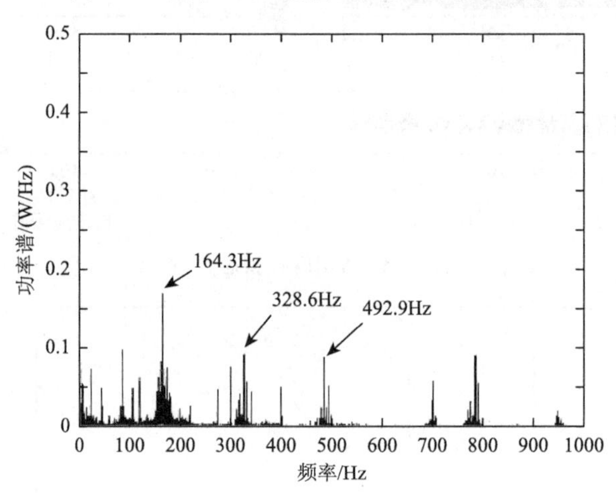

图 3-22　基于 EMD 的自适应形态学滤波结果（一）

滚动轴承故障振动信号数据时域波形、功率谱如图 3-23 所示。图 3-24 为基

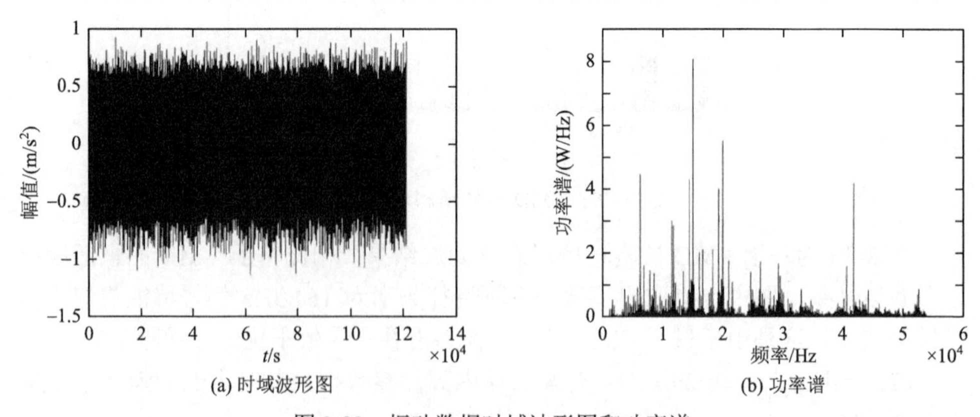

(a) 时域波形图　(b) 功率谱

图 3-23　振动数据时域波形图和功率谱

于 EMD 的自适应形态学滤波结果。图 3-25 为三模态 VMD 分解。求和重构后的功率谱如图 3-26 所示。求和重构后的信号经峭度-均方根准则优化的形态学滤波进行特征提取，处理结果如图 3-27 所示，相比基于 EMD 的自适应形态学滤波结果（图 3-24）干扰频率更少，且图中所提取出来的脉冲特征频率为 158Hz，非常接近理论故障特征频率 157.96Hz，而且脉冲主频幅值为 0.4W/Hz。

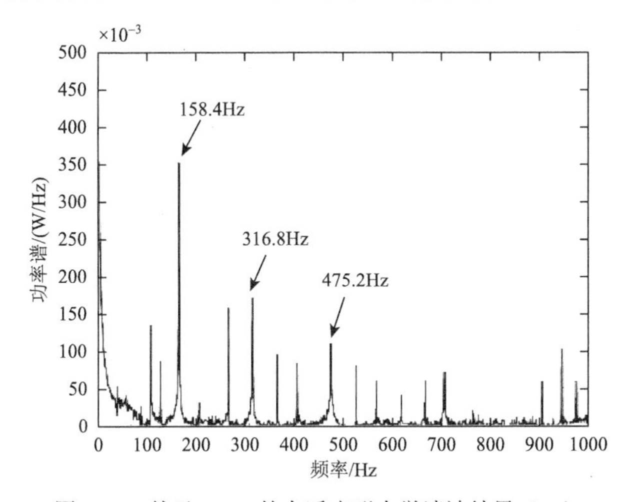

图 3-24　基于 EMD 的自适应形态学滤波结果（二）

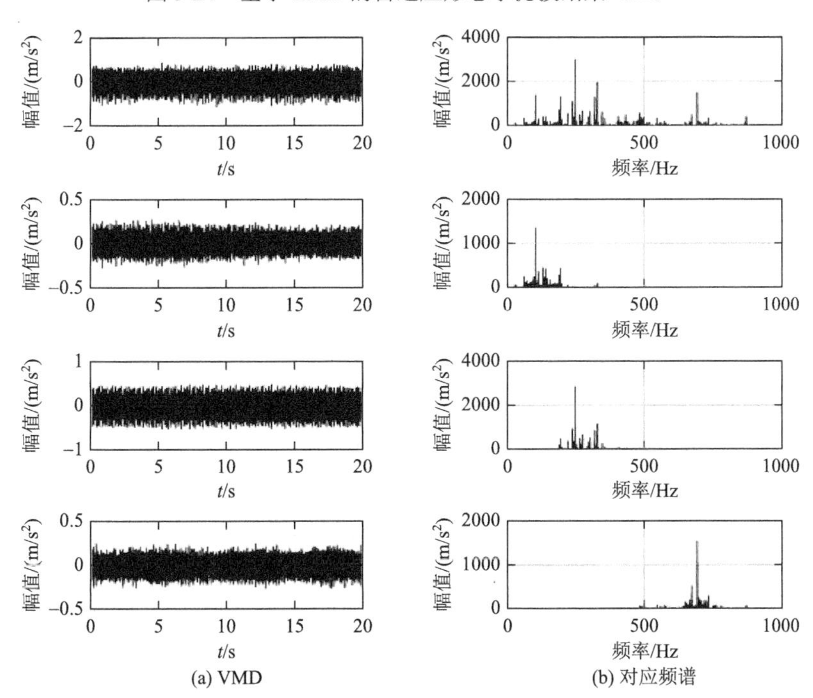

图 3-25　三模态 VMD

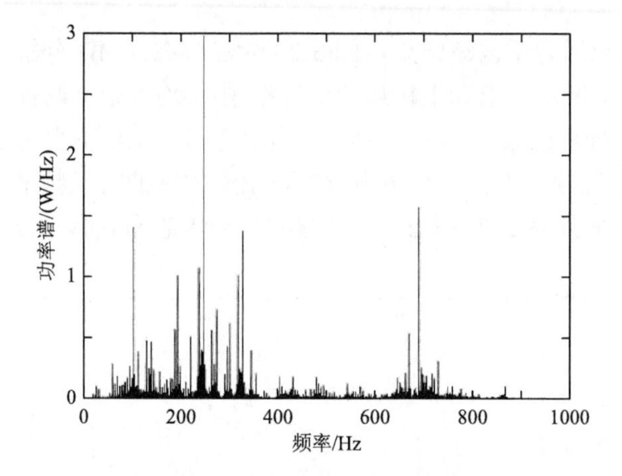

图 3-26　有效模态分量求和重构后的信号

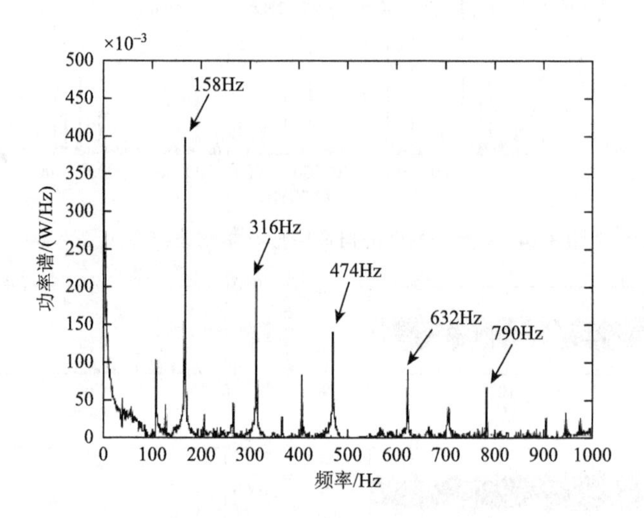

图 3-27　基于 VMD 的形态学滤波处理结果

3）外圈故障特征提取及故障诊断

（1）电机频率为 29.95Hz 时驱动端外圈故障特征频率为 107.36Hz。此情况下滚动轴承振动信号时域波形、功率谱如图 3-28 所示。

将振动信号进行 VMD，分解层数为 3，分解结果如图 3-29 所示，将分解结果按互信息法选取有效模态求和重构，重构后的信号功率谱如图 3-30 所示，然后进行形态学滤波，并采用峭度-均方根准则寻求最优结构元素尺度，滤波后的结果如图 3-31 所示，有效滤除了干扰信号，提取出频率为 107.4Hz 的脉冲主频及其倍频信号，且主频幅值为 0.85W/Hz，基于 EMD 的自适应形态学滤波结果如图 3-32 所示。

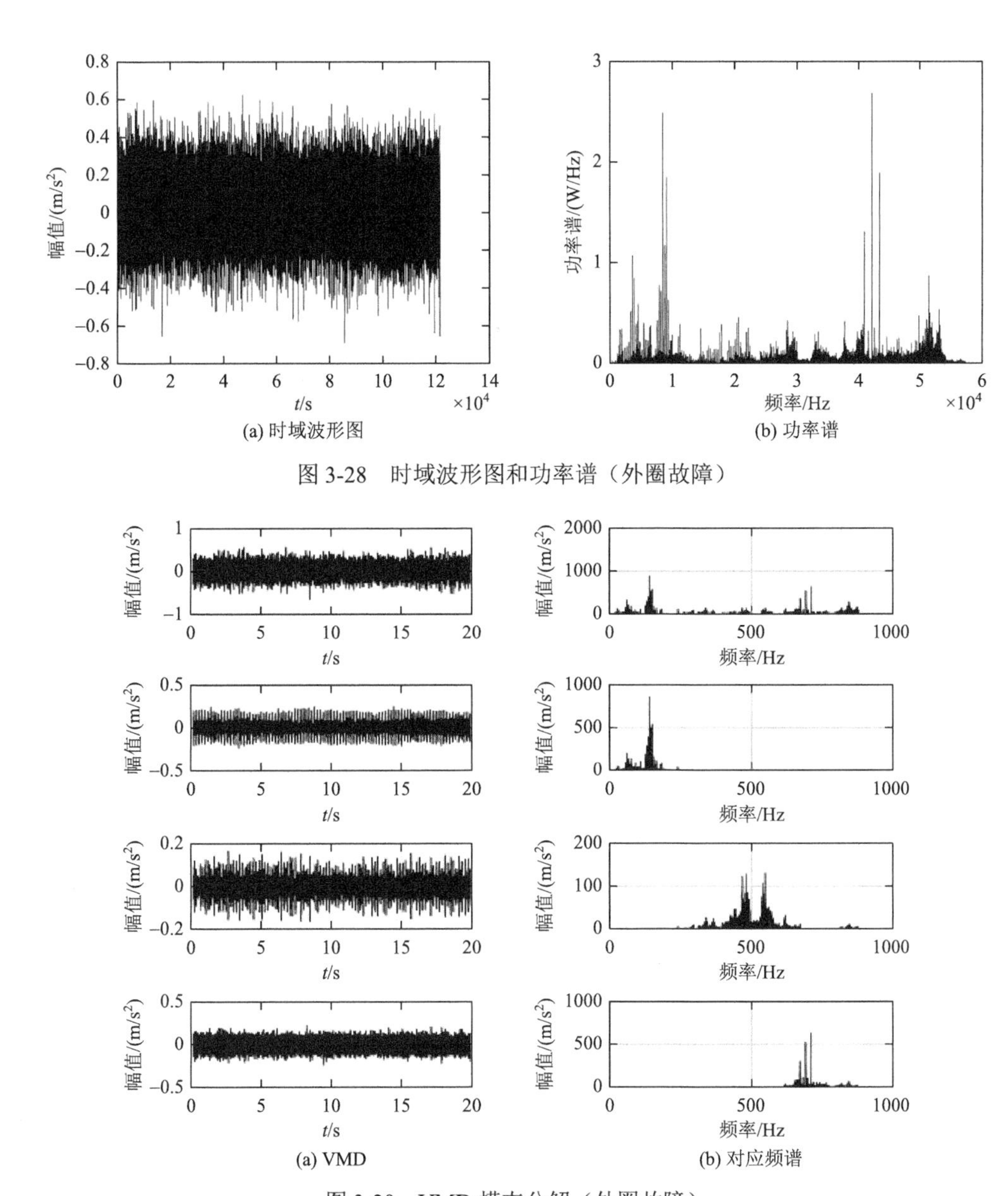

(a) 时域波形图　　(b) 功率谱

图 3-28　时域波形图和功率谱（外圈故障）

(a) VMD　　(b) 对应频谱

图 3-29　VMD 模态分解（外圈故障）

（2）选取 $f_{电机旋转}=29.17\text{Hz}$ 时驱动端外圈故障数据为验证数据，此时外圈故障特征频率为 104.57Hz。

该情况下的时域波形、功率谱见图 3-33。基于 VMD 的自适应形态学滤波效果如图 3-34 所示，脉冲主频频率为 104.6Hz，幅值为 4.6W/Hz。基于 EMD 的自适应形态学滤波结果如图 3-35 所示。

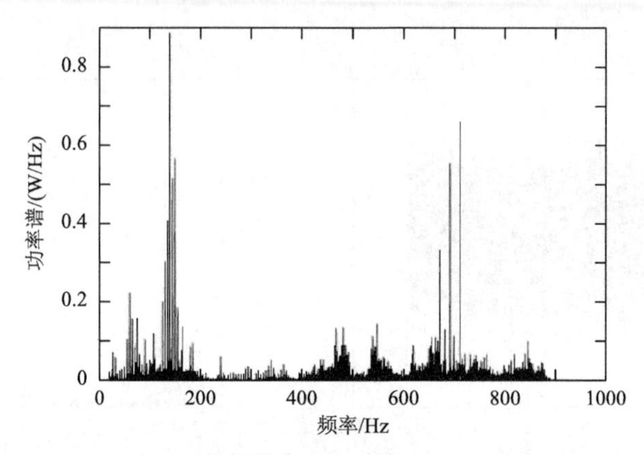

图 3-30　有效模态求和重构（外圈故障）

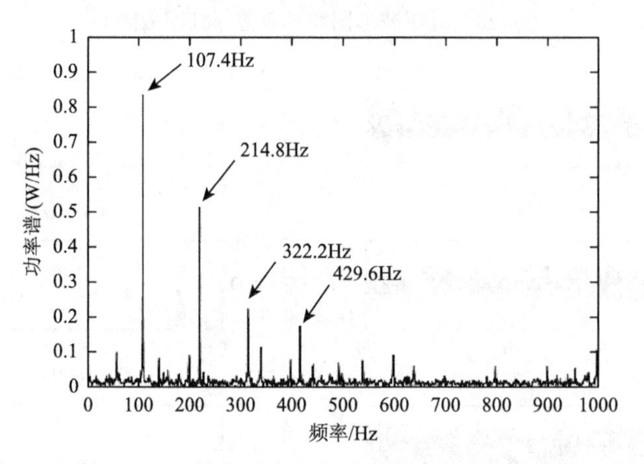

图 3-31　基于 VMD 的自适应形态学滤波结果（外圈故障）（一）

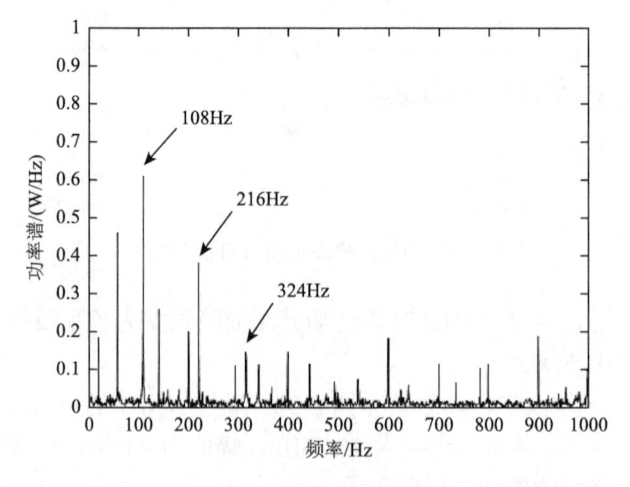

图 3-32　基于 EMD 的自适应形态学滤波结果（外圈故障）（一）

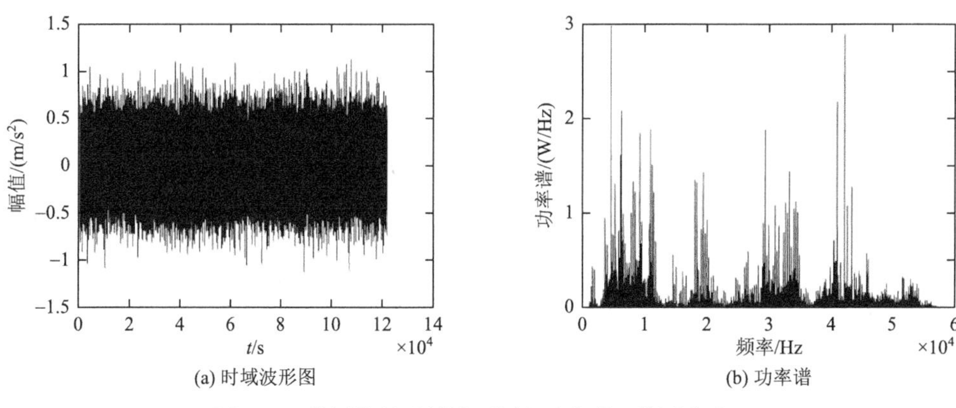

(a) 时域波形图　　(b) 功率谱

图 3-33　外圈信号时域波形图和功率谱（外圈故障）

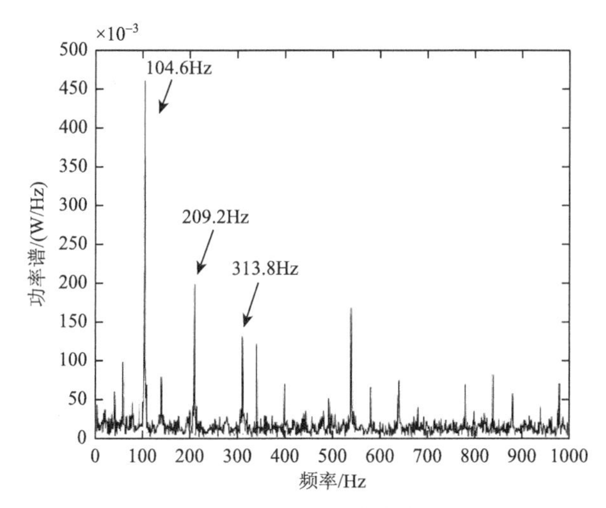

图 3-34　基于 VMD 的自适应形态学滤波结果（外圈故障）（二）

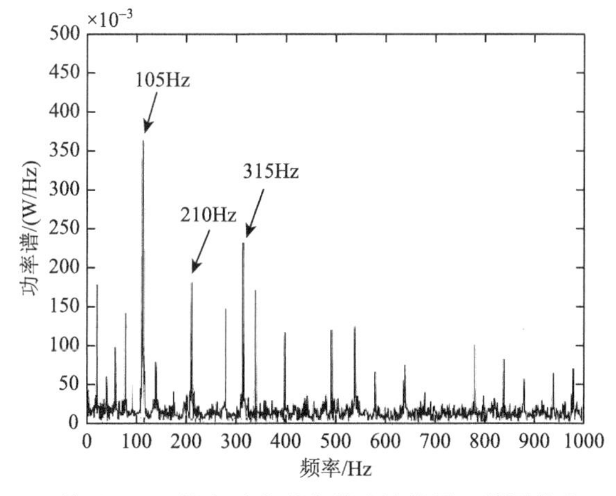

图 3-35　基于 EMD 的自适应形态学滤波结果（外圈故障）（二）

4）特征提取效果比较

从滤除干扰信号的能力、提取的故障信号特征频率与理论故障特征频率的偏差和故障信号特征频率幅值三个指标比较特征提取效果的优劣。

滤除干扰信号的能力以强和较强来衡量，偏差计算如下：

$$\zeta = |f - f_0| \tag{3.36}$$

式中，f 为不同方法提取的实际脉冲特征主频频率；f_0 为理论故障特征频率。主频偏差越小特征提取效果越好，幅值越大特征提取效果越好。

本节所提方法虽然滤除干扰信号的能力不及文献[21]所提方法，但提取出的故障特征频率偏差较小，而且脉冲主频幅值更大。而相比于文献[22]所提方法，本节所提方法在滤除干扰信号的能力和故障特征偏差方面都有更好的效果，如表 3-6 和表 3-7 所示。

表 3-6　$f_{电机旋转} = 29.17\text{Hz}$ 时的滤波效果及偏差

不同方法	内圈			外圈		
	滤除干扰信号的能力	偏差	幅值/(W/Hz)	滤除干扰信号的能力	偏差	幅值/(W/Hz)
文献[21]方法	强	0.46	0.3	强	0.13	0.25
基于 EMD 的自适应形态学	较强	0.08	0.35	较强	0.43	0.35
本节方法	较强	0.04	0.4	较强	0.03	0.46

表 3-7　$f_{电机旋转} = 29.95\text{Hz}$ 时的滤波效果及偏差

不同方法	内圈			外圈		
	滤除干扰信号的能力	偏差	幅值/(W/Hz)	滤除干扰信号的能力	偏差	幅值/(W/Hz)
文献[22]方法	较强	0.49	0.24	较强	0.34	0.1
基于 EMD 的自适应形态学	较强	2.11	0.17	较强	0.64	0.61
本节方法	强	0.09	0.22	强	0.04	0.85

2. IMS 轴承故障诊断应用研究

1）滚动轴承全寿命状态的识别

IMS 滚动轴承全寿命数据在 2.2.1 节已进行详细介绍，根据本课题组研究成果，对滚动轴承全寿命状态进行退化状态识别和性能评估，在 2.7 节中提出了一种随机矩阵理论及主成分分析融合的滚动轴承性能退化评估（RMT-PCA）算法，结合 IMS 轴承退化机理及振动频域分析，将 IMS 轴承 1 在退化过程中的各个阶段进行了较为准确的划分，划分结果如图 3-36 所示，通过 RMT-PCA 算法有效地找出了轴承运行中的早期故障点（523 号文件处）。

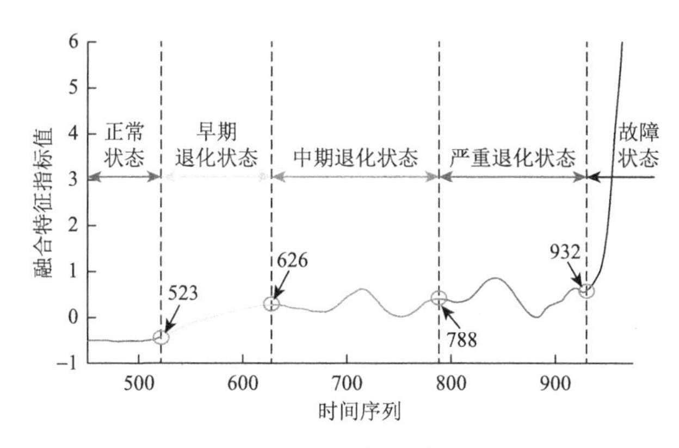

图 3-36　IMS 轴承 1 性能退化状态划分结果

2）滚动轴承早期故障诊断

滚动轴承全寿命振动信号时域波形和功率谱如图 3-37 所示，由于噪声干扰的缘故，图中高频成分很多，难以识别故障特征频率。由 RMT-PCA 算法获得轴承运行中的早期故障点在 523 号文件处，为了减小计算量，选取 523 号文件及其前 100 个文件正常数据进行分析。首先经 VMD 对其进行模态分解，各模态分量如图 3-38 所示，根据互信息法选取有效模态分量进行求和重构，重构后的功率谱如图 3-39 所示，图中提取出了振动信号的脉冲主频成分。

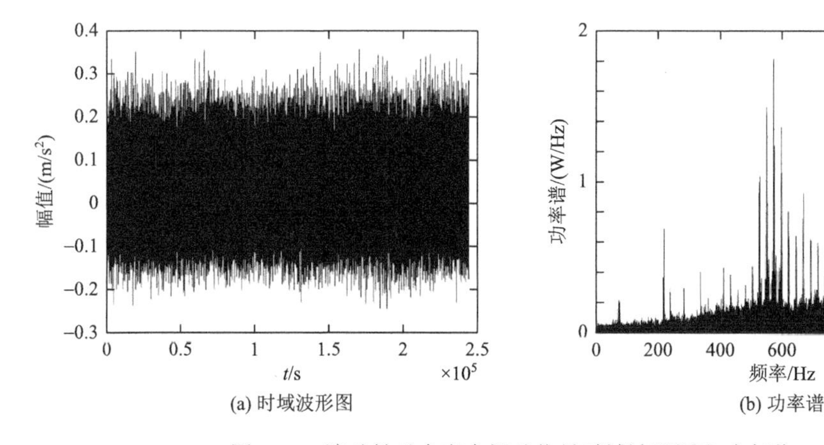

图 3-37　滚动轴承全寿命振动信号时域波形图和功率谱

将重构后的信号经形态学滤波处理，选用扁平型结构元素类型，并分别采用峭度准则、粒子群优化算法和本节提出的峭度-均方根准则优化形态学结构元素尺度，其中峭度随结构元素尺度的变化关系如图 3-40 所示，由图可知最佳结构元素尺度为 5，对应的滤波结果如图 3-41 所示。粒子群优化算法输出结果为 $\alpha = 4.25$，$\beta = 3.15$，结构元素尺度为 8，滤波结果如图 3-42 所示。峭度-均方根准则输出结果为 $p = 0.8$，$q = 0.2$，结构元素尺度为 11，滤波结果如图 3-43 所示。

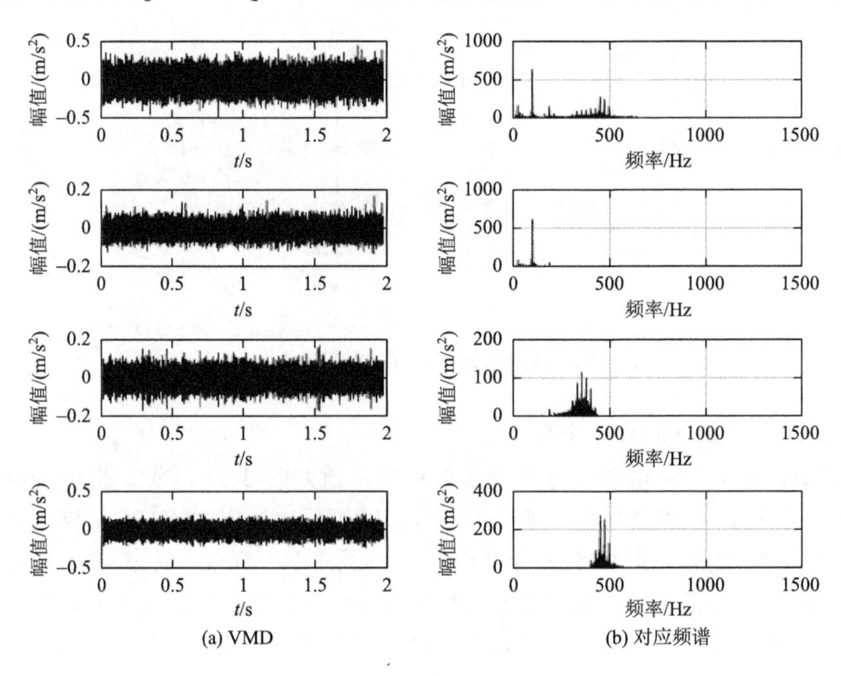

图 3-38　VMD 各模态分量

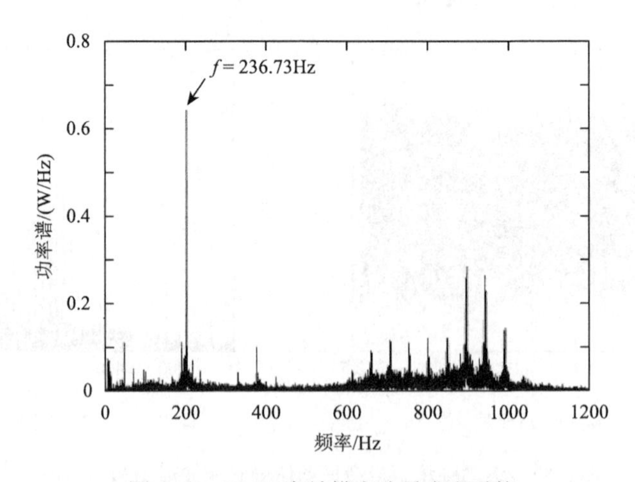

图 3-39　VMD 有效模态分量求和重构

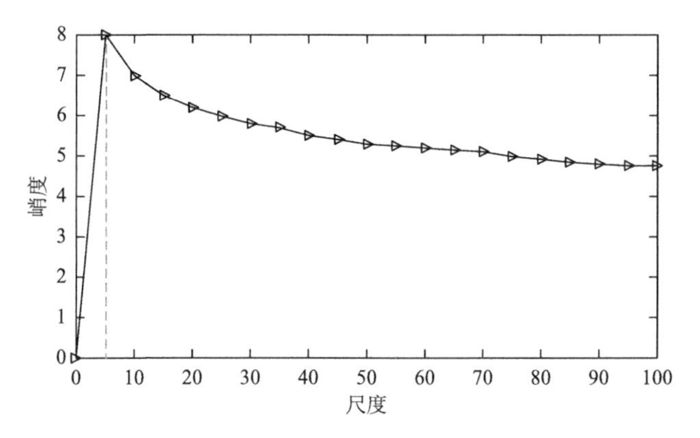

图3-40 峭度随结构元素尺度的变化关系

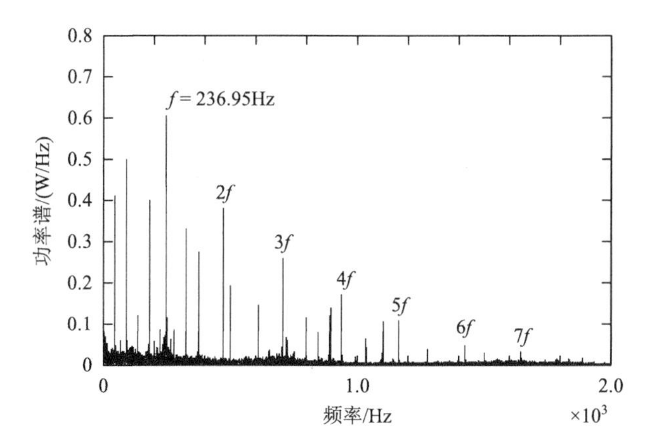

图3-41 峭度准则优化的形态学滤波结果

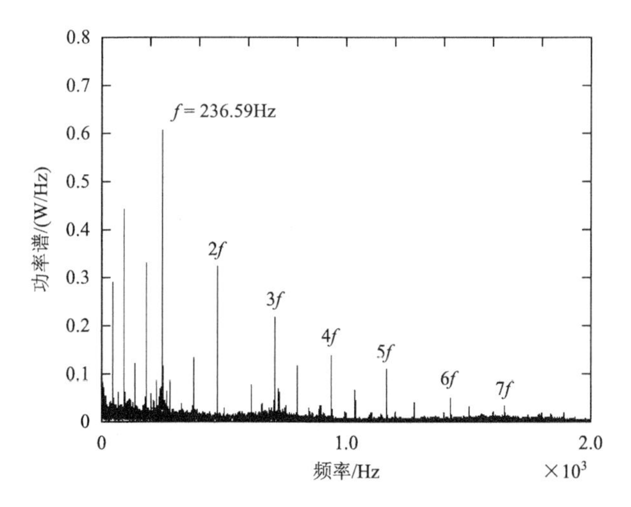

图3-42 粒子群优化算法的形态学滤波结果

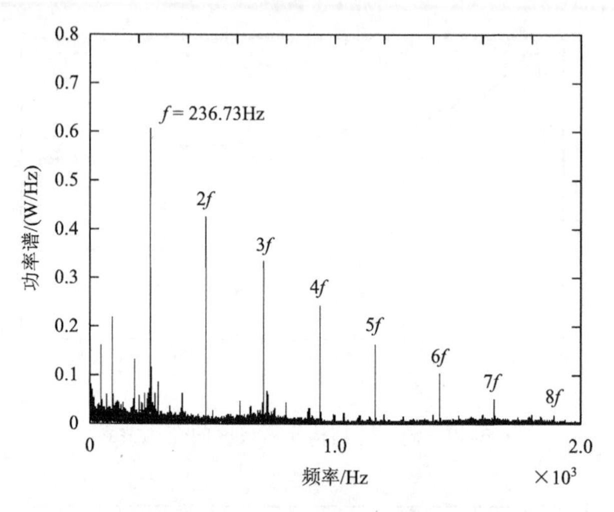

图 3-43　峭度-均方根准则优化的形态学滤波结果

由图 3-41～图 3-43 可知，采用三种结构元素尺度优化算法的自适应形态学滤波，都有效滤除了噪声干扰信号，提取了早期故障脉冲冲击信号的特征频率及其倍频，但峭度准则和粒子群优化算法的滤波结果中干扰分量较多，这是因为形态学结构元素尺度未能得到有效优化，导致干扰信号滤除不完全，而采用本节提出的峭度-均方根准则得到的滤波结果中干扰分量较其他两种方法明显减少，体现了该方法的优势所在。

由图 3-43 可知，故障脉冲主频频率为 236.73Hz，幅值为 0.6W/Hz，而该轴承的内圈理论故障频率为 296.93Hz，外圈理论故障特征频率为 234.4Hz，滚动体理论故障频率为 140.16Hz，保持架理论故障频率为 14.65Hz，故障频率最接近于外圈故障频率，所以可以确定该早期故障为轴承外圈故障。

3.5　基于噪声辅助特征增强的滚动轴承早期故障诊断

3.4 节主要从信号降噪的角度研究了强背景噪声下的滚动轴承早期微弱故障信号特征提取，进而诊断其早期故障，考虑到一般降噪的特征提取算法在滤除强背景噪声的同时可能会滤除部分有用的信号特征，从而影响特征提取的效果，进而会影响滚动轴承故障诊断的准确性。通常都认为噪声是消极的东西，它会影响对事物本质的认识。但近年来，有关学者提出了一种噪声辅助分析方法，该方法证明了噪声在一定程度上有益于微弱故障特征的识别，在该方法中，噪声的影响是积极的，起着特征增强的作用[23]。随着对噪声辅助特征增强的进一步深入研究，还发现，一定强度的噪声信号反而可以提高部分非线性系统中的信号输入能力，通过非线性系统、周期信号和噪声三者系统作用，一部分噪声能量被转移到周期信号上，使得微弱信号能量显著增强，随机共振现象的这一优势，在一些领域取得了较好的应用效果。因此，本节“反其道而行之”，从逆向思维考虑，借助噪声来增强滚动轴承早期微弱故障信号特征。

滚动轴承早期微弱故障信号通常被淹没在强背景噪声中，而且振动信号为非线性信号，如何在强背景噪声下实现随机共振现象的发生，对滚动轴承早期微弱故障信号特征的提取至关重要。在随机共振理论研究的基础上，针对噪声辅助分析的滚动轴承早期微弱故障特征增强展开了研究，引入广义多尺度排列熵筛选准则以减小强背景噪声的影响，提出一种基于噪声辅助特征增强的滚动轴承早期故障诊断方法。

3.5.1 噪声强度对 Duffing 振子随机共振的影响分析

根据 3.3 节对 Duffing 振子随机共振现象发生条件的研究可知，要使系统发生随机共振现象，则需要布朗粒子能在两个势阱间发生大范围的跃迁运动，若噪声强度过大，即便没有周期驱动力，布朗粒子也能发生周期跃迁运动；即便有跃迁运动的产生，影响跃迁运动的能量来源于噪声，而与周期驱动力无直接关系，所以即便产生了大范围的周期跃迁运动也不能称为随机共振现象；若噪声强度太小，则由于阻尼的存在，布朗粒子难以跃迁。

为了研究噪声强度对 Duffing 振子随机共振效果的影响，构造频率 $f_0 = 0.02\text{Hz}$、幅值 $A = 0.2$ 的仿真信号，并分别加入强度为 $D = 1$ 和 $D = 10$ 的噪声信号。采样频率设为 $f_s = 5\text{Hz}$，Duffing 振子系统参数 $a = b = 1$，分别设置 $k = 2.5$ 和 $k = 10$ 的阻尼比来分析随机共振效果。图 3-44 和图 3-45 分别是噪声强度为 $D = 1$ 和 $D = 10$ 时利用 Duffing 振子模型随机共振信号的检测结果。相比于图 3-44（d），图 3-45（d）中不仅存在大量的非特征频率，而且特征信号幅值也降低了许多。

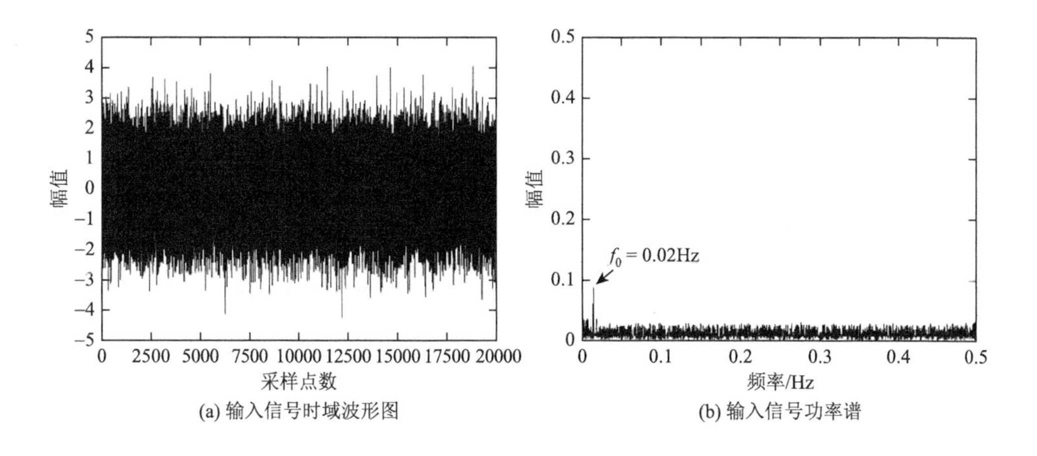

(a) 输入信号时域波形图　　(b) 输入信号功率谱

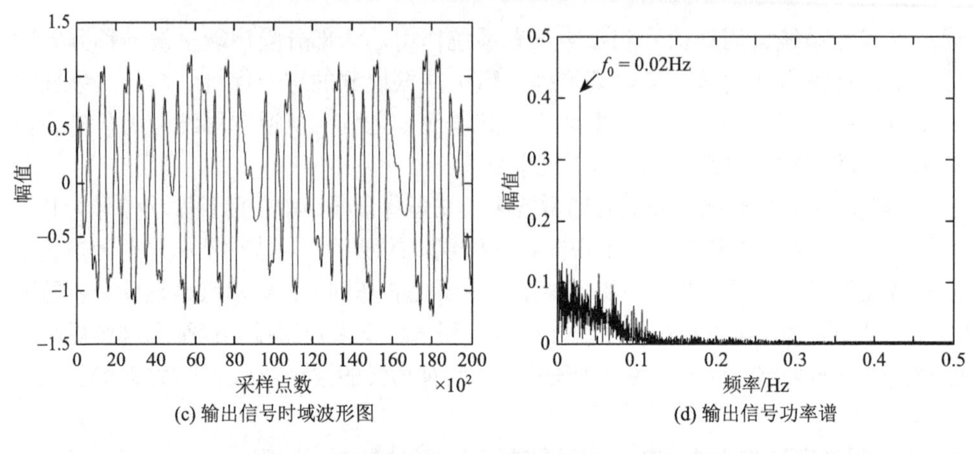

(c) 输出信号时域波形图　　(d) 输出信号功率谱

图 3-44　噪声强度 $D = 1$ 时系统的随机共振现象

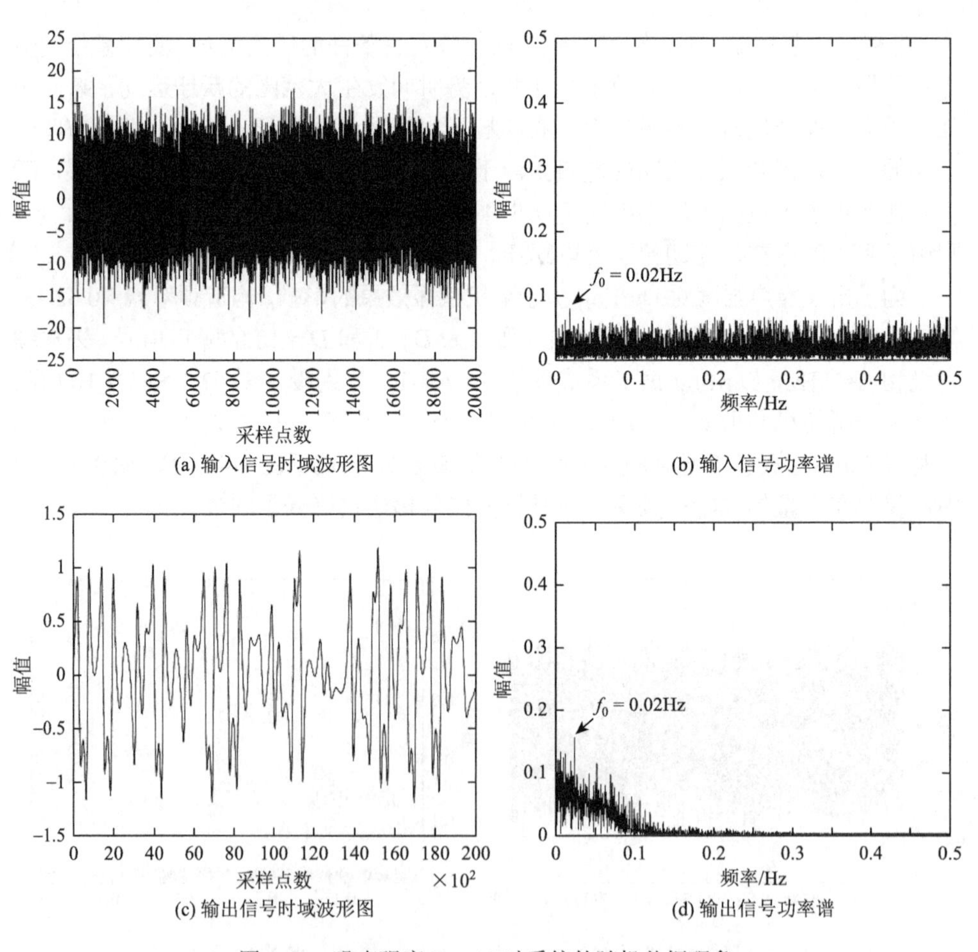

(c) 输出信号时域波形图　　(d) 输出信号功率谱

图 3-45　噪声强度 $D = 10$ 时系统的随机共振现象

此外，从布朗粒子逃逸速率的影响条件进行研究，定量分析周期信号、噪声和非线性系统三者的协调作用，可以将布朗粒子的跃迁速度描述为

$$v_k = \frac{\omega_m \omega_b}{\sqrt{2}\pi k} \exp\left(-\frac{a^2}{4bD}\right) \tag{3.37}$$

式中，$\omega_m = \sqrt{U''(x_m)}$ 和 $\omega_b = \sqrt{U''(x_b)}$ 为布朗粒子在势函数稳定极大值点 x_m 和极小值点 x_b 的振动角频率；a 和 b 为系统参数；k 为阻尼比。式（3.37）还可表示为

$$v_k = \frac{a}{\sqrt{2}\pi k} \exp\left(-\frac{a^2}{4bD}\right) \tag{3.38}$$

考虑到二维 Duffing 振子中有两个势阱，在噪声和周期驱动力作用力的共同作用下，当布朗粒子运动速度等于周期信号频率的 2 倍时[24]，即 $v_k = 2f_0$ 时，该系统发生随机共振现象的条件可以描述为

$$\frac{a}{\sqrt{2}\pi k} \exp\left(-\frac{a^2}{4bD}\right) = 2f_0 \tag{3.39}$$

基于式（3.39）可以定义函数 $F(x_1, x_2, \cdots)$，即

$$F(D, f_0, k, a, b) = \frac{a}{2\sqrt{2}\pi k f_0} \exp\left(-\frac{a^2}{4bD}\right) \tag{3.40}$$

由此可以得出结论：系统参数 a、b，阻尼比 k，噪声强度 D 和特征频率 f_0 直接影响着二维 Duffing 振子系统随机共振现象的发生。本节主要研究滚动轴承强背景噪声条件下的早期故障信号，所以重点分析噪声强度 D 对随机共振效果的影响。图 3-46 分别为不同特征频率 f_0、阻尼比 k 和系统参数 a、b 条件下，输出信号特征频率 f_0 的幅值随噪声强度 D 的变化趋势。图中粗实线表示不同系统参数取值所对应的噪声强度下，获得的特征信号最大幅值构成的曲线，由此便可确定全局最大特征幅值所对应的噪声强度 D。由图 3-46 可知，特征信号幅值随噪声强度 D 的增加先增大而后减小，而且当噪声强度 D 取某一较小值 D_{op} 时，特征信号的幅值达到最大。但实际的滚动轴承故障信号中的背景噪声强度远大于 D_{op}，所以噪声、信号和非线性系统三者很难实现最优匹配。

3.5.2　基于 Duffing 振子系统随机共振的信号特征增强算法

由 3.5.1 节分析可知，Duffing 振子系统随机共振效果受噪声强度的影响较大，而实际采集的滚动轴承故障信号中有着较强的背景噪声，所以需要引入一个评价指标来定位轴承故障的发生时刻。由于周期特征变化常伴随着动力学的变

化，所以相关学者从复杂性测度的角度来进行信号识别，并取得一定的成果[25]，如近似熵[26]、Lempel-Ziv 复杂度[27]、排列熵[28]等。其中，排列熵因计算简单、对信号敏感和鲁棒性好而在研究动力学特性和时间序列的复杂性方面得到了一定的应用。

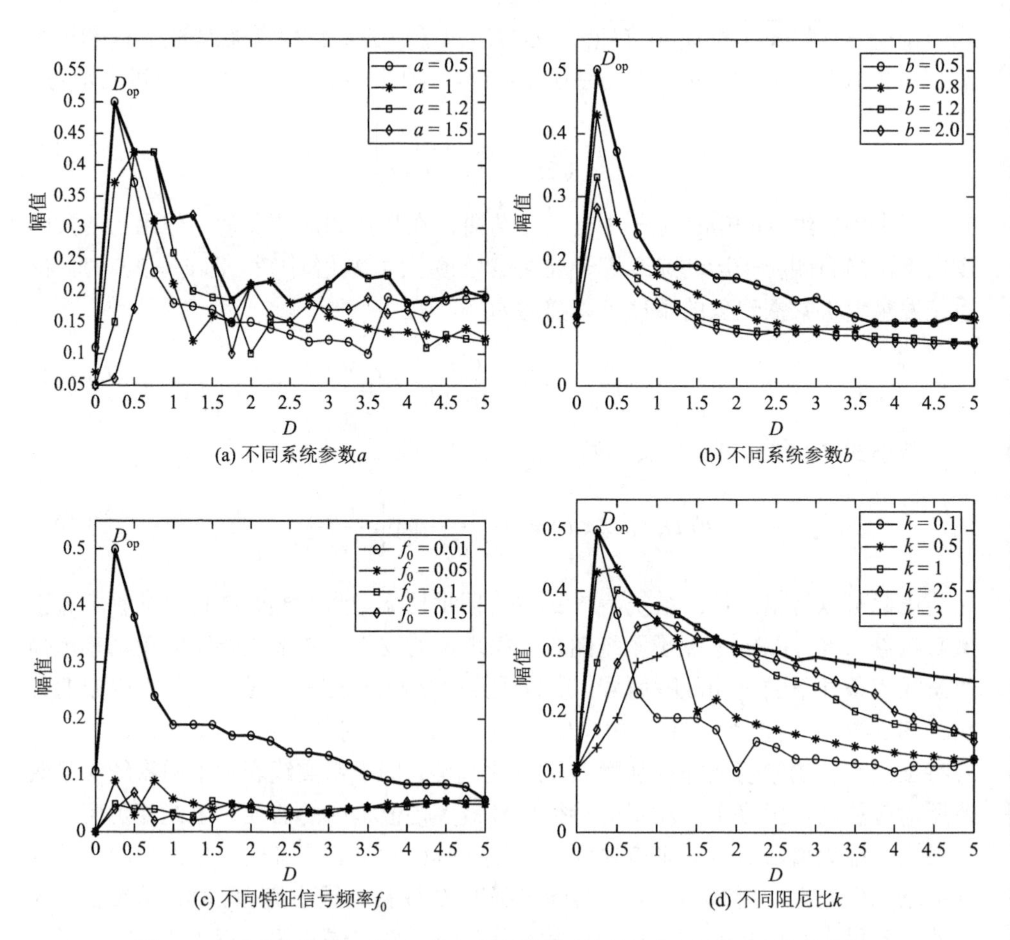

图 3-46　不同条件下二维 Duffing 振子随机共振效果随噪声强度变化曲线

1. 排列熵算法简介

排列熵（permutation entropy，PE）算法是一种能有效识别信号动力学突变的算法，就处理非线性信号的效果而言，排列熵算法较传统算法具有鲁棒性好、计算效率高、易于在线监测等优点，其原理如下。

设一长度为 N 的一维时间序列 $\{X(i), i=1,2,\cdots,N\}$，令嵌入维数为 m，延迟时间为 τ，对其进行相空间重构，得到如下形式的矩阵：

$$\begin{bmatrix} x(1) & x(1+\tau) & \cdots & x(1+(m-1)\tau) \\ x(2) & x(2+\tau) & \cdots & x(2+(m-1)\tau) \\ x(j) & x(j+\tau) & \cdots & x(j+(m-1)\tau) \\ \vdots & \vdots & & \vdots \\ x(K) & x(K+\tau) & \cdots & x(K+(m-1)\tau) \end{bmatrix} \tag{3.41}$$

式中，$j=1,2,\cdots,K$；K 为矩阵的行数，$K=N-(m-1)\tau$。

设重构相空间矩阵中第 j 个重构向量为 $\{x(j),x(j+\tau),\cdots,x(j+(m-1)\tau)\}$，将其按照元素的数值大小进行升序排列：

$$x(i+(j_1-1)\tau)\leqslant\cdots\leqslant x(i+(j_m-1)\tau) \tag{3.42}$$

式中，$j_1,j_2,\cdots,j_m$ 为向量 $\boldsymbol{X}(j)$ 中各元素排序前的位置索引。

若重构向量中有两个元素相等，例如，$x(j+(j_p-1)\tau)=x(i+(j_q-1)\tau)$，则这两个元素按 j_p 和 j_q 原本的顺序进行排列，当 $j_p<j_q$ 时，有

$$x(i+(j_p-1)\tau)\leqslant x(i+(j_q-1)\tau) \tag{3.43}$$

所以，对于任一重构向量 $\boldsymbol{X}(j)$ 均可得到一个与之对应的符号序列 $\boldsymbol{S}(l)=\{j_1, j_2,\cdots,j_m\}$，式中，$l=1,2,\cdots,k$，$k\leqslant m!$。

设 $P_1,P_2,\cdots,P_k$ 分别为一个 m 维重构相空间对应的符号序列的概率，则一维时间序列 $\boldsymbol{X}(i)$ 的 k 个重构向量排列熵可以表示为

$$H_p(m)=-\sum_{j=1}^{k}P_j\ln P_j \tag{3.44}$$

式中，当 $P_j=\dfrac{1}{m!}$ 时，排列熵 $H_p(m)$ 取得最大值 $\ln m!$，将 $H_p(m)$ 做归一化处理便得到 $\tilde{H}_p(m)=\dfrac{H_p(m)}{\ln(m!)}$，得到的 $\tilde{H}_p(m)$ 就是一维时间序列 $\{X(i),i=1,2,\cdots,N\}$ 排列熵。排列熵 $\tilde{H}_p(m)$ 的取值范围为[0, 1]，其大小反映时间序列的复杂程度，$\tilde{H}_p(m)$ 值越大，则一维时间序列越复杂，反之则越规律[29]。

2. 广义多尺度排列熵

排列熵只能分析时间序列单一尺度的动力学和随机性的突变，为了能分析时间序列在不同尺度下的动力学和随机性变化，有学者提出了广义多尺度排列熵[30]，步骤如下。

（1）对时间序列 $\boldsymbol{X}=\{x(i),i=1,2,\cdots,N\}$ 广义多尺度排列熵定义为

$$y_{k,j}^{(\mu)}=\frac{1}{\mu}\sum_{i=(j-1)\mu+k}^{j\mu+k-1}(x_i-\overline{x}_i)^2,\quad 1\leqslant j\leqslant\frac{N}{\mu};2\leqslant k\leqslant\mu \tag{3.45}$$

$$\overline{x}_i=\frac{1}{\mu}\sum_{k=1}^{\mu-1}x_{i+k} \tag{3.46}$$

式中，μ 为尺度因子。

（2）计算 μ 个广义粗粒化序列 $y_k^{(\mu)}(k=1,2,\cdots,\mu)$ 的 PE 值。

（3）计算 μ 个 PE 值的均值并替代原始时间序列在尺度因子 μ 的 PE 值，即

$$\mathrm{GMPE}(X,\mu,m,\tau)=\frac{1}{\mu}\sum_{k=1}^{\mu}\mathrm{PE}(y_k^{(\mu)},m,\tau) \tag{3.47}$$

式中，m 为嵌入维数。

3. Duffing 振子随机共振信号特征增强

为了解决噪声强度过大时 Duffing 振子系统随机共振效果较差的问题，以排列熵为评价指标来对信号进行筛选，以减小信号中的噪声强度。但是，排列熵只能分析时间序列单一尺度的动力学和随机性的突变，不可避免会遗漏许多重要信息，使得筛选信号不够准确[31]。广义多尺度排列熵能弥补排列熵上述的不足，准确定位故障发生时刻、有效减小 Duffing 振子系统中输出信号的噪声强度，所以本节提出了以广义多尺度排列熵作为评价指标，对原始信号进行筛选，并通过粒子群优化算法调节系统参数以实现噪声、输入信号与 Duffing 振子系统间的最优匹配，从而提高随机共振效果。

在原始振动信号中构造滑动窗实时反映信号中的动力学变化，滑动窗将输入信号划分为多个子信号，并计算出各子信号的广义多尺度排列熵。基于广义多尺度排列熵的信号筛选准则如式（3.48）所示：

$$S(i)=\begin{cases} s(j), & \hat{H}_{\mathrm{gmp}}^{j}(t)<W[h_{\mathrm{gmp}}(t),\alpha]; \quad i=1,2,\cdots \\ 0, & \hat{H}_{\mathrm{gmp}}^{j}(t)>W[h_{\mathrm{gmp}}(t),\alpha]; \quad j=1,2,\cdots,N \end{cases} \tag{3.48}$$

式中，$s(j)$ 和 $S(i)$ 分别为原始信号和筛选后输入 Duffing 振子系统的信号；$h_{\mathrm{gmp}}(t)$ 为广义多尺度排列熵值；$W[h_{\mathrm{gmp}}(t),\alpha]$ 为广义多尺度排列熵的 α 分位数，取 $\alpha=0.8$；$\hat{H}_{\mathrm{gmp}}^{j}(t)$ 为广义多尺度排列熵的移动平均值。根据 Bandt 等[32]的研究，m 一般取值 4～7，$\tau=1$，$\eta\geqslant 10$，所以本节中取 $m=6$，$\mu=20$。通过计算广义多尺度排列熵的 α 分位数来确定阈值大小，如果 $\hat{H}_{\mathrm{gmp}}^{j}(t)$ 小于 $W[h_{\mathrm{gmp}}(t),\alpha]$，则认为存在周期性特征信号，予以保留；而当 $\hat{H}_{\mathrm{gmp}}^{j}(t)$ 大于 $W[h_{\mathrm{gmp}}(t),\alpha]$ 时，则认为信号为干扰信号，予以剔除[30]。

为了实现噪声、振动信号和非线性系统的最优匹配，采用粒子群优化算法寻求系统参数 a、b 及阻尼比 k 的最优值。在一定范围内，峭度值随轴承故障严重性的增加而增大，所以以随机共振输出信号的峭度值作为寻优指标，峭度值越大，说明滤波误差越小，特征提取效果越好。粒子群优化算法优化 Duffing 系统参数的步骤如下。

（1）初始化每个粒子的位置和速度，位置信息包括两个系统参数 a、b 及阻尼比 k 三个参数，速度为对应参数 a、b 的更新步长，系统参数 a 和 b 范围取[0, 40]，阻尼比范围取[0, 20]。

（2）以系统输出信号的峭度值为适应度函数，并计算群体的初始适应度值。

（3）对个体和种群的适应度值进行比较，取个体中峭度值最大的粒子为个体最优值，取种群中峭度值最大的粒子为种群最优值。

（4）通过速度更新公式（3.49）和位置更新公式（3.50）更新粒子速度和位置，其中参数 a、b 递增取值，步长 0.1：

$$v_{id}(t+1)=\zeta v_{id}(t)+c_1r_1(p_{id}-x_{id}(t))+c_2r_2(p_{gd}-x_{id}(t)) \tag{3.49}$$

$$x_{id}(t+1)=x_{id}(t)+v_{id}(t+1) \tag{3.50}$$

式中，v_{id} 为第 i 个粒子的速度；x_{id} 为第 i 个粒子的位置；ζ 为惯性权重；t 为迭代步数；c_1 和 c_2 为加速度常数，一般取 2；r_1 和 r_2 为服从[0, 1]区间的随机数；p_{id} 为个体最优值；p_{gd} 为种群最优值。

（5）计算新的适应度值，并与前一步得到的种群和个体最优值进行比较，更新种群和个体最优值。判断是否达到迭代终止条件，达到则执行步骤（6），否则继续执行步骤（4）。

（6）退出迭代优化，输出 a、b 和 k 的全局最优解值。

为了验证所提筛选准则的效果，构造如下仿真信号：

$$s(t)=H(t)\times\sin(2\pi f_0t)+\varepsilon(t) \tag{3.51}$$

式中，$H(t)$ 为分段函数；$t\in(0,100)\cup(200,400)$ 时，$H(t)=0$，$t\in[100,200]$ 时，$H(t)=0.2$；$\varepsilon(t)$ 为噪声信号；f_0 为 1Hz 的信号频率。另外，采样频率为 20Hz，采样点数为 4000。

图 3-47 为基于广义多尺度排列熵的仿真信号筛选准则，计算广义多尺度排列熵的 α 分位数来确定阈值大小，如果移动平均值小于 $W[h_{\text{gmp}}(t),\alpha]$，则认为属于周期特征信号，予以保留；若移动平均值大于 $W[h_{\text{gmp}}(t),\alpha]$，则认为信号属于干扰信号，予以剔除。

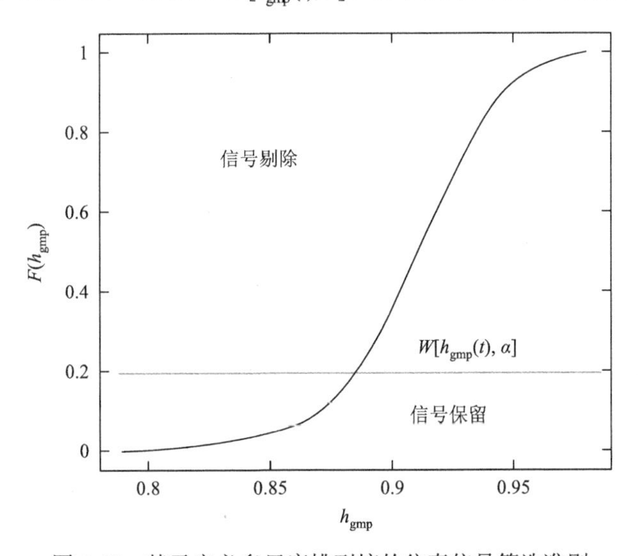

图 3-47　基于广义多尺度排列熵的仿真信号筛选准则

由图 3-48 可知，原始信号中可以分辨出特征频率，但其幅值较小（不到 0.1）。经排列熵筛选准则筛选后的信号特征频率对应的幅值可达 0.21，如图 3-49 所示，但干扰信号依旧较多，且幅值较小；与之相比，经广义多尺度排列熵筛选准则后的信号因剔除了大量的强背景噪声而使得微弱信号特征能量增强（图 3-50），特征频率幅值增加到了 0.32，验证了广义多尺度排列熵筛选准则的有效性。

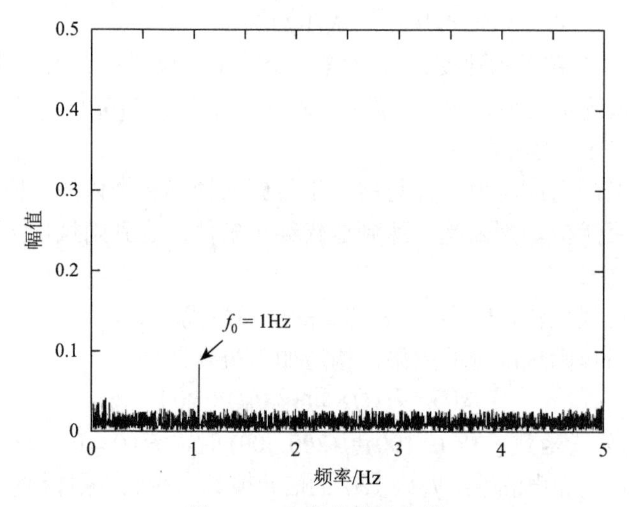

图 3-48　仿真信号功率谱

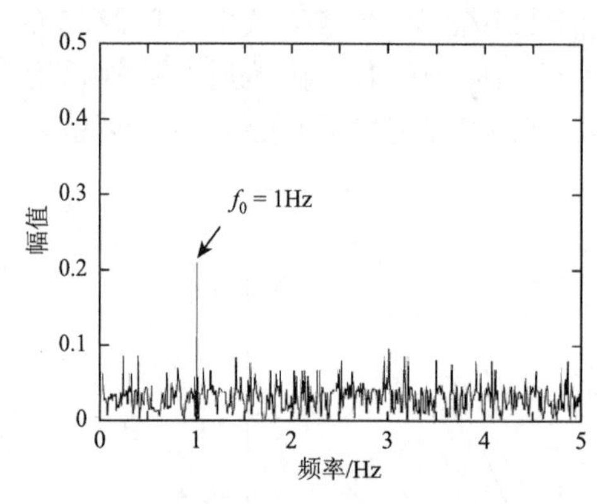

图 3-49　排列熵筛选准则筛选结果

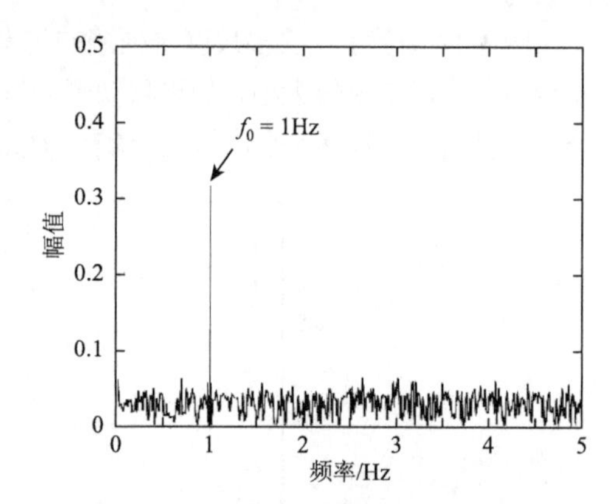

图 3-50　广义多尺度排列熵筛选结果

将筛选后的信号分别作为 Duffing 振子模型的输入，并通过粒子群优化算法优化 Duffing 振子系统参数。当输入为排列熵筛选后的信号，实现噪声、信号和 Duffing 系统的最优匹配的输出参数为 $a=1$，$b=1$，$k=2.5$，输出信号频谱如图 3-51 所示。当输入为广义多尺度排列熵筛选后的信号，输出系统参数为 $a=1$，$b=1.2$，$k=2$，输出信号频谱如图 3-52 所示。相比图 3-51，广义多尺度排列熵筛选的输出信号干扰更少，特征频率更明显。图 3-53 为 Duffing 振子随机共振轴承早期故障诊断算法流程图。

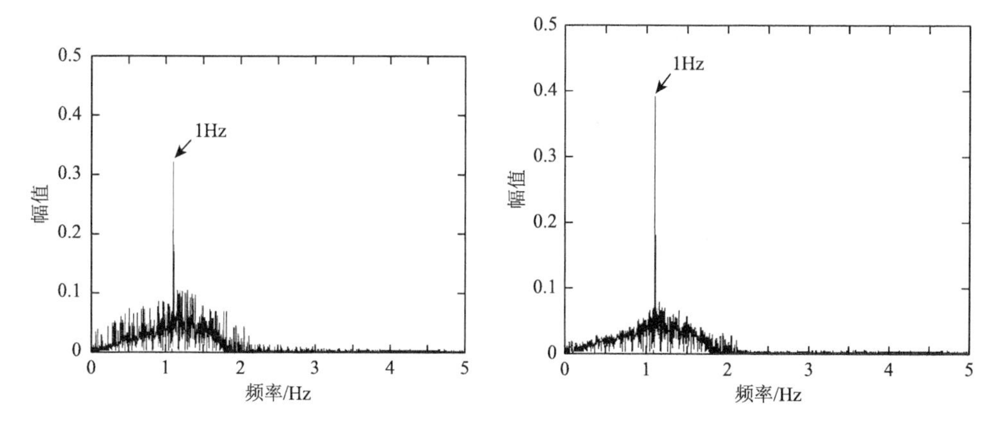

图 3-51　基于排列熵筛选的信号频谱　　图 3-52　基于广义多尺度排列熵筛选的信号频谱

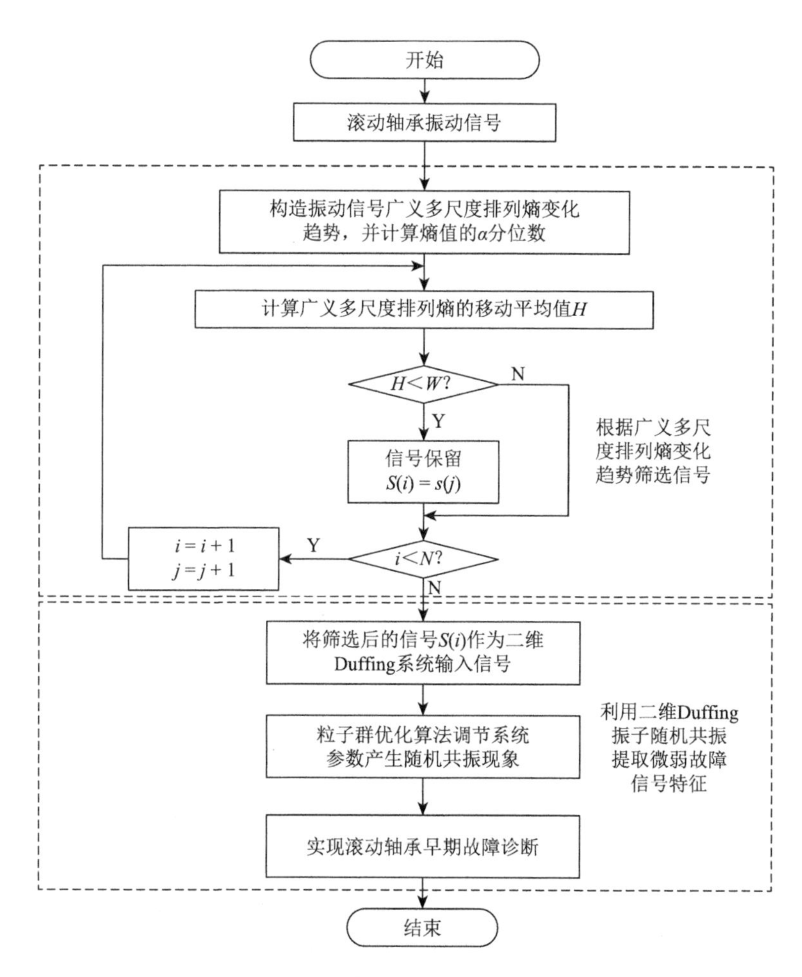

图 3-53　Duffing 振子随机共振轴承早期故障诊断算法流程

3.5.3　应用研究

1. 凯斯西储大学轴承故障诊断

为了验证该方法的有效性，同样采用表 3-4 所示的驱动端滚动轴承故障试验数据进行分析，该情况下外圈理论故障特征频率为 104.57Hz。

图 3-54（a）、（b）分别为该情况下滚动轴承时域波形和功率谱，从功率谱可以看出，早期故障脉冲信号被淹没在背景噪声中，难以有效识别脉冲冲击信号特征。

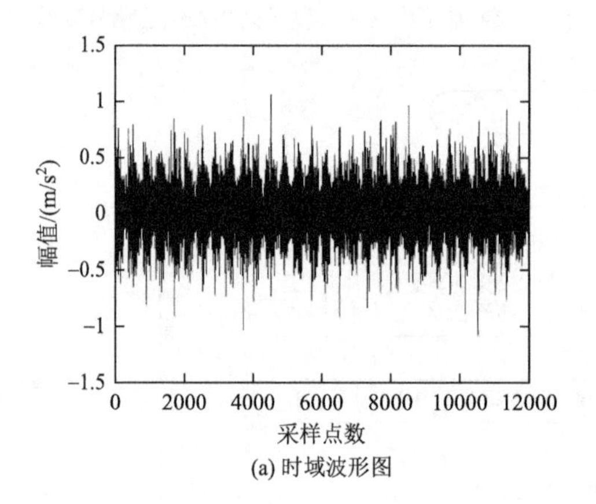

(a) 时域波形图

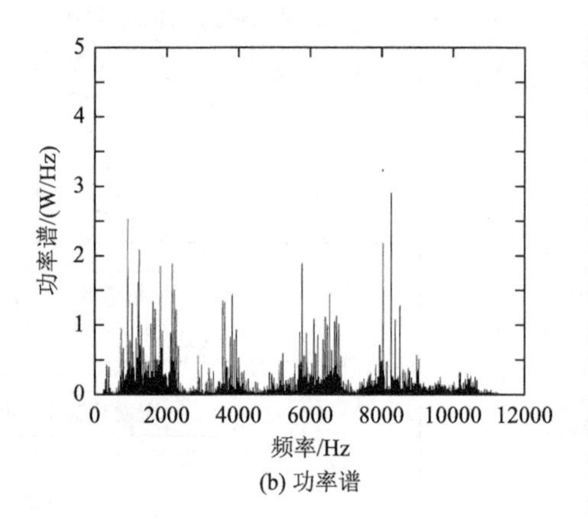

(b) 功率谱

图 3-54　振动信号时域波形和功率谱

图 3-55 为筛选出来的滚动轴承早期故障信号时域波形和功率谱，采用本节所提出的基于广义多尺度排列熵筛选准则选择，大量的噪声干扰信号被有效剔除，这对于增强随机共振效果和早期微弱故障信号的识别都是非常有利的，同时，从图 3-55（b）中可以看出，其最大幅值所对应的信号频率近似等于表 3-4 所示的驱动端滚动轴承外圈的理论故障频率 104.57Hz，这就为输入信号和二维 Duffing 振子模型的最优匹配奠定了基础。

基于上述分析结果，将筛选后的信号作为二维 Duffing 振子系统的输入信号，由图 3-55（b）可知，信号频率大于 1 而幅值小于 1，需要对信号幅值进行尺度变换以增强信号特征能量，根据 Tan 等[33]的研究结果，选定频率变换系数 $R=100$，幅值变换系数 $\varepsilon=0.1$，并采用粒子群优化算法调节 Duffing 系统参数以产生随机共振现象，位置范围为[0, 50]。由于一维问题较为简单，取初始种群 $N=50$，迭代次数为 100，空间维度 $d=1$。初始化位置和速度，使其限制在随机矩阵 $N\times d$ 的范围内，其中速度范围取[0, 1]。

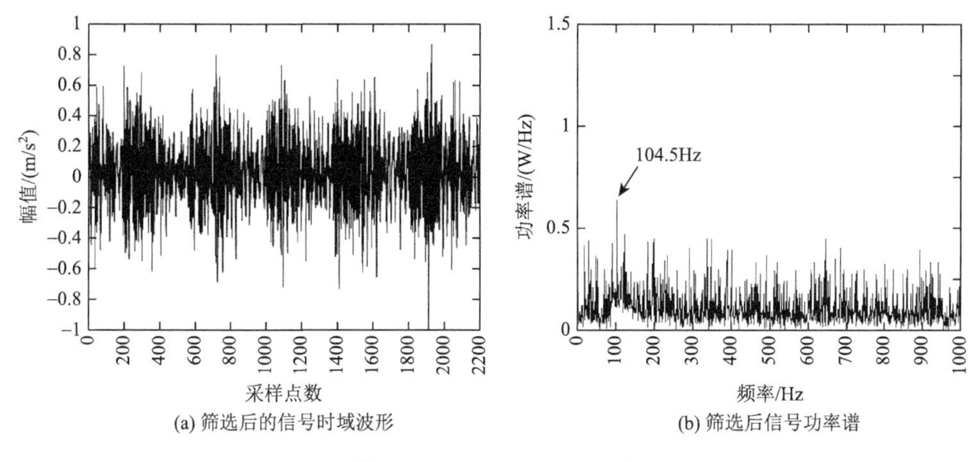

(a) 筛选后的信号时域波形　(b) 筛选后信号功率谱

图 3-55　筛选后的时域波形和功率谱图（一）

收敛过程和迭代过程分别如图 3-56 和 3-57 所示，当迭代次数为 18 时达到最大值。参数 a、b、k 的优化过程如图 3-58～图 3-60 所示。通过参数优化发现当系统参数 $a=0.25$，$b=1$，阻尼比 $k=2.2$ 时，输入信号和 Duffing 振子模型为最优匹配，最大限度使信号噪声能量向早期故障特征信号转移。

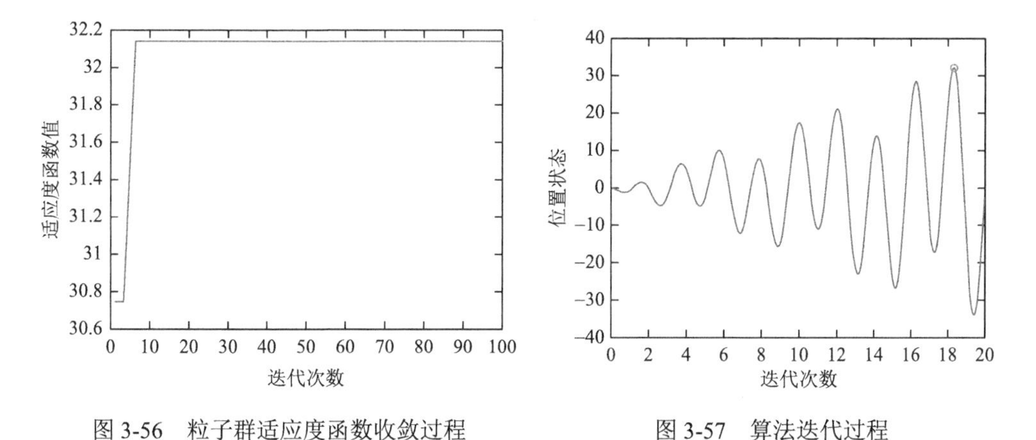

图 3-56　粒子群适应度函数收敛过程　　图 3-57　算法迭代过程

图 3-61 为排列熵筛选的早期故障特征增强结果，图 3-62 为广义多尺度排列熵筛选的早期故障特征增强结果。由图 3-62（b）可知，初始信号中的大部分噪声信号能量被有效地转移到了信号特征频率上，特征频率幅值也得到了增强，由图 3-55（b）的 0.7 增加到了 1，可以清楚识别滚动轴承早期故障特征，而且故障特征频率与滚动轴承理论故障特征频率 104.57Hz 非常接近，相比于图 3-61 中排列熵筛选准则筛选后的特征提取结果，本节所提的方法滤波效果更明显，而且脉冲特征频率幅值也更大，进一步验证了本节所提算法的有效性。

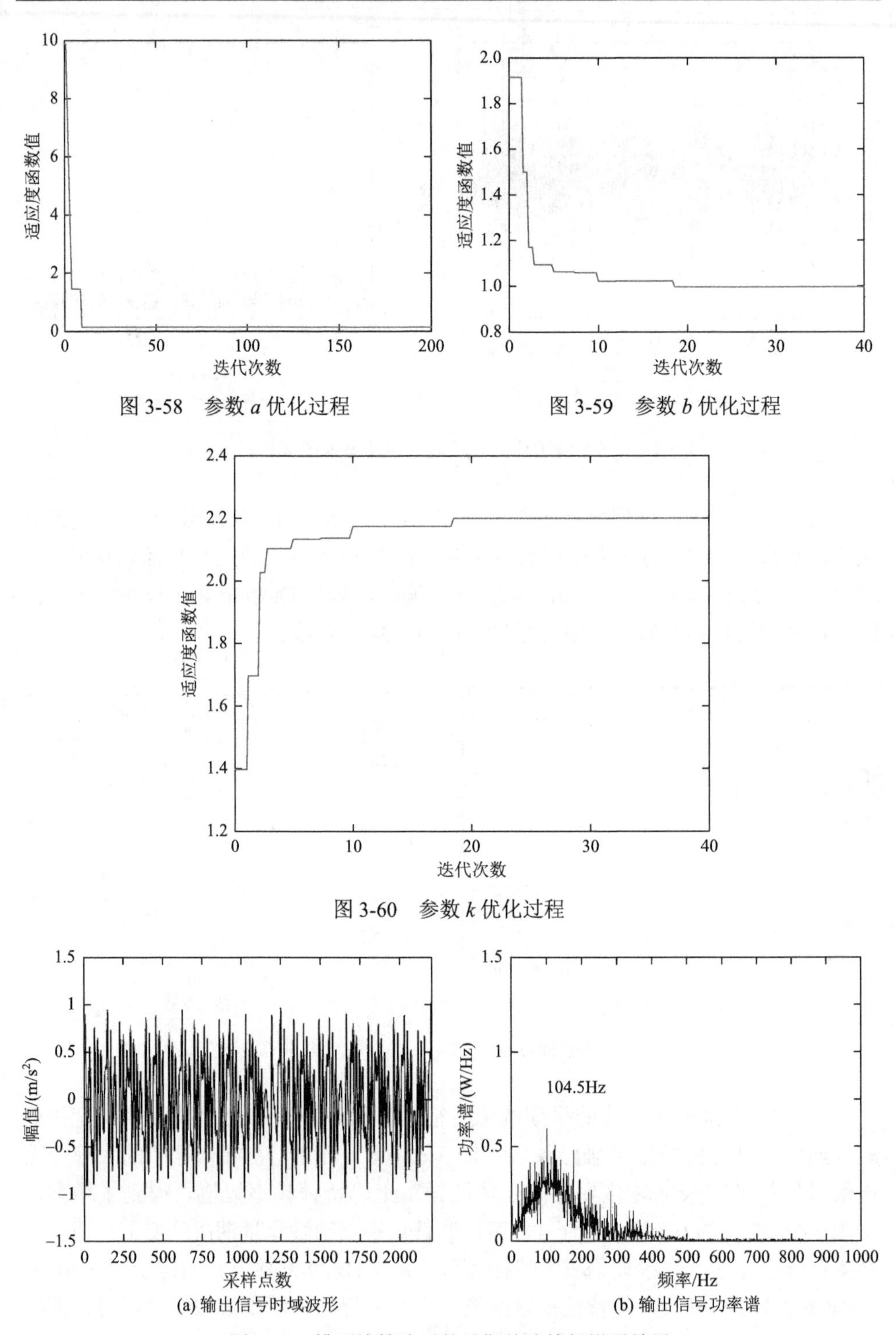

图 3-58　参数 *a* 优化过程

图 3-59　参数 *b* 优化过程

图 3-60　参数 *k* 优化过程

(a) 输出信号时域波形

(b) 输出信号功率谱

图 3-61　排列熵筛选后的早期故障特征增强结果

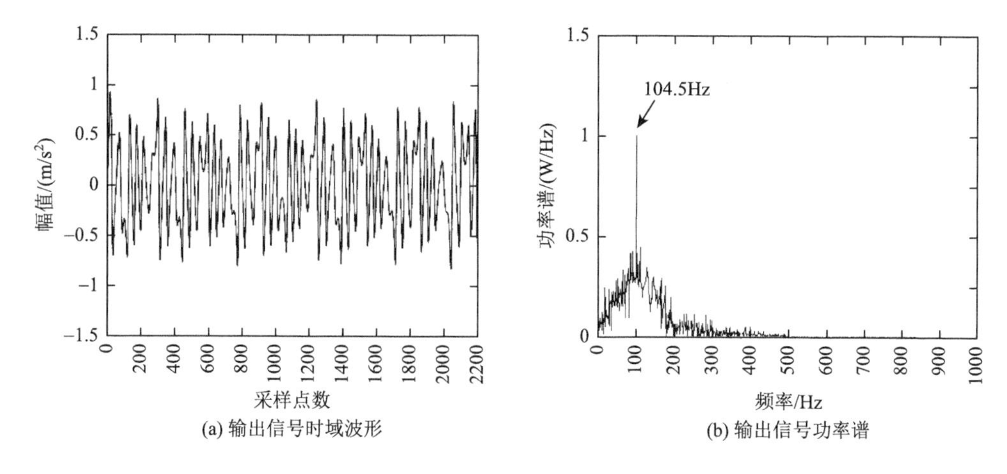

(a) 输出信号时域波形　(b) 输出信号功率谱

图 3-62　广义多尺度排列熵筛选的早期故障特征增强结果

2. IMS 滚动轴承早期故障诊断

采用 IMS 滚动轴承试验数据进行分析。图 3-63 为所取部分信号时域波形和功率谱。其广义多尺度排列熵变化趋势图如图 3-64 所示。从图中可以明显看出，排列熵幅值在采样点数为 8.2×10^5～11.2×10^5 出现了几处明显的极小值 0.54、0.55 和 0.58，意味着滚动轴承振动信号存在一定的脉冲周期特征，计算广义多尺度排列熵的移动平均值，并与 $W[h_{\mathrm{gmp}}(t),\alpha]$ 进行比较，提取广义多尺度排列熵值下降阶段的振动信号（图中矩形框部分）做进一步分析。

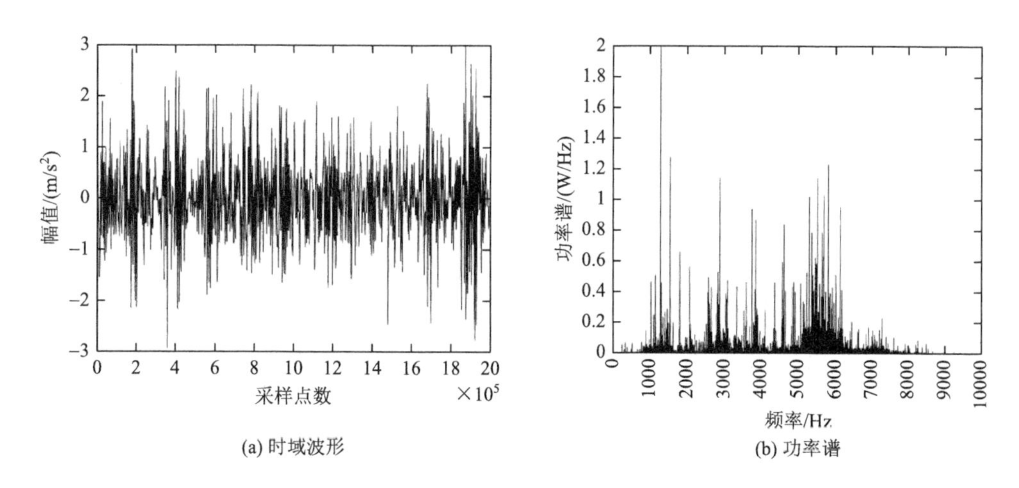

(a) 时域波形　(b) 功率谱

图 3-63　轴承原始信号时域波形和功率谱

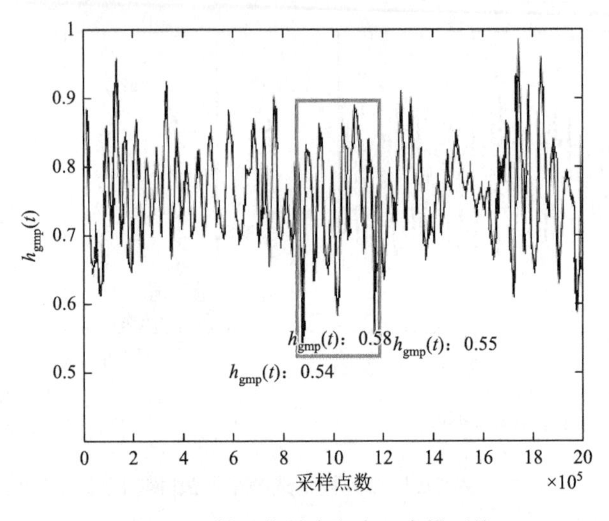

图 3-64 轴承信号广义多尺度排列熵

经广义多尺度排列熵筛选准则筛选后的时域波形和功率谱如图 3-65 所示。图 3-65（b）中出现了频率为 238.22Hz 的脉冲主频信号，非常接近于该滚动轴承外圈的理论故障特征频率 234.4Hz。将筛选后的信号作为二维 Duffing 系统的输入信号，为了满足随机共振现象发生的条件，对滚动轴承早期故障信号幅值进行尺度变换，选定频率变换系数 $R=100$，幅值变换系数 $\varepsilon=0.1$，并调节 Duffing 振子系统参数使得振动系统与输出信号最优匹配，通过粒子群优化算法自适应调节 Duffing 系统参数。当系统参数取 $a=1.5$，$b=2.4$，阻尼比 $k=2.5$ 时，输入信号和 Duffing 振子模型为最优匹配，最大限度使得信号噪声能量向滚动轴承早期故障特征信号转移。图 3-66 为二维 Duffing 振子随机共振噪声增强的滚动轴承早期故障诊断结

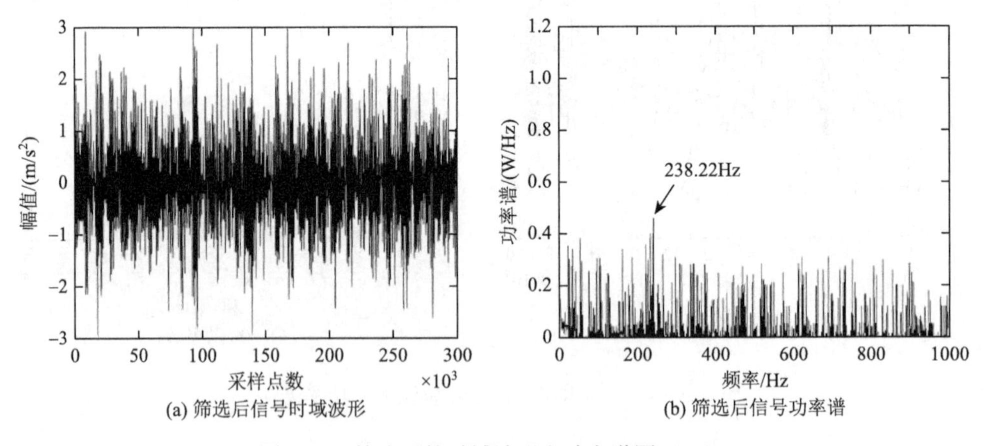

(a) 筛选后信号时域波形　(b) 筛选后信号功率谱

图 3-65 筛选后的时域波形和功率谱图（二）

果。从图 3-66（b）可以看出，初始信号中的大部分噪声信号能量被有效地转移到了信号特征频率处，故障特征频率幅值也得到了增强，由 0.44W/Hz 增加到了 1.05W/Hz，可以准确提取滚动轴承早期故障特征，确定该故障为滚动轴承外圈故障。

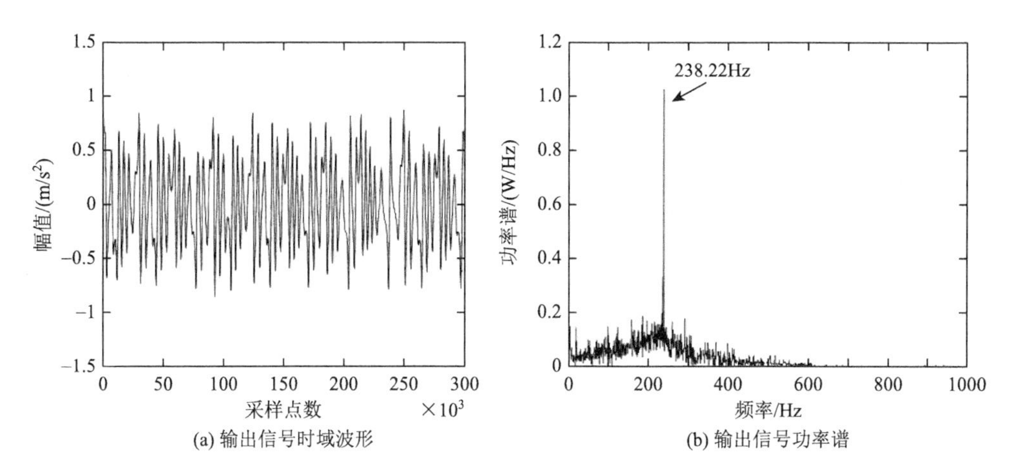

图 3-66　基于 Duffing 随机共振处理后的滚动轴承早期故障诊断结果

3.6　本 章 小 结

本章在介绍形态学滤波理论、变分模态分解算法和随机共振理论的基础上，分别研究了基于自适应形态学滤波和噪声辅助增强的滚动轴承早期故障诊断方法。

3.4 节通过分析比较 VMD 和数学形态学在滚动轴承故障信号特征提取时的优点及不足，将二者有机结合，提出一种基于 VMD 的形态学滤波算法。针对形态学滤波中形态学结构元素尺度优化问题，将滤波后的峭度指标和均方根指标相结合用于滚动轴承故障信号特征提取效果评价指标，提出一种峭度-均方根优化准则并用于形态学结构元素尺度的确定。通过对仿真信号和轴承试验数据分析验证了所提方法在滚动轴承早期故障诊断中的有效性。

针对传统降噪方法在提取轴承故障信号特征时可能会滤除部分有用特征的不足，3.5 节提出了基于噪声辅助特征增强的滚动轴承早期故障诊断方法。利用噪声来增强滚动轴承早期微弱故障信号特征，提出了广义多尺度排列熵筛选准则，通过粒子群优化算法自适应调节二维 Duffing 振子系统参数，实现系统、噪声和输入信号的最优匹配，使其出现随机共振现象，进而将干扰信号的能量转移到微弱故障信号特征上，放大信号特征幅值，实现故障信号特征增强。通过仿真信号及轴承试验数据分析，验证了该方法在滚动轴承早期故障诊断中的有效性。

参 考 文 献

[1] Ripley B D，Matheron G. Random sets and integral geometry. J. Roy. Stat. Soc.，1975，139（2）：277-278.

[2] 李兵，张培林，米双山. 机械故障信号的数学形态学分析与智能分类. 北京：国防工业出版社，2011：16-29.

[3] Yan X A，Jia M P，Zhang W，et al. Fault diagnosis of rolling element bearing using a new optimal scale morphology analysis method. Isa Trans.，2018，73：165-180.

[4] 钱林，康敏，傅秀清，等. 基于VMD的自适应形态学在轴承故障诊断中的应用. 振动与冲击，2017，36（3）：227-233.

[5] Shen C，He Q，Kong F，et al. A fast and adaptive varying-scale morphological analysis method for rolling element bearing fault diagnosis. P. I. Mech. Eng. C-J. Mec.，2013，227（6）：1362-1370.

[6] 李兵，张培林，刘东升，等. 基于自适应多尺度形态梯度变换的滚动轴承故障特征提取. 振动与冲击，2011，30（10）：104-108.

[7] Anil K，Zhou Y Q，Xiang J W. Optimization of VMD using kernel-based mutual information for the extraction of weak features to detect bearing defects. Measurement，2011，168：108402.

[8] 杨贤昭. 基于经验模态分解的故障诊断方法研究. 武汉：武汉科技大学，2012.

[9] Benzi R，Sutera A，Vulpiani A. The mechanism of stochastic resonance. J. Phys. A：Math. Gen.，1981，14（11）：453-457.

[10] Nicolis C，Nicolis G. Stochastic aspects of climatic transitions-additive fluctuations. Tellus，1981，33（3）：225-234.

[11] Fauve S，Heslot F. Stochastic resonance in a bistable system. Phys. Lett.，1983，97（1）：5-7.

[12] Mcnamara B，Wiesenfeld K，Roy R. Observation of stochastic resonance in a ring laser. Phys. Rev. Lett.，1988，60（25）：2626.

[13] Gammaitoni L，Marchesoni F，Menichella-Saetta E，et al. Stochastic resonance in bistable systems. Phys. Rev. Lett.，1989，62（4）：349.

[14] Dong X J，Yan A J. Stochastic resonance in a linear static system driven by correlated multiplicative and additive noises. Appl. Math. Mod.，2014，38（11）：2915-2921.

[15] 李一博，张博林，刘自鑫，等. 基于量子粒子群算法的自适应随机共振方法研究. 物理学报，2014，63（16）：36-43.

[16] 党建. 大型旋转机械振动信号分析与早期故障辨识方法研究. 重庆：西南理工大学，2018.

[17] 赖志慧. 基于Duffing振子混沌和随机共振特性的微弱信号诊断方法研究. 天津：天津大学，2014.

[18] 沈庆根，郑水英. 设备故障诊断. 北京：化学工业出版社，2006：287.

[19] Dragomiretskiy K，Zosso D.Variational mode decomposition. IEEE T. Signal Process.，2014，62（3）：531-544.

[20] Smith W A，Randall R B. Rolling element bearing diagnostics using the Case Western Reserve University data：A benchmark study. Mech. Syst. Signal Pr.，2015，64-65：100-131.

[21] 马鲁，陈国初，王海群. 基于EMD-K-HT的风电机组滚动轴承故障特征提取方法研究. 电力学报，2015，30（2）：105-110.

[22] 万书亭，詹长庚，豆龙江. 滚动轴承故障特征提取的EMD-频谱自相关方法. 振动、测试与诊断，2016，36（6）：1161-1167.

[23] 周易文，陈金海，王恒，等. 基于噪声辅助信号特征增强的滚动轴承早期故障诊断. 振动与冲击，2020，39（15）：66-73.

[24] 冷永刚，赖志慧，范胜波，等. 二维Duffing振子的大参数随机共振及微弱信号诊断研究. 物理学报，2012，

61（23）：230502-230506.

[25] Yan R Q，Gao R X. Approximate entropy as a diagnostic tool for machine health monitoring. Mech. Syst. Signal Pr.，2007，21（2）：824-839.

[26] Lempel A，Ziv J. On the complexity of finite sequences. IEEE T. Inform. Theory，1976，22（1）：75-81.

[27] Han B，Wang S，Zhu Q Q，et al. Intelligent fault diagnosis of rotating machinery using hierarchical Lempel-Ziv complexity. Appal. Sci.，2022，10（12）：4221.

[28] Yan R Q，Liu Y B，Gao R X. Permutation entropy：A nonlinear statistical measure for status characterization of rotary machines. Mech. Syst. Signal Pr.，2012，29（5）：474-484.

[29] 张建伟，侯鸽等. 排列熵算法在水工结构损伤诊断中的应用. 振动、测试与诊断，2018，38（2）：234-240.

[30] 郑近德，刘涛，孟瑞等. 基于广义复合多尺度排列熵与 PCA 的滚动轴承故障诊断方法. 振动与冲击，2018，37（20）：61-66.

[31] 陈东宁，张运东，姚成玉，等. 基于 FVMD 多尺度排列熵和 GK 模糊聚类的故障诊断. 机械工程学报，2018，35（6）：78-88.

[32] Bandt C，Pompe B. Permutation entropy：A natural complexity measure for time series. Phys. Rev. Lett.，2002，88（17）：1-4.

[33] Tan J Y，Chen X F，Wang J Y，et al. Study of frequency-shifted and re-scaling stochastic resonance and its application to fault diagnosis. Mech. Syst. Signal Pr.，2014，23（3）：811-822.

第4章　基于非参数贝叶斯和HMM的滚动轴承性能退化评估

机械设备在运行过程中，都会历经正常状态、不同程度退化状态、故障状态等一系列的退化阶段。如果能够在设备性能退化的过程中及时监测设备运行状态，并分析其退化的程度，跟踪早期故障、预警严重故障，就可以有针对性地进行设备维护，有效地防止因设备突然损坏而引起的重大事故的发生。本章以滚动轴承为研究对象，研究了基于非参数贝叶斯模型与隐马尔可夫模型相结合的轴承性能退化评估方法，为滚动轴承运行状态自适应辨识提供了新的思路和方法。

4.1　隐马尔可夫模型的介绍

4.1.1　隐马尔可夫模型基本参数

隐马尔可夫模型（hidden Markov model，HMM）是一个双重随机过程：一个是 Markov 链，用来描述隐状态间的转移概率，这是一个基本随机过程；另一个是描述每个隐状态下产生观测值的一般随机过程。HMM 的这种双重随机特性非常适合于随机过程时间序列统计建模，特别是非平稳、重复再现性不佳的时间序列信号分析[1]。HMM 参数的定义及实际意义如表 4-1 所示。

表 4-1　HMM 参数的定义及实际意义

参数	定义	实际意义
N	隐状态数目	设备不同运行状态 $S_1,S_2,\cdots,S_N$
T	观测值数目	设备状态监测数据 $o_1,o_2,\cdots,o_T$
$\boldsymbol{A}$	状态转移概率矩阵	设备不同状态转移概率 $\boldsymbol{A}=\{a_{ij}\}$
$\boldsymbol{B}$	观测值概率分布	观测数据的概率分布 $\boldsymbol{B}=\{b_j(k)\}$
$\boldsymbol{\pi}$	初始状态概率分布	设备初始运行状态 $\boldsymbol{\pi}=\{\pi_1,\pi_2,\cdots,\pi_N\}$

图 4-1 为HMM 某一状态下的隐马尔可夫双随机过程。其中，$o_t \in O=\{o_1,o_2,\cdots,o_T\}$

表示测得的某一时间段内的观测值序列，与隐状态相关联，$q_t \in S=\{S_1,S_2,\cdots,S_N\}$ 为与之对应的隐状态。

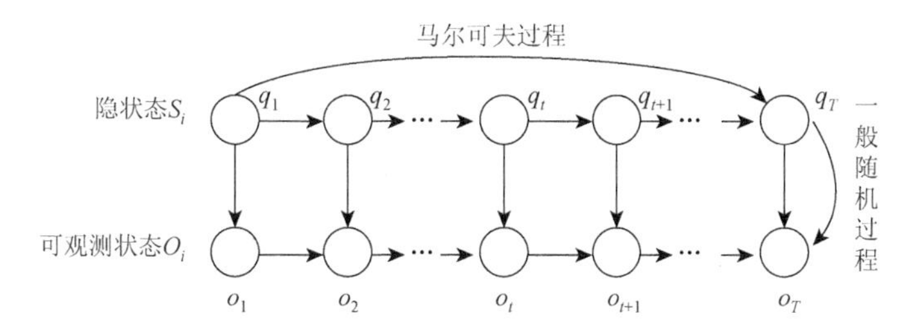

图 4-1　隐马尔可夫双随机过程

4.1.2　隐马尔可夫模型初始化

HMM 有 $\boldsymbol{\pi}$ 、 $\boldsymbol{A}$ 、 $\boldsymbol{B}$ 三个参数，需要对其进行初始化，其中，$\boldsymbol{\pi}$ 和 $\boldsymbol{A}$ 的初始化对模型训练结果影响不大，在满足约束条件下可随机初始化 $\boldsymbol{\pi}$ 和 $\boldsymbol{A}$ 。

一般而言，机械设备在使用过程中均是从正常状态向故障状态转移，因此，初始状态概率向量为 $\boldsymbol{\pi}=[1,0,\cdots,0]_{1\times N}$ 。

状态转移概率矩阵 $\boldsymbol{A}$ 描述了 HMM 中各个状态之间的转移概率，$\boldsymbol{A}=\{a_{ij}\}_{N\times N}$ ，其中，$a_{ij}=P(S_j \mid S_i),1\leqslant i,j\leqslant N$ 表示在 t 时刻、状态为 S_i 的条件下，在 $t+1$ 时刻状态是 S_j 的概率。机械设备在运行过程中，各个状态转移过程是不可逆的，只能在一个状态持续一段时间或向下一个状态发生跳变，因此，转移概率矩阵 $\boldsymbol{A}$ 是一个上三角矩阵，即

$$\boldsymbol{A}=\begin{bmatrix} a_{1,1} & a_{1,2} & \cdots & a_{1,N} \\ 0 & a_{2,2} & \cdots & a_{2,N} \\ \vdots & \vdots & & \vdots \\ 0 & 0 & \cdots & 1 \end{bmatrix},\quad 0\leqslant a_{ij}\leqslant 1;\sum_{j=1}^{N} a_{ij}=1 \tag{4.1}$$

观测值概率矩阵 $b_{jk}=P(o_k \mid S_j)(1\leqslant k\leqslant T,1\leqslant j\leqslant N)$ 描述了 HMM 观察值的概率， $\boldsymbol{B}=\{b_{jk}\}_{N\times M}$ ，其中 $b_{jk}=P(o_k \mid S_j)(1\leqslant k\leqslant T,1\leqslant j\leqslant N)$ 表示在 t 时刻、隐状态是 S_j 条件下，观测值为 o_k 的概率。因此，矩阵 $\boldsymbol{B}$ 为一个条件概率表，且满足和为 1。

4.1.3　隐马尔可夫模型的三个基本问题

1. 前向算法

已知模型参数及机械设备观察值序列，计算给定的观察序列在已知模型

下的概率，其中定义前向变量 $\alpha_i(i)$ 表示从初始时刻到 t 时刻模型的观测序列为 $o_1,o_2,\cdots,o_t$，且 t 时刻模型处于隐状态 i 的联合概率，其算法示意图如图 4-2 所示。

$$\alpha_t(i)=P(o_1,o_2,\cdots,o_t,q_t=S_i\mid\lambda) \tag{4.2}$$

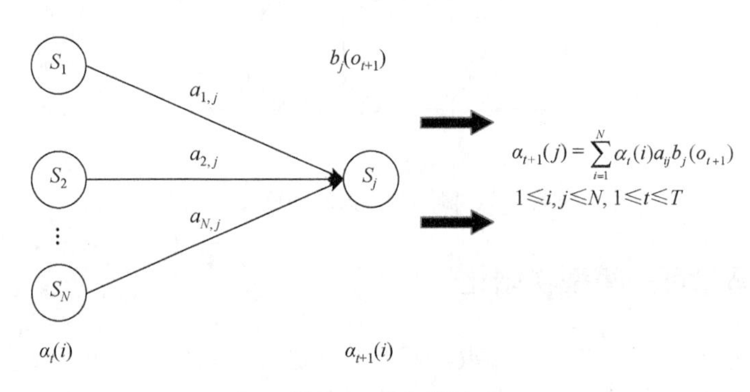

图 4-2　前向算法

在前向算法中，递推法是解决问题的关键。递推法是从一个已知的值出发，按照一定的规律推出下一个值，再利用这个值按规律推出下一个新的值。在该算法中，首先需要知道设备状态初值 π_i 及初始前向变量 $\alpha_t(i)$，因此前向变量 $\alpha_t(i)$ 的初始化为 $\alpha_1(i)=\pi_i b_i(o_1)$，再按照图 4-2 中的转移关系确定递推公式，最终实现前向变量 $\alpha_t(i)$ 的确定。

2. *后向算法*

后向算法与前向算法类似，定义后向变量 $\beta_t(i)$ 表示已知模型参数和 t 时刻模型处于状态 i 的条件下，从 $t+1$ 时刻到最终时刻模型 $o_{t+1},o_{t+2},\cdots,o_T$ 的联合概率。

$$\beta_t(i)=P(o_{t+1},o_{t+2},\cdots,o_T\mid q_t=S_i,\lambda) \tag{4.3}$$

在后向算法中，递推是简化算法的核心步骤，后向变量的初始化为观测数据最后时刻（T 时刻）的状态，设备最终失效而停止工作，因此 $\beta_T(i)=1$，按照图 4-3 中递推关系实现后向变量的更新。

3. *前后向算法*

前后向算法又称 Baum-Welch 算法，Baum-Welch 算法是前向算法与后向算法的结合，根据一个已知模型观察值序列和与其有关的一个隐状态集，通过不断训练更新模型参数使可观测序列概率最大。其算法示意如图 4-4 所示。

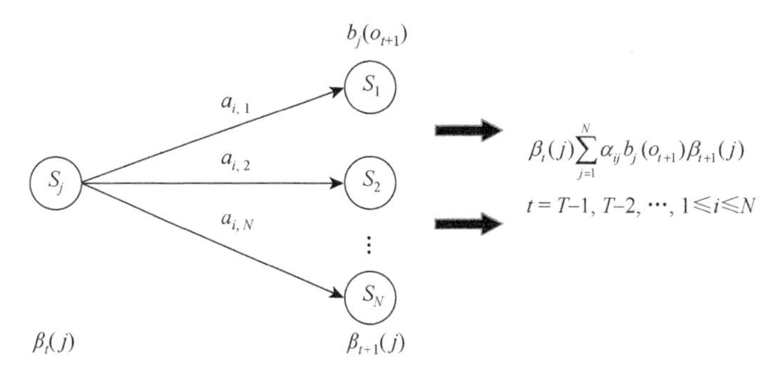

图4-3　后向算法

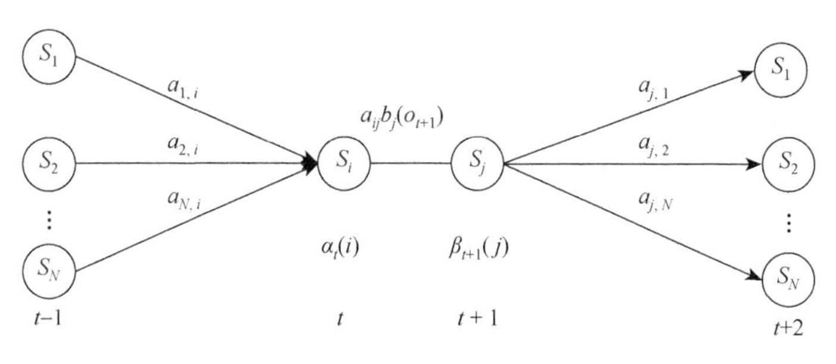

图4-4　前后向算法

定义中间变量$\xi_t(i,j)$为机械设备在t时刻处于状态S_i且$t+1$时刻处于状态S_j的概率，其公式为

$$\xi_t(i,j)=\frac{\alpha_t(i)a_{ij}b_j(o_{t+1})\beta_{t+1}(j)}{P(O|\lambda)} \tag{4.4}$$

式中，$P(O|\lambda)=\sum_{i=1}^{N}\sum_{j=1}^{N}\alpha_t(i)a_{ij}b_j(o_{t+1})\beta_{t+1}(j)$。

转移概率a_{ij}表示设备每个时刻t下，退化由状态i转移到状态j的概率。因此，利用Baum-Welch算法不断迭代更新中间变量$\xi_t(i,j)$可以得到转移概率矩阵a_{ij}的概率，从而能够得出最终的隐状态转移概率矩阵。

定义$\gamma_t(i)$为给定模型参数λ和观测值序列O的条件下，t时刻模型处于状态i的概率，可以表示为

$$\gamma_t(i)=\frac{P(q_t=S_i|O,\lambda)}{P(O|\lambda)}=\frac{\alpha_t(i)\beta_t(i)}{\sum_{i=1}^{N}\alpha_t(i)\beta_t(i)}=\sum_{j=1}^{N}\xi_t(i,j) \tag{4.5}$$

4. 维特比算法

已知训练好的HMM参数和机械设备观察值序列，通过维特比算法可以计算

出设备所有可能运行状态转移路径的概率值，最终将概率最大的路径定为机械设备运行的退化状态路径，即最优隐状态序列，其算法示意如图 4-5 所示。

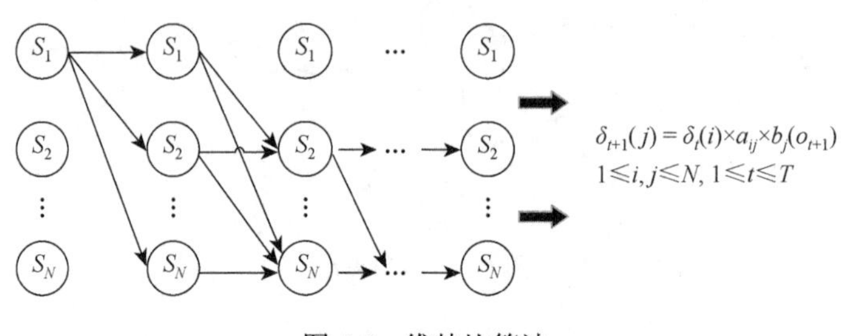

图 4-5　维特比算法

维特比算法中，局部概率 $\delta_t(i)$ 表示 t 时刻到达隐状态 i 最可能路径的概率，在求出每条路径最可能概率后，通过路径回溯，利用 argmax($\delta_t(i)$)函数求出局部最优状态序列。

4.2　基于 CHMM 的滚动轴承运行状态识别

滚动轴承的性能退化是一个输出特性参数可见、状态隐藏的随机过程，可以用 HMM 描述。假设 HMM 描述的轴承全寿命周期共有 $S=\{1,2,\cdots,N\}$ 个隐状态，用 $\{1\}$ 表示轴承正常状态，用 $\{2,3,\cdots,N-1\}$ 分别表示轴承 $N-2$ 个依次严重程度的退化状态，用 $\{N\}$ 表示失效状态，滚动轴承各时刻所属的状态可以从 N 个离散的状态中取值。到 T 时刻为止，产生的隐状态序列为 $\{s_1,s_2,\cdots,s_T\}$，$\{o_1,o_2,\cdots,o_T\}$ 是不同状态下出现的观测值，观测值 o_t 关于状态 s_t 条件独立。

由于采集到的轴承健康监测信号是连续信号，HMM 不能直接使用连续型变量，需要对数据进行离散化处理，但往往容易造成数据信息丢失。因此，采用连续隐马尔可夫模型（continuous hidden Markov model，CHMM）来描述滚动轴承运行过程中的退化状态，避免数据离散所带来的截断误差[2]。滚动轴承运行状态不能通过直接观察或者测量得到，这种由间接信息反映内部状态变化的过程具有较强的随机性，因此其概率分布可以近似地用高斯分布来描述，而采集信号中包含了各种噪声，单一高斯概率密度函数来模拟 HMM 的观测序列不能满足要求，可以通过构建混合高斯模型作为 HMM 的输入进行训练和测试。混合高斯分布由多个单一高斯分布加权组成，可以逼近任意分布，因此，将轴承观测值概率分布用 M 个混合高斯模型表示能更准确地描述其运行的退化过程[3]。

4.2.1　基于 CHMM 算法的滚动轴承性能退化评估算法

基于 CHMM 的滚动轴承性能退化评估算法如图 4-6 所示，算法步骤如下。

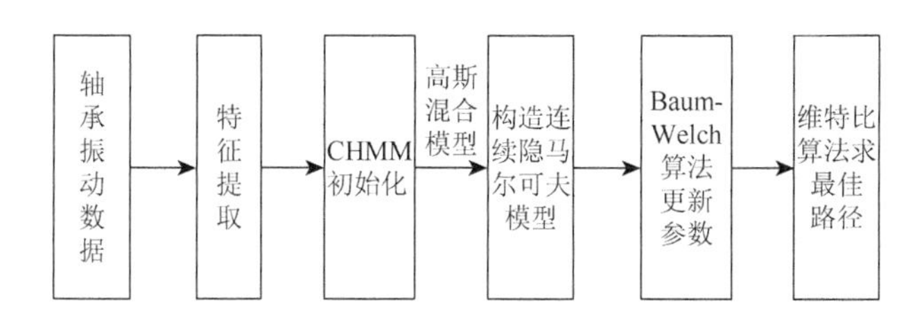

图 4-6　基于 CHMM 的滚动轴承性能退化评估算法流程

1. *CHMM 模型参数初始化*

CHMM 模型的五个基本参数 $[N,T,\boldsymbol{\pi},\boldsymbol{A},\boldsymbol{B}]$ 均需要进行初始化，其中，N 通过随机选取，T 取决于采样数据样本大小，$\boldsymbol{\pi}$ 和 $\boldsymbol{A}$ 的初始化根据 4.1.2 节进行设置，$\boldsymbol{B}$ 由 k-means 算法来初始化参数。k-means 算法是典型的基于距离的聚类算法，即认为两个对象的距离越近，其相似性就越大[4]。因此，选取轴承振动峭度指标特征值进行模型参数训练，将峭度指标作为 k-means 算法输入初始化 CHMM 模型观测值概率密度函数 B 的均值和协方差。k-means 算法的主要步骤如下。

步骤 1：首先随机设定滚动轴承隐含的状态数，并初步设定混合高斯权重为 $M=3$（M 表示混合高斯分布数目），作为初始聚类中心。

步骤 2：采用最小距离原则使各种样本向各个中心积聚，从而得到初始的分类，最小距离原则使用欧氏距离，二维欧氏距离为两点之间的实际距离。

步骤 3：找出分类得到的最短距离和与之对应的最小位置，用单位矩阵标记出最小位置。

步骤 4：将分出的类别找出，求出每类数据之和以及聚类总数（求平均值），得到新的聚类点，更新该类的中心值。

步骤 5：新的中心点与旧的中心点之差小于 10^{-4}，迭代停止，否则，就修改分类，继续迭代。

利用 k-means 算法运行快速简单，且分类效果良好，因此本节利用 k-means 算法实现 CHMM 观测值概率矩阵 $\boldsymbol{B}$ 的初始参数选择。混合高斯模型实际上是几组单个高斯概率密度函数的加权和，在描述轴承数据特征量时，一个高斯概率密度函数不足以表示轴承的全部运行状态，而混合高斯模型几乎可以逼近任意分布，

因此，本节采用混合高斯来拟合轴承全寿命数据的分布。混合高斯概率密度函数表示为

$$b_{t,n}(O)=\sum_{m=1}^{M}w_{nm}\times b_{t,nm}=\sum_{m=1}^{M}w_{nm}\times\frac{1}{(2\pi)^{d/2}}\times\frac{1}{|C_{nm}|^{1/2}}\times\exp\left(-\frac{1}{2C_{nm}}\times(o_t-\mu_{nm})^{\mathrm{T}}(o_t-\mu_{nm})\right) \tag{4.6}$$

式中，d 为维数；M 为高斯数目；w 为混合权重；μ 为均值；C 为方差；m 为混合高斯分布数目。对其参数进一步解释如下。

（1）$\boldsymbol{w}$ 为混合权重：

$$\boldsymbol{w}=\begin{bmatrix} w_{11} & w_{12} & \cdots & w_{1M} \\ w_{21} & w_{22} & \cdots & w_{2M} \\ \vdots & \vdots & & \vdots \\ w_{N1} & w_{N2} & \cdots & w_{NM} \end{bmatrix},\quad w_{nm}\geqslant 0;\sum_{m=1}^{M}w_{nm}=1 \tag{4.7}$$

式中，w_{nm} 表示状态 n 中第 m 个高斯密度函数的权重。

（2）$\boldsymbol{\mu}$ 为均值矢量：

$$\boldsymbol{\mu}=\begin{bmatrix} \mu_{11} & \mu_{12} & \cdots & \mu_{1M} \\ \mu_{21} & \mu_{22} & \cdots & \mu_{2M} \\ \vdots & \vdots & & \vdots \\ \mu_{N1} & \mu_{N2} & \cdots & \mu_{NM} \end{bmatrix} \tag{4.8}$$

式中，μ_{nm} 表示状态 n 中第 m 个高斯密度函数的均值矢量。

（3）$\boldsymbol{C}$ 为协方差矩阵：

$$\boldsymbol{C}=\begin{bmatrix} C_{11} & C_{12} & \cdots & C_{1N} \\ C_{21} & C_{22} & \cdots & C_{2N} \\ \vdots & \vdots & & \vdots \\ C_{N1} & C_{N2} & \cdots & C_{NM} \end{bmatrix} \tag{4.9}$$

式中，C_{nm} 表示状态 n 中第 m 个高斯密度函数的协方差矩阵。

2. CHMM 参数更新

参数估计一般运用最大似然估计法，最大似然估计是一种统计方法，用来求一个已知样本集的相关概率密度函数的参数。现将轴承全寿命观测数据特征值 $o_1,o_2,\cdots,o_T$ 作为样本集，已知样本集服从高斯分布，高斯概率密度函数为 $b(O)$，其中高斯分布的参数为 θ，θ 为样本均值 μ 和协方差矩阵 $\boldsymbol{C}$，最大似然估计就是

用已知的轴承数据去估计出现这一结果的最可能参数值。用 $L(\theta)$ 表示参数 θ 相对于样本集 O 的似然函数，样本集中每个样本都服从高斯分布 $b(o_t\mid\theta)$，因此，每个样本子集的联合概率就是该样本的似然函数，求 θ 的所有取值，使该函数最大化，这个使模型概率最大的值即被称为 θ 的最大似然估计。然而，本节假设轴承振动数据特征量服从混合高斯分布，每一个观测数据特征量属于哪个高斯分布还是未知的，因此每一个高斯概率密度函数都有不同的样本均值 μ_{nm} 和协方差 C_{nm}，又由于轴承隐状态数目未知，因此这可以看作一个含有隐变量的参数估计问题，解决这一问题的经典算法就是最大期望（expectation maximization，EM）算法，EM 算法是 Baum-Welch 算法的基础。

EM 算法一般用来求样本分布未知的概率参数模型的最大似然估计[5]，在 CHMM 中，权重、均值和方差均需要进行参数重估，EM 算法参数估计分为两个步骤，即计算期望 E（expectation）和最大化 M（maximization），重复交替 E、M 步骤并将极值推向最大，该算法的收敛性利用 ln 函数的性质，通过建立下界、调整下界、优化下界的算法逐步逼近极大值。

（1）计算期望 E：利用上述的 *k*-means 算法估计模型参数 θ 的初始值，给出参数的初始估计。用隐含变量 z 表示未知的轴承退化状态数，创建一个可观测值和隐含变量联合概率的对数似然函数，利用初始参数 θ 推导出隐含变量 z 的后验概率。

$$L(\theta)=\sum_m \ln P(O;\theta) \tag{4.10a}$$

$$=\sum_m \ln\sum_z P(O,z;\theta) \tag{4.10b}$$

$$=\sum_m \ln\sum_z Q(z)\frac{P(O,z;\theta)}{Q(z)} \tag{4.10c}$$

$$\geqslant\sum_m \sum_z Q(z)\ln\frac{P(O,z;\theta)}{Q(z)} \tag{4.10d}$$

式（4.10a）～式（4.10b）是可观测值 O 和隐含变量 z 的联合概率对数似然函数；式（4.10c）中，设 Q 是隐含变量 z 的概率密度函数，则其满足 $\sum_z Q(z)=1$；因为 ln 函数是凹函数，由 Jensen 不等式可知，式（4.10d）满足不等式 $f(E(x))\geqslant E(f(x))$：

$$Q(z(i))=\frac{P(O,z(i);\theta)}{\sum_z P(O,z;\theta)}=\frac{P(O,z(i);\theta)}{P(O;\theta)}=P(z(i)\mid O,\theta) \tag{4.11}$$

式（4.11）为已知模型初始参数 $\theta=[w,\mu,C]$ 下 $Q(z(i))$ 的计算，经推导可知即为隐含变量 z 的后验计算。

（2）最大化 M：重新估计模型参数 θ，使得该期望的似然性最大。定义 γ_i

为已知模型参数下隐含变量 z 为 i 的概率，将式（4.10d）具体化，似然函数可展开为

$$L(\theta)=\sum_{m}\sum_{z}Q(z)\ln\frac{P(O,z;\theta)}{Q(z)}$$
$$=\sum_{m=1}^{M}\sum_{n=1}^{N}\gamma^{n}\ln\frac{w_{nm}\times\dfrac{1}{(2\pi)^{d/2}}\times\dfrac{1}{|C_{nm}|^{1/2}}\times\exp\left(-\dfrac{1}{2C_{nm}}\times(o_t-\mu_{nm})^{\mathrm{T}}(o_t-\mu_{nm})\right)}{\gamma^{n}}\tag{4.12}$$

式中，M 表示混合高斯数目；N 表示隐状态数目（$z=[1,2,\cdots,N]$）。

分别对式（4.12）中的参数 $\theta=[w,\mu,C]$ 求偏导，则参数重估公式可写为

$$\begin{cases}w_n=\dfrac{1}{M}\sum\limits_{m=1}^{M}\gamma^{n}\\ \mu_n=\dfrac{\sum\limits_{m=1}^{M}\gamma^{n}o_t}{\sum\limits_{m=1}^{M}\gamma^{n}}\\ \xi_n=\dfrac{\sum\limits_{i=1}^{M}\gamma(o_t-\mu)(o_t-\mu)^{\mathrm{T}}}{\sum\limits_{m=1}^{M}\gamma^{n}}\end{cases}\tag{4.13}$$

将上述的 E、M 步骤交替进行，E 步更新 $Q(z)$ 的值，M 步更新模型参数 θ，以此类推，再用上一次迭代的参数值作为已知量，估计下一步的参数值，使得训练样本的似然概率逐渐增大，最后收敛于一个极大值点。EM 算法可以看成一个逐次逼近算法：先通过 k-means 算法给定初始参数 θ，计算每个训练样本的可能的似然概率，在当前的状态下再由样本对参数修正，重新估计参数 θ，并在新的参数下重新确定模型的状态，这样，通过多次的迭代直到满足收敛条件，就可以认为该模型的参数已经接近真实参数。

3. 状态路径确定

通过维特比算法计算出轴承所有运行状态转移路径的概率值并求出其中的最大值，即为 $\delta_t(j)=\max\limits_{1\leqslant i\leqslant N}(\delta_{t-1}(i)a_{ij})b_j(o_t)$，局部概率 $\delta_t(i)$ 表示截止 t 时刻，轴承处于退化状态 i 下最可能的退化路径，最终将该概率最大的路径确定为轴承实际运行的退化状态路径，根据状态路径回溯，即得到轴承退化状态曲线。

4.2.2　应用研究

采用美国 USFI/UCR 智能维护中心的轴承全寿命数据进行验证分析。根据 4.2.1 节 CHMM 算法流程，分别提取轴承 1 振动信号的峭度指标和均方根指标作为 CHMM 的输入，依次初始化 CHMM 的参数，利用 k-means 算法初始化高斯混合密度函数的均值和方差，建立高斯混合模型。通过 Baum-Welch 算法训练 CHMM 参数，得到更新后的模型转移概率矩阵 $\boldsymbol{A}$ 和观测值矩阵 $\boldsymbol{B}$，再由维特比算法求得轴承运行过程中隐含的退化状态转移路径。图 4-7 为初始隐状态数 N 为 4、5、6、7 时的轴承 1 运行状态识别结果。

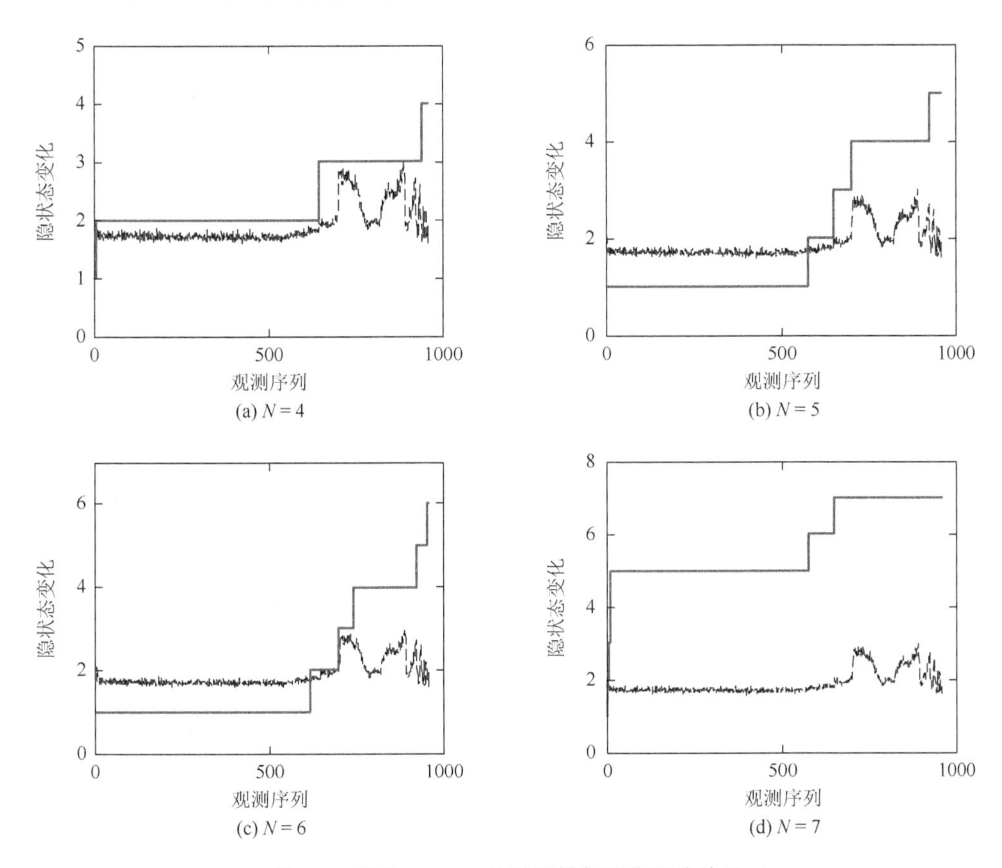

图 4-7　基于 CHMM 的轴承性能退化评估结果

由图 4-7 可知，CHMM 可以识别出轴承 1 的不同退化状态。但是在退化状态数的选择时，不同隐状态数 N 的设定对模型结果影响很大。因此，有必要进一步研究 CHMM 中 N 值的初始化问题。

4.3 非参数贝叶斯基本理论简介

4.3.1 贝叶斯统计学理论

统计学中有两个主要学派：频率学派和贝叶斯学派[6]。贝叶斯学派的基本观点是：任意一个未知量都可以看作随机变量，并用一个概率分布去描述，这个概率分布来源于之前已有的关于参数的先验信息，贝叶斯统计学分析最后都归纳为后验均值、后验方差、后验分布的计算，贝叶斯学派很重视已出现的样本观察值，对先验信息进行收集、统计分析，使之形成先验分布。如今，贝叶斯统计越来越成熟，已广泛应用于社会科学、经济学、可靠性技术等领域中。

1. 贝叶斯公式

贝叶斯公式表示为

$$P(u \mid D) = P(D \mid u)P(u)/P(D) \tag{4.14}$$

式中，D 是给定的一个样本集合；$P(u \mid D)$ 是后验概率——已知样本数据后模型参数服从的概率；$P(D \mid u)$ 是似然概率——在给定的模型参数 u 下样本数据服从这一概率模型的相似程度；$P(u)$ 是 u 的先验概率——根据以往经验和分析得到的 u 的概率分布。贝叶斯公式是贝叶斯学派中已知先验分布求后验信息的关键。

2. 先验概率与后验概率

先验概率是指根据以往经验和分析得到的概率，一般来说，先验信息主要来源于经验和历史资料，通过对先验知识的加工获得的分布称为先验分布，先验分布反映抽样前对参数的认识。

后验概率是基于新的信息，利用贝叶斯公式修正原来的先验概率所获得的更接近实际情况的概率估计。后验概率是事情已经发生，求这件事情是由某个因素所引起的条件概率[6]。

先验概率与后验概率有不可分割的联系，后验概率的计算要以先验概率为基础，后验概率可以根据贝叶斯公式，用先验概率和似然函数计算出来。

3. 共轭先验

在贝叶斯公式中，如果先验分布和似然函数使得后验分布具有和先验分布相同的形式，那么就称先验概率就是对应于似然函数的共轭先验，共轭先验使得后验概率的密度函数与先验概率的密度函数具有相同的函数形式，它极大地简化了模型分析与计算，在模型运用贝叶斯推断时，如果有新的观测数据产生，就把上一次的后验概率作为先验概率，乘以新数据的似然函数，就能更新到新的后验概率，常见的共轭先验分布如表 4-2 所示。

表 4-2　常见的共轭先验分布

似然函数 $P(x\mid\theta)$	共轭先验 $P(\theta)$	后验概率 $P(\theta\mid x)$
二项分布 Binomial(N,μ)	贝塔分布 Beta(a,b)	Beta$(a+n,b+N-n)$
泊松分布 Poisson(θ)	伽马分布 Gamma(α,λ)	Gamma$(\alpha+n,\lambda+1)$
正态分布 Normal(θ,δ)	正态分布 Normal(μ_0,δ_0)	Normal(μ,τ^2)
多项式分布 Multi$(\theta_1,\cdots,\theta_k)$	狄利克雷分布 Dir$(\alpha_1,\cdots,\alpha_k)$	Dir$(\alpha_1+n_1,\cdots,\alpha_k+n_k)$

4. 超参数

在贝叶斯统计学中，假设分布的参数是随机变量，该参数分布中的参数就是超参数，也就是参数的参数。

5. 常见分布

下面介绍本节使用的一些常见分布及其性质[7]。

1）贝塔分布

贝塔分布公式为

$$\mathrm{Beta}(\mu\mid a,b)=\frac{\Gamma(a+b)}{\Gamma(a)\Gamma(b)}\mu^{a-1}(1-\mu)^{b-1} \tag{4.15}$$

式中，a、b 是分布参数，由表 4-2 可知，贝塔分布是二项分布的共轭先验，利用贝叶斯公式，将贝塔先验乘以二项分布似然函数，得到贝塔分布后验公式：

$$P(\mu\mid m,l,a,b)=\frac{\Gamma(m+a+l+b)}{\Gamma(m+a)\Gamma(l+b)}\mu^{m+a-1}(1-\mu)^{l+b-1} \tag{4.16}$$

由式（4.16）可知，贝塔分布就是二项分布的共轭先验分布。

2）伽马分布

Γ 函数，也称为伽马函数（Gamma 函数），是阶乘函数在实数与复数上的扩展。对于实数部分为正的复数 z，伽马函数定义为

$$\Gamma(z)=\int_0^{\infty}\frac{t^{z-1}}{\mathrm{e}^t}\mathrm{d}t \tag{4.17}$$

对于伽马分布，有如下性质：$\Gamma(t+1)=t\Gamma(t)$，由此可以推出，对于正整数 t，有 $\Gamma(t+1)=t!$。

3）高斯分布

高斯分布又称正态分布，在日常生产生活与科学实验中很多随机变量的概率

分布都可以近似地用正态分布来描述，一般来说，如果一个量是由很多独立随机因素组成的，那么这个量一般服从正态分布。

若随机变量 $\boldsymbol{X}$ 服从一个高斯分布，均值为 μ，方差为 Σ，其概率密度函数可以表示为

$$f(x)=\frac{1}{\sqrt{2\pi\Sigma}}\exp\left(-\frac{(x-\mu)^2}{2\Sigma}\right),\quad \Sigma>0 \tag{4.18}$$

若随机变量 $\boldsymbol{X}=(x_1,x_2,\cdots,x_p)'$ 服从 p 元高斯分布，均值为 μ，方差为 Σ，其概率密度函数为

$$f(x_1,x_2,\cdots,x_p)=\frac{1}{(2\pi)^{\frac{p}{2}}\,|\,\Sigma\,|^{\frac{1}{2}}}\exp\left(-\frac{1}{2}(x-\mu)'\Sigma^{-1}(x-\mu)\right),\quad \Sigma>0 \tag{4.19}$$

4）威沙特分布

若 $\boldsymbol{X}$ 服从威沙特分布，即 $\boldsymbol{X}\sim W_p(n,\Sigma)$，且 $\Sigma>0,n>p$，则 $\boldsymbol{X}$ 的分布密度函数为

$$f(x)=\frac{|\,x\,|^{\frac{1}{2}(n-p-1)}\exp\left(-\frac{1}{2}\mathrm{tr}\Sigma^{-1}x\right)}{2^{\frac{np}{2}}\pi^{\frac{p(p-1)}{2}}\,|\,\Sigma\,|^{\frac{n}{2}}\prod_{i=1}^{p}\Gamma\left(\frac{n-i+1}{2}\right)} \tag{4.20}$$

5）多项式分布

如果 x 的取值有 K 种情况，就称 x 服从多项分布，往往用维数为 K 的矢量来描述，矢量中仅有一个 x_k 取值为 1，其余值全为 0，用多项式分布来描述 x 取第 k 个值。这样其概率分布可以描述为

$$P(x\,|\,\mu)=\prod_{k=1}^{K}\mu^{x_k},\quad \sum_{k}\mu_k=1 \tag{4.21}$$

狄利克雷过程（Dirichlet process，DP）作为一种变参数贝叶斯方法，其主要用途就是作为变参数问题中的先验分布，其中 $\mu_k\geqslant 0$ 且当多项分布的事件进行多次时，x 取 1～K 项事件分别发生 m_k 次的概率则为

$$\mathrm{Mult}(m_1,m_2,\cdots,m_k\,|\,\mu,N)=\begin{bmatrix}N\\ m_1\ m_2\ \cdots m_K\end{bmatrix}\prod_{k=1}^{K}\mu_k^{m_k} \tag{4.22}$$

4.3.2 非参数贝叶斯模型

传统的参数贝叶斯模型需要假设参数服从先验分布，而在通常情况下，我们并不能事先确定模型的参数，根据经验做出的参数假设也不一定是正确的，这种先验假设具有较强的主观性，对于复杂数据分布拟合问题，往往会偏离实际的情

形。为弥补传统参数模型的不足与局限性，一种非参数贝叶斯模型（nonparametric Bayes model）近年来被提出，它为非参数模型选择和自适应变化提供了一个贝叶斯框架，能够直接从数据中学习概率分布等目标函数。

非参数贝叶斯模型认为参数服从一类样本空间上的先验分布，是一种无须进行参数假设的概率模型，非参数贝叶斯模型的关键问题就是找到合适的先验分布。DP 作为一种典型的非参数贝叶斯模型，其主要用途就是作为非参数问题中的先验分布[8, 9]，DP 可以拟合任意类型的概率分布，且其与多项式分布互为共轭分布，因此在观测值的基础上 DP 后验分布是便于分析与计算的。近年来 DP 模型已成为机器学习、文本处理和自然语言处理领域中的一个研究热点，广泛应用于各种聚类问题中[10-12]。

1. DP 定义

Ferguson 首次提出狄利克雷过程的定义，G_0 是测度空间 Θ 上的随机概率测度，参数 α 为正实数[12]。对于测度空间 Θ 的任意有限划分 $A_1,\cdots,A_r$，存在如下关系：

$$(G(A_1),G(A_2),\cdots,G(A_r))\sim \mathrm{Dir}(\alpha G_0(A_1),\alpha G_0(A_2),\cdots,\alpha G_0(A_r)) \tag{4.23}$$

式中，Dir 表示狄利克雷分布。则 G 服从由基础分布 G_0 和参数 α 组成的狄利克雷过程，即

$$G\sim \mathrm{DP}(\alpha,G_0) \tag{4.24}$$

2. DP 构造

DP 定义无法实现对 DP 过程的采样，在实际应用中往往采用不同形式的构造实现 DP 的应用。截棍构造（stick-breaking construction）可以用于独立构造服从狄利克雷过程的随机样本[12]，截棍构造设有两个参数，即 α 和 G_0，随机概率质量 π_k 可以通过如下方式构造：对长度为 1 的棍在比例 β_1 处切割，并将切掉的这部分长度赋值给 π_1，而后对剩余长度为 $1-\beta_1$ 的棍在其比例 β_2 处切割，并将切掉的棍的长度赋值给 π_2，而后按照相同的方式对剩余的棍在比例 β_k 处切割，并将切掉的棍的长度赋值给 π_k，记为 $\pi_k\sim \mathrm{GEM}(\alpha)$，截棍构造示意如图 4-8 所示。

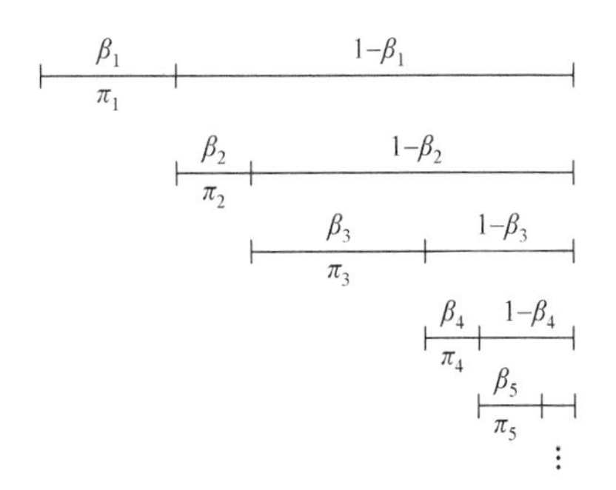

图 4-8　截棍构造示意图

随机概率分布 G 构造如下：

$$\begin{cases} \beta_k \mid \alpha_0, G_0 \sim \text{Beta}(1,\alpha), & \theta_k \mid \alpha, G_0 \\ \pi_k = \beta_k \prod_{l-1}^{k-1}(1-\beta_l), & G = \sum_{k=1}^{\infty} \pi_k \delta\theta_k \end{cases} \tag{4.25}$$

式中，随机概率质量π_k通过以α为参数的贝塔分布产生，随机原子序列θ_k从基础分布G_0抽样。

和截棍构造类似，中国餐馆过程（Chinese restaurant process，CRP）构造如下[12]：一中国餐馆内可以容纳无限多张桌子，所有桌子上都贴上标签$1\sim K$，进入餐馆的顾客可以挑一张桌子坐下。θ_i表示第i个进入餐厅的顾客，而不同的φ_k值表示餐桌。第一个顾客以概率1就座于一张新桌子，第i个顾客以概率$\dfrac{m_n}{N-1+\alpha}$就座于一张已坐下m_n个顾客的旧桌子，以概率$\dfrac{\alpha}{N-1+\alpha}$就座于一张新桌子，即$n$增加1，而$\varphi_k \sim G_0, \theta_i = \varphi_k$，$n$为进入餐馆的顾客总数。如图4-9所示，圆圈代表桌子，方框代表进入餐馆的顾客。

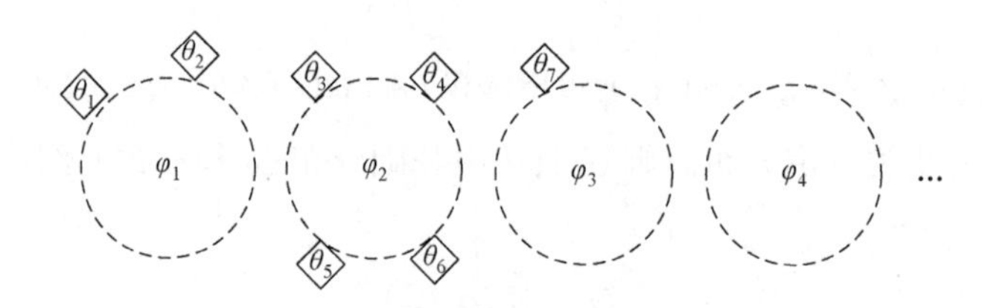

图4-9　CRP构造

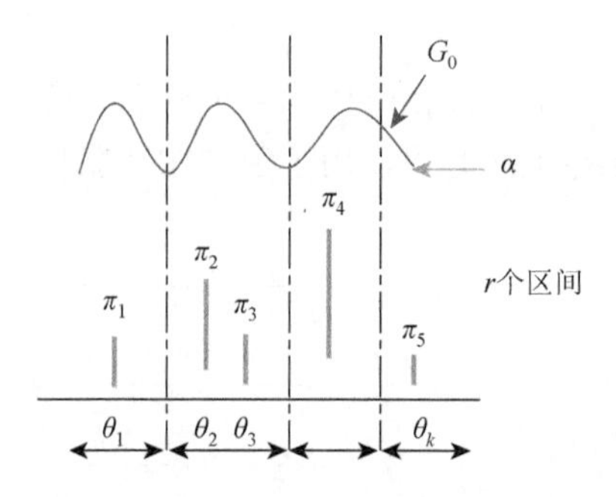

图4-10　DP模型基本原理

如图4-10所示为DP模型基本原理图，G是随机测度，G_0为任意一个基础分布，α表示这一基础分部的离散程度，现任意划分r个区间，每个区间上有n_k个随机原子，每个原子出现的概率即权重为π_k，通过这些原子和其权重的乘积可以用来表示任意一个分布。

3. DP的性质

狄利克雷分布有两个参数：尺度参数α和基础分布G_0。由式（4.25）可知，基础分布G_0决定了狄利克雷分布的均值，而式（4.26）中，若令$\alpha=0$，则$U(G(A_i))=G_0(A_i)(1-G_0(A_i))$，此式将简化为一个伯努利分布，为离散分布；若令$\alpha=\infty$，则$G=G_0$，为连续分布，因此，尺度参数决定了方差，且$\alpha$决定了该分布的离散程度。

$$E(G(A_i))=\frac{\alpha G_0(A_i)}{\sum_{i=1}^{k}\alpha G_0(A_i)}=\frac{\alpha G_0(A_i)}{\alpha\sum_{i=1}^{k}G_0(A_i)}=G_0(A_i) \tag{4.26}$$

$$U(G(A_i))=\frac{\alpha G_0(A_i)(\alpha-\alpha G_0(A_i))}{\alpha^2(\alpha+1)}=\frac{G_0(A_i)(1-G_0(A_i))}{\alpha+1} \tag{4.27}$$

DP 具有共轭性，DP 分布是多项式分布的共轭先验，其分类分布的未知参数服从狄利克雷分布的先验分布，那么这个参数的后验分布也将服从狄利克雷分布，这样便可以根据每次新的观测值不断地更新参数的分布模型。如果 $G\sim \mathrm{DP}(\alpha,G_0)$，多项式分布式为 $(n_1\cdots n_k)\sim \mathrm{Multi}(P_1\cdots P_k)$，则多项式分布为

$$G_0\frac{\left(\sum_{i=1}^{k}n_i\right)!}{n_1!\cdots n_k!}\prod_{i=1}^{k}P_i^{n_i} \tag{4.28}$$

多项式分布的共轭先验分布为狄利克雷分布，可表示为

$$\frac{\Gamma\left(\sum_{i=1}^{k}\alpha_i\right)}{\sum_{i=1}^{k}\Gamma(\alpha_i)}\prod_{i=1}^{k}P_i^{\alpha_i-1} \tag{4.29}$$

根据贝叶斯公式，后验分布为似然函数与共轭先验的乘积：

$$\begin{aligned}
&\int_{P_1\cdots P_k}P(n_1\cdots n_k\mid P_1\cdots P_k)\cdot P(P_1\cdots P_k\mid \alpha_1\cdots\alpha_k)\\
&=\int_{P_1\cdots P_k}\mathrm{Multi}(n_1\cdots n_k\mid P_1\cdots P_k)\cdot \mathrm{Dir}(P_1\cdots P_k\mid \alpha_1\cdots\alpha_k)\\
&=\int_{P_1\cdots P_k}\frac{\left(\sum_{i=1}^{k}n_i\right)!}{n_1!\cdots n_k!}\prod_{i=1}^{k}P_i^{n_i}\cdot\frac{\Gamma\left(\sum_{i=1}^{k}\alpha_i\right)}{\sum_{i=1}^{k}\Gamma(\alpha_i)}\prod_{i=1}^{k}P_i^{\alpha_i-1}\\
&=\frac{\left(\sum_{i=1}^{k}n_i\right)!}{n_1!\cdots n_k!}\cdot\frac{\Gamma\left(\sum_{i=1}^{k}\alpha_i\right)}{\sum_{i=1}^{k}\Gamma(\alpha_i)}\cdot\int_{P_1\cdots P_k}\prod_{i=1}^{k}P_i^{n_i+\alpha_i-1}\\
&=\frac{\Gamma(\alpha+n)}{\Gamma(\alpha_1+n_1)\cdots\Gamma(\alpha_k+n_k)}\prod_{i=1}^{k}P_i^{n_i+\alpha_i-1}\propto \mathrm{Dir}(\alpha_1+n_1,\cdots,\alpha_k+n_k)
\end{aligned} \tag{4.30}$$

式中，$\Gamma(x)$ 为伽马函数，$\alpha=\sum_{i=1}^{k}\alpha_i$，$n=\sum_{i=1}^{k}n_i$

由式（4.29）可知在先验分布满足 DP 分布的情况下，后验分布也满足 DP 分布。

4.4 基于 DPMM 的滚动轴承退化状态数研究

HMM 的模型定义和标准估计过程都受到严格的限制。在 HMM 的定义中，状态数 N 是需要提前确定的，而且是有限的，即状态只能在 N 个状态之间进行转移。状态数的确定是 HMM 训练和测试的关键，主要根据经验人为设定，很难将各种类别都考虑到，而且新的数据中也可能有未知类型出现，依靠训练样本得到的固定模型结构对新的观测数据的适用性、涵盖性不强。在 4.2 节基于 CHMM 的滚动轴承全寿命状态性能退化评估研究中，通过对比分析可知，不同状态数 N 的设定对算法结果影响很大，因此如何快速、准确确定状态数是 HMM 算法应用于轴承性能退化评估的首要问题。

4.4.1 狄利克雷过程混合模型与算法

由 4.3 节可知，狄利克雷过程定义为关于一组分布或者随机测度的分布，假设参数服从一类样本空间上的先验分布，参数的后验分布通过采样推断，该狄利克雷模型及其扩展模型则具有良好的聚类特性。近几年，狄利克雷模型已经在机器学习、生物信息学、文本聚类、图像分割等方面有较好的应用。

狄利克雷过程表现了良好的聚类性质，但是狄利克雷过程只能将具有相同值的数据聚为一类，如果两组数据不相等，无论它们多么具有相似性，利用狄利克雷过程均无法实现聚类，这限制了 DP 在统计学中的应用，针对这个问题，引入狄利克雷过程混合模型（Dirichlet process mixture model，DPMM）[13]。

在狄利克雷过程混合模型中，狄利克雷过程作为参数的先验分布存在，假设观测数据是 x_i，其分布服从

$$\begin{cases} x_i \mid \theta_i \sim F(\theta_i), \quad \theta_i \mid G \sim G \\ \theta_i \mid G \sim G, \quad G \mid \alpha, G_0 \sim \mathrm{DP}(\alpha, G_0) \end{cases} \tag{4.31}$$

式（4.31）中，DPMM 参数的物理意义如下。

x_i：轴承全寿命数据（峭度指标和均方根值）。

θ_i：轴承数据服从分布的参数。

$F(\theta_i)$：轴承数据 x_i 服从以参数为 θ_i 的分布。

G：狄利克雷分布，是参数 θ_i 服从的先验分布。

α, G_0：α 为尺度参数，G_0 为基础分布（α 决定分布的离散程度）。

基于 DPMM 的滚动轴承状态数确定算法流程如图 4-11 所示，具体步骤如下。

步骤 1：对轴承振动数据进行特征提取。

步骤 2：随机初始化 DPMM 的参数（初始聚类数目 N、迭代次数 M、尺度参数 α）。

步骤 3：构造观测序列服从高斯分布（Gaussian distribution）或多项式分布（multinomial distribution）。

步骤 4：观测序列分布参数服从共轭高斯-威沙特分布（Gaussian-Wishart distribution）或 DP 分布。

步骤 5：通过截棍构造、中国餐馆过程构造获得狄利克雷先验分布。

步骤 6：通过吉布斯抽样（Gibbs sampling）实现参数后验更新，当某个类簇中元素个数为 0 时，N 减 1，继续迭代步骤 5 和步骤 6，待聚类数目稳定时，停止迭代，获得最终状态数 N。

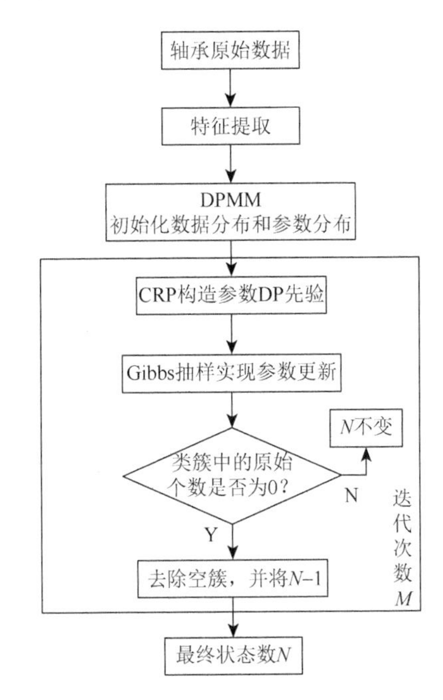

图 4-11　基于 DPMM 的滚动轴承状态数确定算法流程

4.4.2　应用研究

为验证 DPMM 算法聚类的有效性与可行性，利用美国凯斯西储大学轴承数据中心所提供的滚动轴承正常状态和故障状态的试验数据对不同初始状态设置进行分析。该试验是采用电火花加工对滚动轴承进行破坏，破坏的故障直径分别为 0.1778mm、0.3556mm、0.5334mm 和 0.7112mm，将正常状态数据和四种人为制造的退化状态数据分别取容量相同的样本相互连接，模拟轴承连续退化过程。本节选取电机转速为 1797r/min 时，空载下的轴承内圈振动数据。选取轴承每个阶段的试验数据，并进行峭度特征值计算，图 4-12 为该试验轴承运行的峭度指标图，通过峭度指标图可以看出轴承的故障直径不同（即轴承退化程度不同），峭度指标不同，且故障直径越大，峭度指标值越小。

随机设定初始聚类数目 $N=100$，尺度参数 $\alpha=20$，迭代次数 $M=300$，将图 4-12 中轴承峭度指标观测数据作为模型输入，一共 2500 组数据，将其记为 $o_1,o_2,\cdots,o_T$，则有

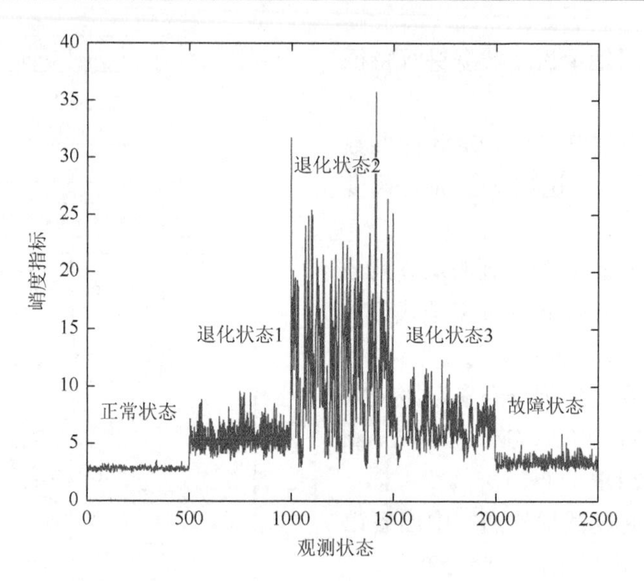

图 4-12　轴承峭度指标图

$$\begin{cases} O = \sum_{i=1}^{T} o_i \\ C = \sum_{i=1}^{T} o_i o_i' \end{cases} \tag{4.32}$$

假设轴承观测序列服从高斯分布 $O \sim N_d(\mu, S)$，其参数服从共轭威沙特分布 $\mu, R \sim W_d(m, S)$，每个分布都具有相同的超参数和各自的参数，其中，轴承数据任意分组，维度为 d，均值为 μ，均方差为 S，相关系数为 R。轴承数据参数的维度为 v，均值为 m，均方差为 S，相关系数为 r。

轴承数据服从高斯分布为

$$P(\mu \mid R) = (2\pi)^{-d/2} \mid rR \mid^{1/2} \exp\left(-\frac{1}{2}\mathrm{Tr}(rR((\mu - m)(\mu - m)'))\right) \tag{4.33}$$

多组数据似然函数为

$$\begin{aligned} P(O \mid \mu, R) &= (2\pi)^{-Td/2} \mid R \mid^{T/2} \exp\left(-\frac{1}{2}\mathrm{Tr}\left(R\left(\sum_{i=1}^{T}(\mu - o_i)(\mu - o_i)'\right)\right)\right) \\ &= (2\pi)^{-Td/2} \mid R \mid^{T/2} \exp\left(-\frac{1}{2}\mathrm{Tr}(R(T\mu\mu' - 2O\mu' + C))\right) \end{aligned} \tag{4.34}$$

式中，Tr 表示矩阵所有对角线上元素的和；$(\mu - m)'$ 表示 $\mu - m$ 的转置。

参数服从威沙特分布：

$$P(R) = 2^{-vd/2}\pi^{-d(d-1)/4} \mid S \mid^{v/2} \prod_{i=1}^{d}\Gamma\left(\frac{v+1-i}{2}\right)^{-1} \mid R \mid^{(v-d-1)/2} \exp\left(-\frac{1}{2}\mathrm{Tr} \mid RS \mid\right) \tag{4.35}$$

$$P(\mu,R)=\frac{1}{Z(d,r,v,S)}|R|^{(v-d)/2}\exp\left(-\frac{1}{2}\mathrm{Tr}(R(r(\mu-m)(\mu-m)'+S))\right) \tag{4.36}$$

式中

$$Z(d,r,v,S)=2^{\frac{(v+1)d}{2}}\pi^{d(d+1)/4}r^{-d/2}|S|^{-v/2}\prod_{i=1}^{d}\Gamma\left(\frac{v+1-i}{2}\right) \tag{4.37}$$

根据贝叶斯公式，轴承数据和参数的联合概率可以表示为似然函数与参数先验的乘积，也可以表示为后验分布与边缘函数的乘积，如式（4.38）所示：

$$P(\mu,R,O)=P(0|\mu,R)P(\mu,R)=P(u,R|O)P(0) \tag{4.38}$$

式（4.39）为轴承数据和参数的联合概率：

$$\begin{aligned}P(\mu,R,O)&=\frac{(2\pi)^{-Td/2}}{Z(d,r,v,S)}|R|^{(v+T-d)/2}\exp\left(-\frac{1}{2}\mathrm{Tr}(R(r+T)\mu\mu'-2\mu(rm+O)'+rmm'+C+S)\right)\\&=\frac{(2\pi)^{-Td/2}}{Z(d,r,v,S)}\left(\left(R(r+T)\left(\mu-\frac{rm+O}{r+T}\mu-\frac{rm+O}{r+T}\right)'\right)\right.\\&\quad\left.-\frac{(rm+O)(rm+O)'}{r+T}+rmm'+C+S\right)\end{aligned} \tag{4.39}$$

利用 Gibbs 采样实现后验参数的更新：

$$\begin{cases}r''=r+1\\v''=v+1\\m''=\dfrac{rm+o_i}{r+1}\\S''=S+C+rmm^{\mathrm{T}}-r''m''m''^{\mathrm{T}}\end{cases} \tag{4.40}$$

根据式（4.38）可知，后验分布公式可以由联合概率和边缘概率推断：

$$P(\mu,R|O)=\frac{P(\mu,R,O)}{P(O)} \tag{4.41}$$

式中，轴承观测数据的边缘概率为

$$\begin{aligned}P(O)&=(2\pi)^{-Td/2}\frac{Z(d,r'',v'',S'')}{Z(d,r,v,S)}\\&=\pi^{-Td/2}\frac{r^{d/2}|S|^{v/2}}{r''^{d/2}|S''|^{v''/2}}\prod_{i=1}^{d}\frac{\Gamma\left(\frac{v''+1-i}{2}\right)}{\Gamma\left(\frac{v+1-i}{2}\right)}\end{aligned} \tag{4.42}$$

由式（4.39）、式（4.41）和式（4.42）可以推导出后验分布公式为

$$P(\mu,R\,|\,O)=\frac{1}{Z(d,r'',v'',S'')}|\,R\,|^{(v''-d)/2}\exp\left(-\frac{1}{2}\mathrm{Tr}(R(r''(\mu-m'')(\mu-m'')'+S'))\right) \tag{4.43}$$

式（4.36）中参数先验分布与式（4.43）中后验分布具有相同的分布形式，对比可知后验分布的更新意味着超参数（r, v, m, S）的更新。

超参数（r, v, m, S）的更新需要计算边缘概率。在式（4.42）中，需要计算伽马项的比率以及$|S|$和$|S'|$的值。为了简化计算，假设更新前后，v不变，将式（4.44）进行伽马项扩展：

$$\prod_{i=1}^{d}\frac{\Gamma\left(\frac{v''+1-i}{2}\right)}{\Gamma\left(\frac{v+1-i}{2}\right)}=\begin{cases}\left(\prod_{j=1}^{T/2}\left(\prod_{i=1}^{d}\frac{v-1-i}{2}+j\right)\right), & T\text{为偶数}\\ \left(\prod_{j=1}^{(T-1)/2}\left(\prod_{i=1}^{d}\frac{v-1}{2}+j\right)\right)\left(\prod_{i=1}^{d}\frac{\Gamma\left(\frac{v+2-i}{2}\right)}{\Gamma\left(\frac{v+1-i}{2}\right)}\right), & T\text{为奇数}\end{cases} \tag{4.44}$$

通过 Gibbs 抽样实现参数后验更新，在每个类簇中每次增加（或减少）一个观测序列，利用 Cholesky 分解更新 S 的值（Cholesky 分解就是把一个对称正定的矩阵表示成一个下三角矩阵和其转置乘积的分解），然后根据新的参数值计算每一个类簇的似然概率。在迭代过程中，不断更新每个类簇的均值和方差，若类簇中的值为空，则类簇总数减 1，否则将继续迭代更新。基于 DPMM 算法的轴承观测数据自动聚类过程如图 4-13 所示。

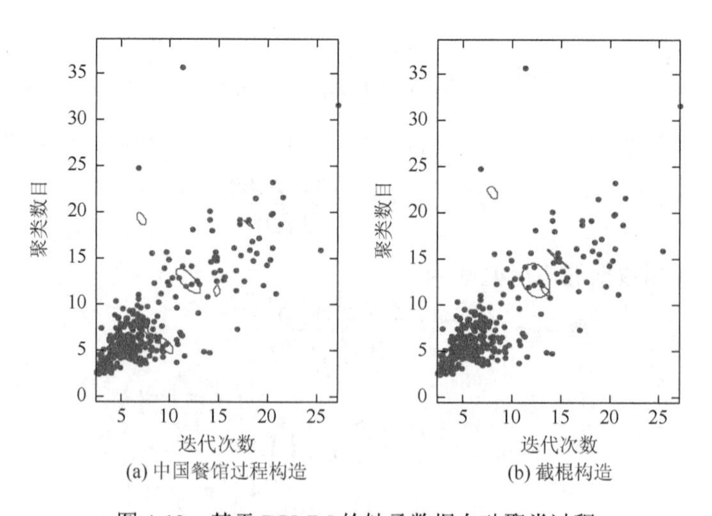

(a) 中国餐馆过程构造　　(b) 截棍构造

图 4-13　基于 DPMM 的轴承数据自动聚类过程

图 4-14 为基于 DPMM 的轴承隐状态数的确定结果，图中两条曲线分别表示通过截棍构造和中国餐馆过程构造先验分布，经过 300 次的迭代，聚类结果趋于稳定且收敛到 5。由图 4-13 可知，该轴承数据是采用人为设定的 5 类不同状态（正常状态、退化状态 1、退化状态 2、退化状态 3 和故障状态）数据，聚类结果与已知的滚动轴承状态数相一致，说明了 DPMM 能够有效识别滚动轴承运行状态。

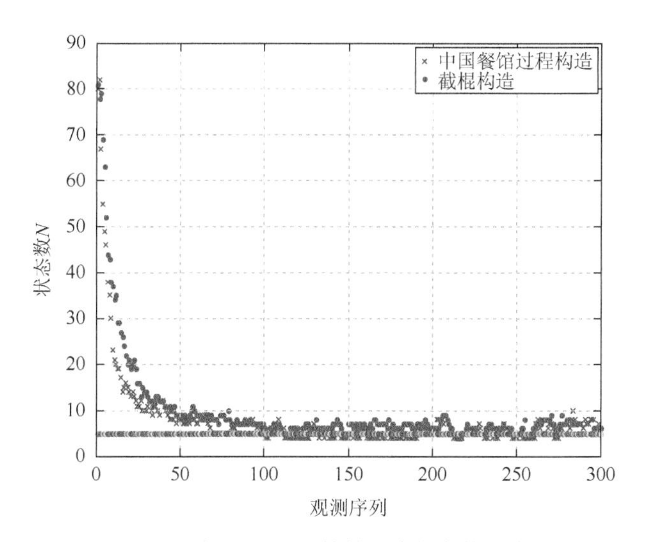

图 4-14　基于 DPMM 的轴承隐状态数的确定

对 DPMM 中尺度参数 α 不同取值进行分析，研究不同 α 值对聚类结果的影响。α 分别取 2、20、2000，聚类结果如图 4-15 所示。结果表明，无论参数 α 的初始值如何选取，该模型聚类结果均能收敛到相同的值。

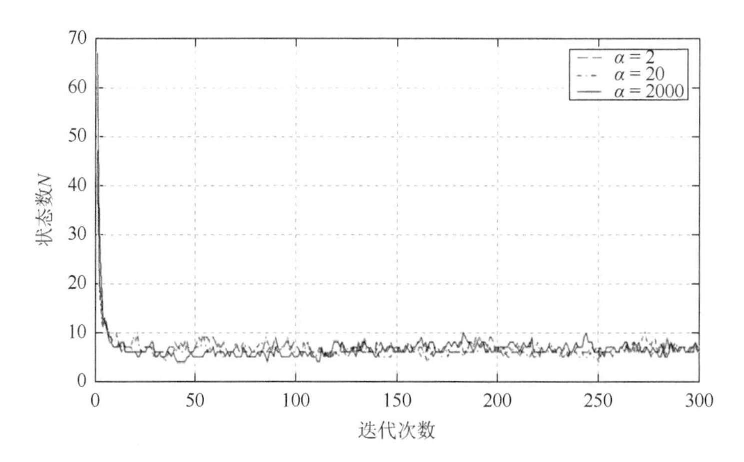

图 4-15　不同 α 值的聚类结果（峭度指标）

进一步分析特征值的选择对识别结果的影响，取轴承均方根作为观测数据，其他参数不变，基于 DPMM 的运行状态数识别如图 4-16 所示。

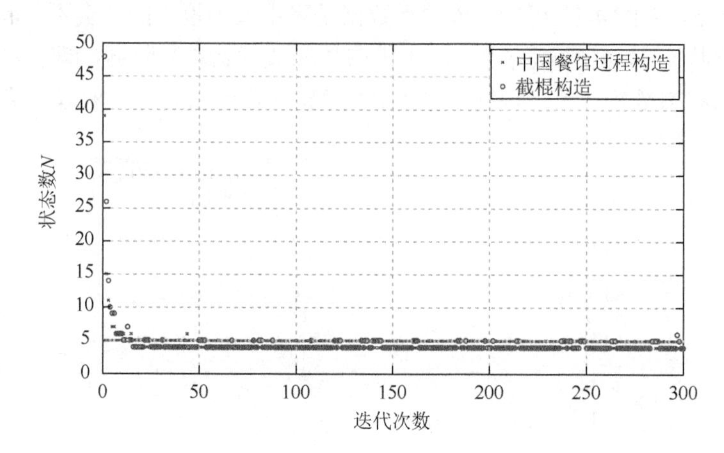

图 4-16 基于均方根的轴承状态数识别结果

综合上述分析可知，DPMM 算法具有很强的适应性和稳定性，不依赖滚动轴承特征值、尺度参数等初始参数的选择。

4.5 基于 HDP-HMM 的滚动轴承性能退化评估研究

针对传统 HMM 状态数必须预先设定的不足，4.4 节提出了一种基于 DPMM 的滚动轴承状态识别方法。该方法实现了模型结构根据观测数据的自适应变化和动态调整，获得轴承运行过程中的退化状态数，但是，为增加 HMM 的鲁棒性和泛化性，一般需要采用多个观测样本进行训练[14]，在训练多组观测值序列时，DPMM 只能先训练单一观测序列，再综合所有单个观测值序列得到的训练结果，计算时间长、计算量较大。同时，在 HMM 定义中假设状态转移概率是不随时间改变的，这与轴承实际退化过程不相符。

为解决上述 HMM 存在的问题，本节引入分层狄利克雷过程-隐马尔可夫模型（hierarchical Dirichlet process-HMM，HDP-HMM）[15, 16]，该模型的主要优点是：①在 HDP-HMM 中，状态类数可以是不确定的，即状态空间无限，实现了扩展有限空间状态的隐马尔可夫模型到无限维度，并利用狄利克雷过程的性质，实现 HMM 状态数自动生成；②HDP 是在 DP 基础上扩展基础分布，使多个数据源之间不必满足独立同分布条件，利用参数共享，实现多维特征的信息融合和聚类。HDP-HMM 既有 HMM 处理序列数据的特点，又具有 HDP 自动生成聚类数目和实现聚类的功能，在多机动目标跟踪[17]、语音数据处理[18]等领域得到了广泛应用。HDP-HMM 为 HMM 应用于轴承性能评估中退化状态数的确定、模型结构与参数的自动更新提供了新的解决思路和方法。

4.5.1 HDP-HMM

1. 中国餐馆过程构造

狄利克雷过程可以实现一组数据的聚类，但在研究多组数据的聚类问题时，单纯利用狄利克雷混合模型无法进行建模分析，这限制了 DPMM 的应用，针对这个问题，引入分层狄利克雷过程。分层狄利克雷过程将基础分布 G_0 扩展为一个服从狄利克雷过程的随机概率测度 G，即 $G \sim \mathrm{DP}(\gamma, H)$，多个数据源 $G_j \sim \mathrm{DP}(\alpha, G)$ 将共享基础分布 G 的离散原子，实现多组关联数据的聚类。与 DPMM 一样，HDP 也无法实现对其过程的采样，在实际应用中往往采用不同形式的构造实现 HDP 过程的应用。

HDP 的中国餐馆过程（CRP）构造如图 4-17 所示。一餐馆内可以容纳无限多张桌子，每张桌子可以容纳无穷位顾客，j 表示餐厅数，i 表示每个餐厅的顾客数，

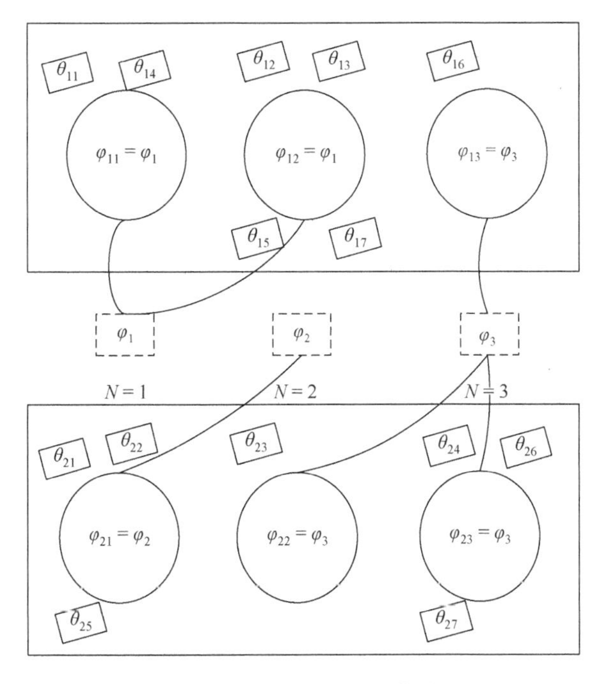

图 4-17　HDP 的 CRP 构造

t 表示每个餐厅的桌子数，每张桌子上只可以点一道菜，用变量 φ_{jt} 表示第 j 个餐厅第 t 张桌子上客人点的菜，用 $(\varphi_n)_{n=1}^{\infty}$ 表示菜单中不同的菜，进入餐馆的顾客 θ_{ji} 可以任挑一张桌子坐下，第一位顾客坐在第一张餐桌上并负责点菜，一张餐桌只有一道菜，后来的客人共享这道菜，不同餐厅可以点同一道菜，同一餐厅的不同桌也可以点同一道菜。

HDP 模型 CRP 的两层构造形式如下：

$$\theta_{ji}\left|\theta_{j1},\cdots,\theta_{j,i-1},\alpha,G\sim\sum_{i=1}^{m}\frac{n_{jt.}}{i-1+a}\varphi_{\phi_{jt}}+\frac{\alpha}{i-1+\alpha}G\right. \tag{4.45}$$

$$\varphi_{jt}\left|\varphi_{11},\varphi_{12},\cdots,\varphi_{21},\cdots,\varphi_{j,i-1},\gamma,H\sim\sum_{n=1}^{N}\frac{m_{.n}}{m_{..}+\gamma}\delta_{\varphi_n}+\frac{\gamma}{m_{..}+\gamma}H\right. \tag{4.46}$$

式中，$n_{jt.}$ 表示第 j 个餐厅里第 t 张餐桌上的顾客数；$m_{.n}$ 表示所有餐厅里点了第 n 道菜的桌子数；$m_{..}$ 表示所有餐厅里顾客所坐的餐桌数；N 为任意初始聚类数；φ_n 为抽样的原子。CRP 构造就是为顾客分配餐桌数，再为每张餐桌分配菜的过程。

2. 截棍构造

HDP 的截棍构造可以分为两层进行构造[19]。第一层狄利克雷过程如式（4.47）所示：

$$\begin{cases}G(\varphi)=\sum_{k=1}^{\infty}\beta_k\delta(\varphi,\varphi_k)\beta\sim\mathrm{GME}(\gamma)\\ \varphi_k\sim H(\lambda),\quad k=1,2,\cdots\end{cases} \tag{4.47}$$

式中，H 为基础分布；β 为第一层分布的权重。

第二层每组 G_j 的截棍构造方式如式（4.48）所示：

$$\begin{cases}G_j(\varphi)=\sum_{n=1}^{\infty}\pi_{jn}\delta(\varphi,\varphi_{jn})\\ \pi_j=(\pi_{jn})_{n=1}^{\infty}\end{cases} \tag{4.48}$$

式中，G_j 为扩展分布；π_j 为第二层分布中每组的权重。

图 4-18 为 HDP 的截棍构造图，x_{ji} 为观测数据，参数 γ 和 α 为 HDP 模型的超参数。

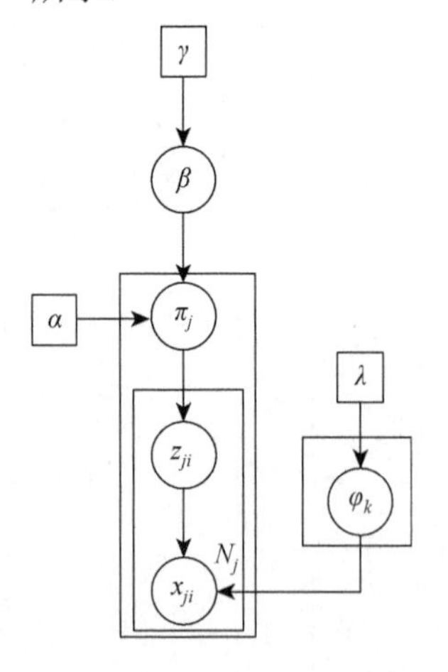

图 4-18　HDP 的截棍构造

3. HDP 有向图模型

图 4-19 为 HDP 有向图模型。在 HDP 模型中，狄利克雷过程作为观测数据的先验分布存在，假设模型中的观测数据 x_{ji} 表示第 j 组第 i 个观测数据，其分布的形式化定义如式（4.49）所示，其之间的两层狄利克雷过程可分别用上述的截棍构造进行描述：

$$\begin{cases} x_{ji} \mid \theta_{ji} \sim F(\theta_{ji}), & \theta_{ji} \mid G_j \sim G_j \\ G_j \mid \alpha, G \sim \mathrm{DP}(\alpha, G), & \pi_j \mid \alpha, \beta \sim \mathrm{Dir}(\alpha, \beta) \\ G \mid \gamma, H \sim \mathrm{DP}(\gamma, H), & \beta \mid \gamma \sim \mathrm{Dir}(\lambda) \end{cases} \tag{4.49}$$

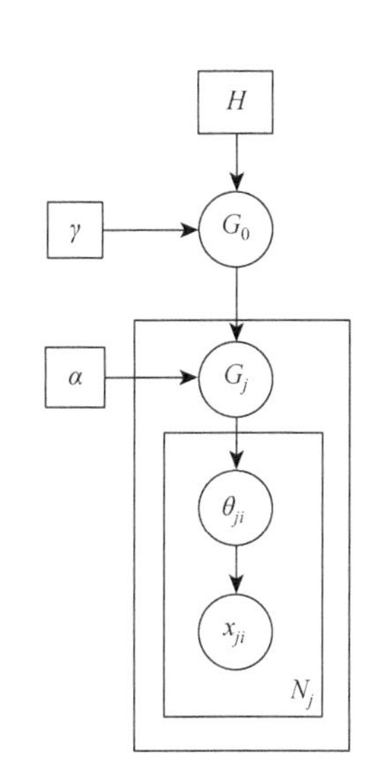

图 4-19　HDP 有向图模型

4.5.2　基于 HDP-HMM 的轴承退化状态数确定

1. HDP-HMM 的构造

在 HDP-HMM 中，记 t 时刻的状态为 s_t，对于 HMM 中的每一个状态，它下一个状态由当前状态的转移概率密度函数决定。设 π_k 为第 k 个状态的转移概率密度函数，则有 $s_t \sim \pi_{s_{t-1}}$。在给定状态 s_t 下，观测值 x_t 的分布为 $F_{\varphi_{st}}(x_t)$，此分布通常称为发散分布，各个状态下观测值的分布组成发散矩阵。面向轴承退化评估的 HDP-HMM 有向图模型如图 4-20 所示。

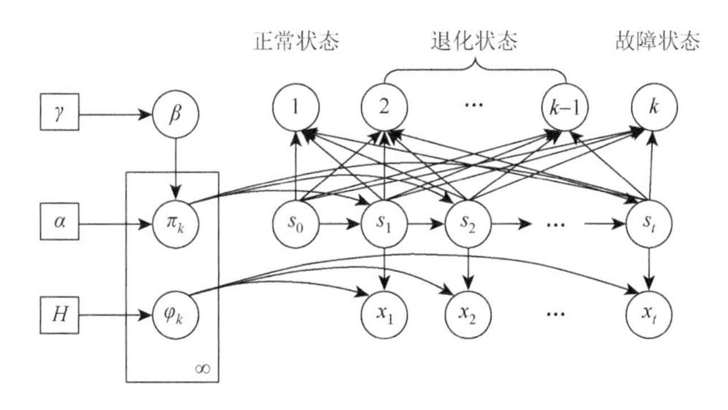

图 4-20　面向轴承退化评估的 HDP-HMM 有向图模型

HDP-HMM 的截棍构造为

$$\begin{cases}\beta \mid \gamma \sim \mathrm{GEM}(\gamma) \\ \pi_k \mid \alpha, \beta \sim \mathrm{DP}(\alpha, \beta) \\ \varphi_k \mid H \sim H(\lambda')\end{cases} \tag{4.50}$$

式中，β 与 φ_k 为相互独立的变量序列，即 $(\beta_k)_{k=1}^{\infty}$、$(\varphi_k)_{k=1}^{\infty}$；$\alpha$、$\gamma$ 为模型的超参数；GEM 表示截棍构造过程；H 为基础分布；λ' 为其分布参数。

在时间 $t=1,2,\cdots,T$ 时，状态之间的转移分布和观测序列分布分别为

$$s_t \mid s_{t-1}, (\pi_k)_{k=1}^{\infty} \sim \pi_{s_{t-1}} \tag{4.51}$$

$$x_t \mid s_t, (\varphi_k)_{k=1}^{\infty} \sim F(x_t \mid \varphi_{s_t}) \tag{4.52}$$

2. HDP-HMM 的采样

马尔可夫链-蒙特卡罗（Markov chain Monte Carlo，MCMC）算法能够简化条件概率的计算，Gibbs 算法就属于 MCMC 算法的一种。Gibbs 采样就是用条件分布的抽样来代替全概率分布的抽样。本节已知观测数据条件分布，通过 Gibbs 采样对条件分布循环抽样新的观测数据，实现对隐状态数的更新。为叙述方便，约定当某一变量的上标或下标有符号“\”时，如 $Z_{\backslash i}(Z^{\backslash i})$，表示对应的变量集中移出下标（上标）对应的变量，$Z_{\backslash i}$ 是将 z_i 从 Z 中移出后由剩余的数据组成的数据集，即 $Z_{\backslash i}=\{z_1,\cdots,z_{i-1},z_{i+1},\cdots,z_N\}$。

（1）采样 β：

$$P(\beta_1,\cdots,\beta_K,\beta_{\bar{k}}) \mid (x_1,\cdots,x_{\mathrm{T}},\gamma) \propto \mathrm{Dir}(m_{.1},\cdots,m_{.K},\gamma) \tag{4.53}$$

式中，β 下标表示状态空间的一个有限划分 $\{1,2,\cdots,K,\bar{k}\}$；m_k 表示观测时间内属于第 k 类的聚类总数；$\mathrm{Dir}(\cdot)$ 表示狄利克雷分布。

（2）采样 s_t：

$$P(s_t \mid S_{\backslash t}, x_1,\cdots,x_T,\beta,\alpha,\lambda') \propto \underbrace{P(s_t \mid S_{\backslash t},\beta,\alpha)}_{1}\underbrace{P(x_t \mid X_{\backslash t}, s_t, S_{\backslash t},\lambda')}_{2} \tag{4.54}$$

根据马尔可夫链和狄利克雷过程的性质可得式（4.54）的第 1 部分。

（3）当 $s_t=k$ 时，k 为已出现过的状态：

$$P(s_t=k \mid S_{\backslash t},\beta,\alpha) \propto (\alpha\beta_k + n_{s_{t-1}k}^{\backslash t}) \times \left(\frac{\alpha\beta_k + n_{ks_{t+1}}^{\backslash t} + \delta(s_{t-1},k)\delta(s_{t+1},k)}{\alpha + n_{k.}^{\backslash t} + \delta(s_{t-1},k)}\right) \tag{4.55}$$

式中，$n_{k.}^{\backslash t}$ 表示除了 s_{t-1} 到 s_t 或者 s_t 到 s_{t+1} 外，状态序列 $s_{1:T}$ 中由状态 k 转移到其他状态的次数；$n_{ks_{t+1}}^{\backslash t}$ 表示除了 s_{t-1} 到 s_t 或者 s_t 到 s_{t+1} 的状态序列外，从状态 k 到 s_{t+1} 状态的转移次数。

（4）当 $s_t=\bar{k}$ 时，$\bar{k}$ 为新的状态：

$$P(s_t=\bar{k}\mid S_{\backslash t},\beta,\alpha)\propto\alpha\beta_{\bar{k}}\beta_{s_{t+1}} \tag{4.56}$$

式（4.54）的第 2 部分——$P(x_t\mid X_{\backslash t},s_t,S_{\backslash t},\lambda')$ 即为观测数据在隐状态中的分布概率。设观测数据分布函数 F 的密度分布函数为 $f(\cdot\mid\theta)$，基分布函数 H 的密度分布函数为 $h(\cdot\mid\lambda')$，选取 F 和 H 为共轭分布，利用贝叶斯公式将分布参数消去后，可得观测数据的条件分布：

$$f_k^{\backslash x_{ji}}(x_{ji})=\frac{\int f(x_{ji}\mid\varphi_k)\prod\limits_{j'i'\neq ji,s_{j'i'=k}}f(x_{j'i'}\mid\varphi_k)h(\varphi_k)\mathrm{d}\varphi_k}{\int\prod\limits_{j'i'\neq ji,s_{j'i'=k}}f(x_{j'i'}\mid\varphi_k)h(\varphi_k)\mathrm{d}\varphi_k} \tag{4.57}$$

式中，x_{ji} 表示第 j 组第 i 个观测数据；$f_k^{\backslash x_{ji}}$ 表示观测数据 x 中除了 x_{ji} 外，属于第 k 类的条件概率分布。

（5）采样 m_{jk}：

$$P(m_{jk}=m\mid m^{\backslash jk},\alpha,\beta)=\frac{\Gamma(\alpha\beta_k)}{\Gamma(\alpha\beta_k+n_{j.k})}s(n_{j.k},m)(\alpha\beta_k)^m \tag{4.58}$$

式中，m_{jk} 表示第 j 组属于第 k 类的聚类数；$m^{\backslash jk}$ 表示除了第 j 组的第 k 类之外的聚类数；$n_{j.k}$ 表示第 j 组观测数据中属于 k 类的数据总数；$s(n_{j.k},m)$ 是 Stirling 数。

通过对 β、m 的交叉采样实现参数更新，并在截棍构造中运用直接分配后验采样算法对观测数据的指示因子 s_t 进行采样，每次只更新一个数据的聚类属性，当某个类簇中元素个数为 0 时，N 减 1，继续迭代，待聚类数稳定时，停止迭代，获得最终的隐状态数 N。

（6）更新超参数。

超参数 γ、α 决定了 DP 的离散程度，初始值的选取对聚类结果影响很大，这显著影响了 HDP 模型的通用性。因此，在进行后验参数的更新时，需要同时对超参数进行更新。设 $\alpha\sim\Gamma(a,b)$（其中 $a>0,b>0$），$\Gamma(a,b)$ 用作超参数 α 的先验分布，由 Antoniak[19]的分析可知

$$P(n\mid\alpha,k)=C_k(n)k!\alpha^n\frac{\Gamma(\alpha)}{\Gamma(\alpha+k)},\quad n=1,2,\cdots,k \tag{4.59}$$

则

$$\frac{\Gamma(\alpha)}{\Gamma(\alpha+k)}=\frac{(\alpha+k)\beta'(\alpha+1,k)}{\alpha\Gamma(k)} \tag{4.60}$$

式中，β' 为贝塔分布。

根据贝叶斯公式：

$$P(\alpha\mid n)\propto P(\alpha)P(n\mid\alpha) \tag{4.61}$$

对任意 $n=1,2,\cdots,k$ ，由式（4.59）～式（4.61）推导可知

$$\begin{aligned}P(\alpha\mid n)&\propto P(\alpha)\alpha^{n-1}(\alpha+k)\beta'(\alpha+1,k)\\&\propto P(\alpha)\alpha^{n-1}(\alpha+k)\int_0^1 x^{\alpha}(1-x)^{k-1}\mathrm{d}x\end{aligned}\tag{4.62}$$

从 $\beta'(\alpha+1,k)$ 分布中抽样参数 η ，则 $P(\eta\mid\alpha,n)\propto\eta^{\alpha}(1-\eta)^{k-1}$ 。

因为 $\alpha\sim\Gamma(a,b)$ ，则参数 α 的后验分布为

$$\begin{aligned}P(\alpha,\eta\mid n)&\propto P(\alpha)\alpha^{n-1}(\alpha+k)\eta^{\alpha}(1-\eta)^{k-1}\\&\propto\alpha^{a+n-2}(\alpha+k)\mathrm{e}^{-\alpha(b-\ln(\eta))}\\&\propto\alpha^{a+n-1}\mathrm{e}^{-\alpha(b-\ln(\eta))}+k\alpha^{a+n-2}\mathrm{e}^{-\alpha(b-\ln(\eta))}\end{aligned}\tag{4.63}$$

根据伽马函数的定义可知，$(\alpha\mid\eta,n)$ 服从两个伽马分布之和，且简化其分布系数权重分别为 π_η 和 $1-\pi_\eta$ 。

$$\begin{cases}(\alpha\mid\eta,n)\sim\pi_\eta\Gamma(a+n,b-\ln(\eta))+(1-\pi_\eta)\Gamma(a+n-1,b-\ln(\eta))\\\pi_\eta/(1-\pi_\eta)=(a+n-1)/(b-\ln(\eta))\end{cases}\tag{4.64}$$

超参数 α 则从 $\pi_\eta/(1-\pi_\eta)$ 中不断迭代采样实现更新。

4.5.3 基于 HDP-HMM 的滚动轴承性能退化评估算法

（1）已知观测序列 $o=(o_1,o_2,\cdots,o_T)$ ，通过 Baum-Welch 算法对观察数据进行训练，利用 EM 算法求概率参数模型的最大似然估计，重估权重 w、均值 μ 和方差 ξ，通过不断迭代估计模型参数 λ 。定义变量 $\gamma_t'(j',m')$ 为 t 时刻模型处于状态 s_j 且处于第 m' 个高斯分布的联合概率，参数重估公式可写为

$$w_{j',m'}=\frac{\sum_{t=1}^{T}\gamma_t'(j',m')}{\sum_{t=1}^{T}\sum_{n=1}^{Mj}\gamma_t(j',n')},\quad \mu_{j',m'}=\frac{\sum_{t=1}^{T}[\gamma_t'(j',m')o_t]}{\sum_{t=1}^{T}\gamma_t'(j',m')}\tag{4.65}$$

$$\xi_{j',m'}=\frac{\sum_{t=1}^{T}[\gamma_t'(j',m')(o_t-\mu_{j',m'})(o_t-\mu_{j',m'})^{\mathrm{T}}]}{\sum_{t=1}^{T}\gamma_t'(j',m')}\tag{4.66}$$

（2）利用已经训练好的各状态 HMM 参数，基于维特比算法分别对当前待测序列进行识别，分别计算对应各个状态 HMM 的似然概率，似然概率最大值判断为所处状态，即 $n=\underset{1\leqslant n\leqslant N}{\arg\max}(P(O\mid\lambda_n))$ ，N 为轴承全寿命周期所经历的状态数。

（3）利用轴承全寿命数据，训练涵盖所有状态的 HMM，得到退化状态转移

路径，获得每个状态的持续时间，并确定早期故障点 P 和功能故障点 F。若判断出轴承处于退化状态，按式（4.67）估计其剩余寿命：

$$\begin{cases} \sum_{i=n+1}^{N-1} T_i \leqslant T_{\mathrm{RUL}n} \leqslant \sum_{i=n}^{N-1} T_i, & n = 2,3,\cdots,N-2 \\ 0 \leqslant T_{\mathrm{RUL}(N-1)} \leqslant T_{N-1} \end{cases} \tag{4.67}$$

式中，$T_{\mathrm{RUL}n}$ 表示轴承处于第 n 个退化状态时的剩余寿命；T_n 表示轴承第 n 个退化状态持续的时间。

4.5.4　应用研究

采用美国 USFI/UCR 的智能维护中心提供的轴承全寿命数据进行验证分析。

1. 多观测序列聚类分析

选取轴承 1 的均方根值（X_{rms}）和峭度指标（kurtosis）作为 HDP-HMM 的输入观测序列，假设基础分布函数 H 的密度分布服从多项式分布、观测数据分布的参数服从 DP 分布。随机设定初始聚类数目 $N=50$，超参数 $\alpha=20$，$\gamma=1$，迭代次数为 $M=300$，通过截棍构造 HDP 过程，实现状态数的自动聚类，结果如图 4-21（b）所示，图 4-21（a）为采用单一观测序列（峭度指标）获得的隐状态数。对比图 4-21（a）、（b）可知，单一和多观测序列聚类结果均收敛于 5。因此，HDP 算法能够有效实现多观测序列组合聚类。

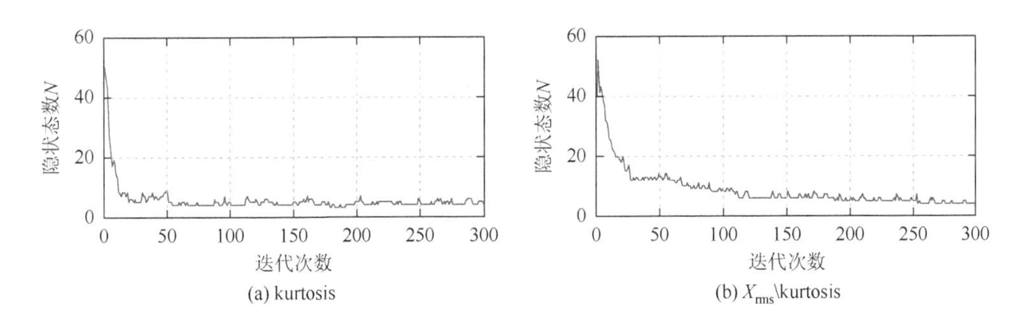

图 4-21　单一和多观测序列下的隐状态数

2. HDP-HMM 参数设置分析

研究超参数 α 取值对 HDP-HMM 聚类结果的影响，α 分别取 2、20、2000，其余参数不变，HDP-HMM 聚类结果如图 4-22 所示。结果表明，无论 α 的初始值如何选取，该模型聚类结果均能收敛到相同的值（超参数 γ 的情况类似）。由于采用了更新算法，HDP-HMM 中超参数初始值可以任意选择，因此，算法具有很强的鲁棒性。

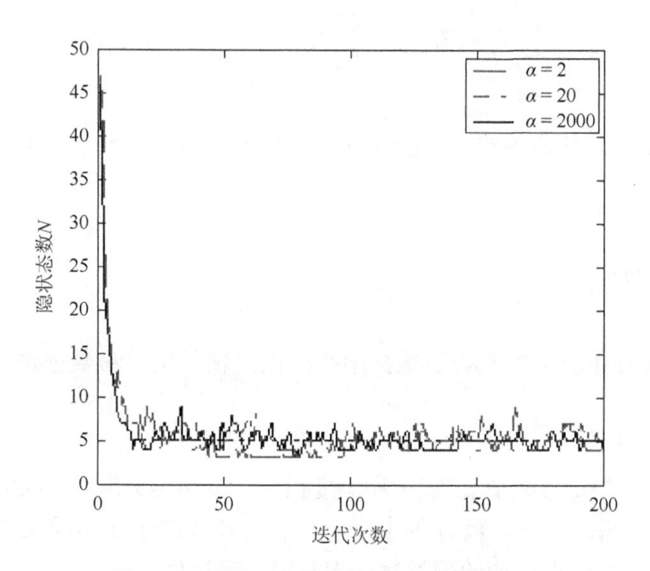

图 4-22　不同 α 值的 HDP-HMM 聚类结果

利用轴承的全寿命观测序列进行训练和建模，基于 HDP-HMM 的轴承性能退化状态识别结果如图 4-23 所示。

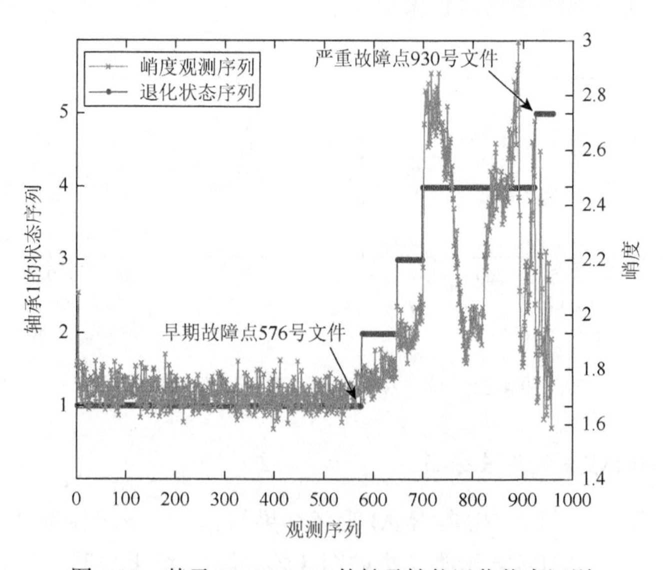

图 4-23　基于 HDP-HMM 的轴承性能退化状态识别

由图4-23中的峭度观测序列曲线可知，轴承在观测序列500～600波动较为平稳，而在观测序列700～960波动忽高忽低，毫无规律可循，在观测序列800附近峭度值回落到正常值。因此，仅从特征值指标判断轴承的运行状态容易引起很大的误差，甚至导致故障发现不及时，造成严重事故。

由图4-23的轴承运行状态转移曲线可知，从正常到失效的全寿命历程中，一共出现了5次（即$N=5$）状态转移，分别代表正常状态（1）、早期退化状态（2）、中度退化状态（3）、严重退化状态（4）和故障状态（5）。通过HDP-HMM有效地找出了轴承运行过程中的早期故障点P（576号文件），便于预测剩余寿命和健康管理；同时能够确定轴承的设备功能故障点F（930号文件），方便及时预警，预防重大事故的发生。此外，在HDP-HMM算法中，马尔可夫链只与前一个状态有关，即t时刻系统状态的概率分布只与t–1时刻的状态有关，转移概率随时间变化不断更新，因此状态是否发生转移是由转移概率和发散概率综合决定的，与观测序列的实际值关系不大。因此，HDP-HMM能识别轴承在运行过程中的一系列不同程度的退化状态，较好地模拟和表征了渐进性故障演化过程，为设备的早期维护和故障预测提供了理论指导。

HDP-HMM弥补了HMM故障发展不变性的不足，轴承退化状态的转移概率如表4-3和图4-24所示，在状态退化过程中，每个状态的转移概率均不相同，且自身停留时间较长，跳变概率较小，说明了轴承在历经一段时间的运行后才会出现下一次的退化，很好地模拟了机械设备实际运行过程的退化过程，这种基于概率模型的机械设备典型零部件运行状态识别更具有科学性、通用性。

表4-3 轴承状态转移概率变化表

转移概率A	正常状态	早期退化状态	中度退化状态	严重退化状态	故障状态
正常状态	0.9947	0.00521	0	0	0
早期退化状态	0	0.9585	0.0414	0	0
中度退化状态	0	0	0.9400	0.0599	0
严重退化状态	0	0	0	0.9867	0.0132
故障状态	0	0	0	0	1

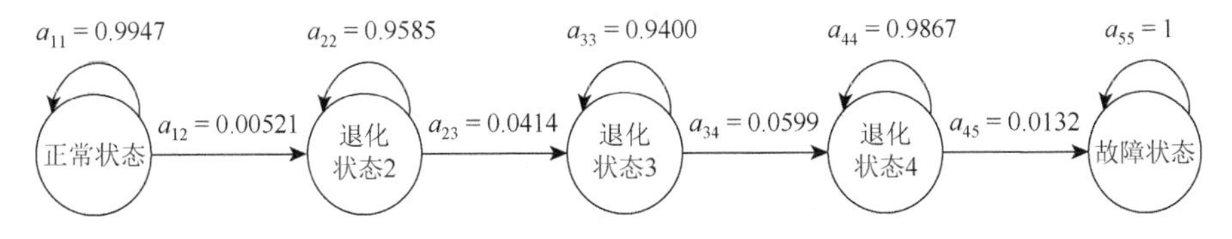

图4-24 HDP-HMM转移概率图

采用均方根值观测序列得到的轴承退化状态识别结果如图 4-25 所示。对比图 4-23 和图 4-25 可知，采用峭度和均方根观测序列所获得的轴承退化路径基本上是一致的。但就早期故障点来说，峭度指标是概率密度分布尖峭程度的度量，对早期故障有较高的敏感性，其早期故障点相比于均方根值要早一些；均方根值是对时间平均的，用来反映信号的能量，对早期故障不敏感，但稳定性比峭度指标要好，波动比峭度指标要小。

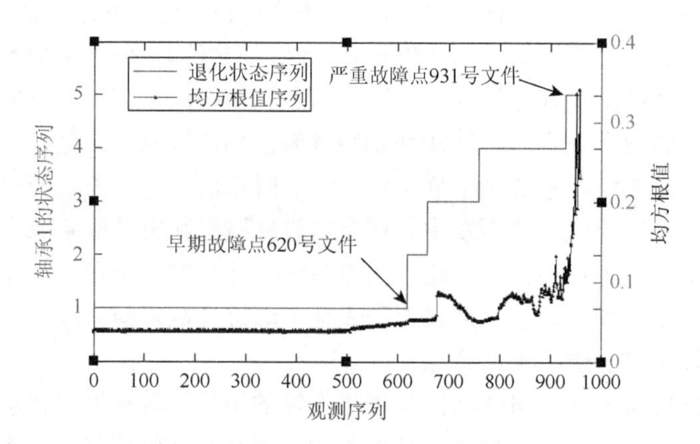

图 4-25　基于均方根值的轴承退化状态识别

根据轴承在每个状态所对应的持续时间，将其代入式（4.67）可得不同退化状态下的轴承剩余寿命如表 4-4 所示。对轴承的健康分级和寿命预测，为基于状态的轴承维护和健康管理提供了依据。

表 4-4　不同退化状态下的轴承剩余寿命

退化状态	剩余寿命/h
2	[46, 58]
3	[37.5, 46]
4	[0, 37.5]

4.6　本 章 小 结

4.1 节、4.2 节介绍了 HMM 算法基本参数以及三个子算法（前向算法、前后向算法以及维特比算法），并以滚动轴承为研究对象，验证了基于连续 HMM 的算法对于机械设备状态识别与评估的有效性。

4.3 节介绍了本章使用到的一些贝叶斯统计理论基本原理、常见分布、分布的性质。针对 HMM 的不足与局限性，提出了一种非参数贝叶斯模型，它为非参数模型选择和自适应变化提供了一个贝叶斯框架，引入了典型非参数贝叶斯模型——狄利克雷模型，推导了 DP 模型的定义、性质、两种构造方法以及模型建立的问题。

4.4 节以非参数贝叶斯统计理论为基础，提出了一种基于 DPMM 的滚动轴承退化状态数确定方法，利用 DPMM 的自动聚类特性，弥补了传统的 HMM 状态数必须预先设定的不足，实现了模型结构的自适应调整和变化。利用美国凯斯西储大学轴承数据中心所提供的滚动轴承正常状态和故障状态的试验数据对 DPMM 聚类算法进行分析，结果表明，DPMM 算法有一定的适应性。

4.5 节提出了一种基于 HDP-HMM 算法的滚动轴承性能退化评估方法，该算法既有 HMM 处理序列数据的特点，又具有 HDP 自动生成聚类数目的功能。通过构造 HDP 作为 HMM 参数的先验分布，利用 HDP 模型良好的聚类特性和分层共享原理，将多维退化指标作为模型的输入，使聚类结果更加准确，优化改进了 HMM 结构，弥补了传统的 HMM 状态数必须预先设定的不足，实现了模型结构的自适应调整和动态更新。滚动轴承全寿命数据建模结果表明，利用 HDP-HMM 所建立的状态动态转移关系，可以有效地识别轴承运行时的早期故障点和严重故障点，便于设置预警机制，并能够识别轴承在运行过程中的一系列退化状态，为基于状态的设备退化评估提供了一种新的方法。

参考文献

[1] 曾庆虎，邱静，刘冠军. 基于 HSMM 的机械故障演化规律分析建模与预测. 机械强度，2010，32(5)：695-701.

[2] 郑晴晴，傅攀，李威霖，等. CHMM 在滚动轴承故障诊断中的应用研究. 现代制造工程，2013，12：111-115.

[3] 李丽敏，王仲生，姜洪开. 基于多状态 MOG-HMM 和 Viterbi 的航空发动机突发故障预测.振动. 测试与诊断，2014，(2)：310-314.

[4] 杨善林，李永森，胡笑旋，等. K-means 算法中的 k 值优化问题研究. 系统工程理论与实践，2006，26（2）：97-101.

[5] 邓永录. 应用概率及其理论基础. 北京：清华大学出版社，2005：86-88.

[6] 茆诗松，汤银才. 贝叶斯统计. 2 版. 北京：中国统计出版社，2012：1-108.

[7] 李航. 统计学习方法. 北京：清华大学出版社，2012：32-35.

[8] Sudderth E B，Torralba A，Freeman W T，et al. Describing visual scenes using transformed objects and parts. Int. J. Comput. Vis.，2008，77（1）：291-330.

[9] Wang S S，Chen J，Wang H，et al.Degradation evaluation of slewing bearing using HMM and improved GRU. Measurement，2019，146：385-395.

[10] 周志敏，高申勇. 分层 Dirichlet 过程原理及应用综述. 计算机应用与软件，2014，8：1-5.

[11] Ferguson J D.Variable duration models for speech. Application of hidden Markov Models to Text and Speech. Symposium，1980，10：143-179.

[12] 周建英，王飞跃，曾大军. 分层 Dirichlet 过程及其应用综述. 自动化学报，2011，37（4）：389-407.

[13] 梅素玉，王飞，周水庚. 狄利克雷过程混合模型、扩展模型及应用. 科学通报，2012，57（34）：3243-3257.

[14] 姜万录，杨凯，董克岩，等. 基于 CHMM 的轴承性能退化程度综合评估方法研究. 仪器仪表学报，2016，37（9）：2014-2021.

[15] Teh Y W，Jordan M I，Beal M J，et al. Hierarchical Dirichlet processes. J. Am. Stat. Assoc.，2006，101（476）：1566-1581.

[16] Fox E B，Sudderth E B，Jordan M I，et al.An HDP-HMM for systems with state persistence//Proceedings of the 25th International Conference on Machine Learning.New York：ACM，2008：312-319.

[17] 王志清，李小兵. 基于 HMM 机动目标跟踪算法研究. 战术导弹技术，2010，4：66-69.

[18] Palaz D，Magimai-Doss M，Collobert R. End-to-end acoustic modeling using convolutional neural networks for HMM-based automatic speech recognition. Speech. Commun，2019，108：15-32.

[19] Antoniak C E.Mixtures of Dirichlet processes with applications to Bayesian nonparametric problems. Ann. Stat.，1974，2（6）：1152-1174.

第5章　基于K-S检验和数据驱动的滚动轴承性能退化评估与寿命预测

滚动轴承性能退化评估与寿命预测受退化指标的选取和数据完备与否的影响，本章基于数据驱动的思想，研究并提出了基于K-S距离为退化指标的滚动轴承性能退化评估方法。面向完备故障数据，提出了基于K-S检验与LS-SVM相结合的轴承剩余寿命预测方法。面向不完备故障数据，提出了基于K-S距离和灰色模型的轴承剩余寿命预测方法。

5.1　K-S检验基本理论

K-S检验是由俄罗斯科学家Kolmogorov和Smirnov提出的，其总称为Kolmogorov-Smirnov检验，它是一种非参数检验方法，该方法主要用来推断样本数据的总体分布与给定的理论分布是否相同或相近。该检验分为单样本K-S检验和两样本K-S检验；单样本K-S检验通过比较样本的累积分布函数与已知理论分布函数，确定样本是否来自于给定的总体；两样本K-S检验是比较某个随机样本是否具有某个假定的分布函数，或两个随机样本的分布函数是否具有相同的分布。

5.1.1　经验分布函数型检验

EDF（empirical distribution function）型检验是基于经验分布函数构造的统计量。基本思想如下：考虑假设 $H_0: F = F_0$; $H_1: F \neq F_0$。其中，F 是独立分解样本 $X_1,\cdots,X_n$ 的总体分布。以 F_n 记 $X_1,\cdots,X_n$ 的经验分布函数，则 F_n 是 F 的强相合估计。当 H_0 成立时，F_n 和 F 应该相当“接近”。为了描述接近程度的精确概念，一般用两者之间的距离进行表征。设 $\rho(\cdot,\cdot)$ 是定义在某种函数空间（包括分布函数）上的距离，所以 $\rho(F_n,F_0)$ 描述了 F_n 和 F_0 的靠近程度。当 $\rho(F_n,F_0)$ 过大时就拒绝 H_0。

5.1.2 经验分布函数的应用

设 $X_1,\cdots,X_n$ 是抽样自分布函数 F 的随机样本，其经验分布 $F_n(x)$ 定义为

$$F_n(x)=\frac{1}{n}\sum_{i=1}^{n}I_{[X_i\leqslant x]}=\frac{{}^{\#}\{X_i\leqslant x,i=1,\cdots,n\}}{n} \tag{5.1}$$

式中，$I_{[\cdot]}$ 为示性函数；${}^{\#}A$ 表示集 A 中元素的个数。$F_n(x)$ 作为 x 的函数是右连续的阶梯函数，共有 x 个跳跃点，跳跃度为 $1/n$，即 $F_n(x_i)-F_n(x_i-)=1/n$，$i=1,\cdots,n$。由于 $F_n(\infty)=1$，$F_n(-\infty)=0$，所以 F_n 是分布函数，通常称为 $X_1,\cdots,X_n$ 的经验分布，或 F 的经验分布。

对给定的 $x\in\mathbf{R}^1$，$F_n(x)$ 是样本函数，是随机变量，恰好是 n 个观察值 X_i（$1\leqslant i\leqslant n$）中不超过 x 的观察频率。故有

$$E(F_n(x))=F(x) \tag{5.2}$$

$$\mathrm{Var}(F_n(x))=\frac{1}{n}F(x)(1-F(x)) \tag{5.3}$$

由中心极限定理，对任意给定的 $x\in\mathbf{R}^1$ 有

$$\sqrt{n}(F_n(x)-F(x))\xrightarrow{L}N(0,F(x)(1-F(x)))$$

式中，$\xrightarrow{L}$ 表示依分布收敛。

令

$$K_n=\sup_{x\in\mathbf{R}^1}|F_n(x)-F(x)| \tag{5.4}$$

称 K_n 为 K-S 距离。

5.1.3 K-S 检验原理

若 $(X_i)_{i=1,\cdots,n}$ 和 $(Y_i)_{i=1,\cdots,m}$ 为独立同分布的随机变量，分别来自于分布 F 和 G。$d(F,G)$ 代表分布之间的 K-S 距离。定义距离的公式为

$$d(F,G)=\sup_{t}|F(t)-G(t)| \tag{5.5}$$

当且仅当 $F=G$ 时，$d(F,G)=0$。因而建立基于 K-S 距离的等效性检验，原假设与备择假设分别如下：

$$\begin{cases} H_0: d(F,G) > \varDelta \\ H_1: d(F,G) \leqslant \varDelta \end{cases} \tag{5.6}$$

为了建立双单侧等效性检验，那么原假设的区域 $\{(F,G): d(F,G) \leqslant \varDelta\}$ 可以写成集合 $P_\varDelta^+ \equiv \{(F,G): \sup_t |F(t)-G(t)| > \varDelta\}$ 和 $P_\varDelta^- \equiv \{(F,G): \sup_t |F(t)-G(t)| > \varDelta\}$。

因此把检验（5.6）分为两部分：

$$\begin{cases} H_0^+: (F,G) \in P_\varDelta^+, H_1^+: (F,G) \notin P_\varDelta^+ \\ H_0^-: (F,G) \in P_\varDelta^-, H_1^-: (F,G) \notin P_\varDelta^- \end{cases} \tag{5.7}$$

在检验水平为 α 下，双单侧检验（two one-sided test）可先对 H_0^+, H_1^+ 做等效性检验，而对 H_0^-, H_1^- 可以通过互换分布 F 和 G 的方法得到检验的结果。

如果 $(F,G) \in P_\varDelta^+$，那么肯定在某个点 t 上，使得 $F(t)-G(t) > \delta$，因此可以把 $P_\varDelta^+$ 的区域写成 $P_\varDelta^+ = \bigcup_t P_\varDelta^+(t)$ 作为等效性检验的原假设区域。存在某点 t 使得 $P_\varDelta^+ = \{(F,G): F(t)-G(t) > \varDelta\}$。由此在每个可能的点 t 上，建立检验水平为 α 的单边检验：

$$H_{0,t}^+: (F,G) \in P_\varDelta^+(t), \quad H_{1,t}^+: (F,G) \notin P_\varDelta^+(t) \tag{5.8}$$

如果在每个点 t 上，都拒绝原假设 $H_{0,t}^+$，那么就可以拒绝 $H_{0,t}^+$。

第一种检验统计量：$T_1(t) = \hat{F}(t) - \hat{G}(t)$。在检验 $H_{0,t}^+, H_{1,t}^+$ 的问题时，首先想到使用的检验统计量便是这种。其中 $\hat{F}(\cdot)$ 和 $\hat{G}(\cdot)$ 为经验分布函数。

$$\hat{F}(t) = \frac{1}{n}\sum_{i=1}^{n} I_{[X_i \leqslant t]}, \quad \hat{G}(t) = \frac{1}{m}\sum_{i=1}^{m} I_{[Y_i \leqslant t]} \tag{5.9}$$

第二种检验统计量：$T_2(t) = \dfrac{\hat{F}(t) - \hat{G}(t) - \varDelta}{\hat{\sigma}(\hat{F}(t), \hat{G}(t))}$。研究表明，基于非正态总体差值比标准化后的总体差值得到的检验的势要小，因此提出势更优的第二种检验统计量。表达式中的估计值 $\hat{\sigma}$ 计算公式为

$$\hat{\sigma}(\hat{F}(t), \hat{G}(t)) = \sqrt{\tilde{F}(t)(1-\tilde{F}(t))/n + \tilde{G}(t)(1-\tilde{G}(t))/m} \tag{5.10}$$

式中，$(\hat{F}(t), \hat{G}(t))$ 是在约束条件 $F(t)-G(t) = \varDelta$ 下的极大似然估计。

检验 $H_{0,t}^+, H_{1,t}^+$ 是基于检验统计量 $T_1(t)$ 和 $T_2(t)$ 的，因此整个交并集检验是基于检验统计量 $T_1 \equiv \max T_1(t)$ 或者 $T_2 \equiv \max T_2(t)$ 的。

当样本量 $m=n$，检验 $H_0: d(F,G) > \varDelta, H_1: d(F,G) \leqslant \varDelta$ 时建立的检验统计量

是 $M_1 \equiv \max\{T_1, T_1^*\}$ 或者 $M_2 \equiv \max\{T_2, T_2^*\}$，标有星号的检验统计量是通过转化 F 和 G 得到的。

当样本量 $m \neq n$ 时，检验 H_0^+, H_1^+ 和检验 H_0^-, H_1^- 必须分开独立进行。因此，检验是基于有序的成对检验统计量 $T_1 \equiv \max T_1(t)$ 或者 $T_2 \equiv \max T_2(t)$ 进行的。

当样本量很大的时候，也可以运用近似理论获得近似的临界值。此时基于统计量 T_1 和 T_2 的检验临界值也可以通过正态分布获得。基于 T_2 获得 α 水平下近似的临界值为 $-z_\alpha, z_\alpha$。它是标准正态分布的 α 上侧分位数。为了获得检验统计量 $T_1(t)$ 上的近似临界值，由于 $n\hat{F}(t) \sim \text{Binomial}(n, c+\delta)$ 以及 $m\hat{G}(t) \sim \text{Binomial}(m, c)$ 是两组独立的随机变量，那么差值 $\hat{F}(t) - \hat{G}(t)$ 近似均值为 $\varDelta$ 的正态分布，方差为

$$V(\hat{F}(t) - \hat{G}(t)) = \frac{1}{n}(c+\delta)(1-(c+\delta)) + \frac{1}{m}c(1+c) \tag{5.11}$$

当 $c = c_{\max} = \dfrac{\frac{1}{n} + \frac{1}{m} - \frac{2\varDelta}{n}}{\frac{2}{n} + \frac{2}{m}}$ 时，上述方差达到最大值。因此，检验统计量 $T_1(t)$ 近似的临界值在达到 α 水平下可获得。如果 n 和 m 趋于无穷，则临界值会收敛到 $\varDelta$。

5.2 基于 K-S 检验的滚动轴承性能退化评估

5.2.1 基于 K-S 检验性能退化评估概述

对于一组样本信号，无法判断属于何种分布时，可以采用经验分布函数描述。经验分布函数不受概率密度函数形式和连续性的影响，可以自由地描述任意随机样本。当需要检验两组或多组样本是否来自于同一未知分布时，可以比较它们的经验分布函数的接近程度。K-S 检验是一种用于检测两个随机分布之间相似状况的非参数统计方法[1]。它通过计算待检验信号的经验分布函数和参考信号的经验分布函数之间的最大垂直距离，以此作为经验分布函数相似性的度量。退化评估的任务是对机械设备的运行状态进行分类，确定当前运行状态的退化程度。K-S 检验是计算样本信号的经验分布函数的相似性。在给定的显著性水平下，若两样本信号的经验分布函数相似，则认为两样本来自于同一分布，即设备当前的运行状态未发生变化，反之设备的运行状态发生了转移。采用凯斯西储大学轴承数据中心故障测试数据来验证 K-S 检验的有效性。图 5-1 为每个状态对应的 K-S 距离。图 5-2 为状态转移图。

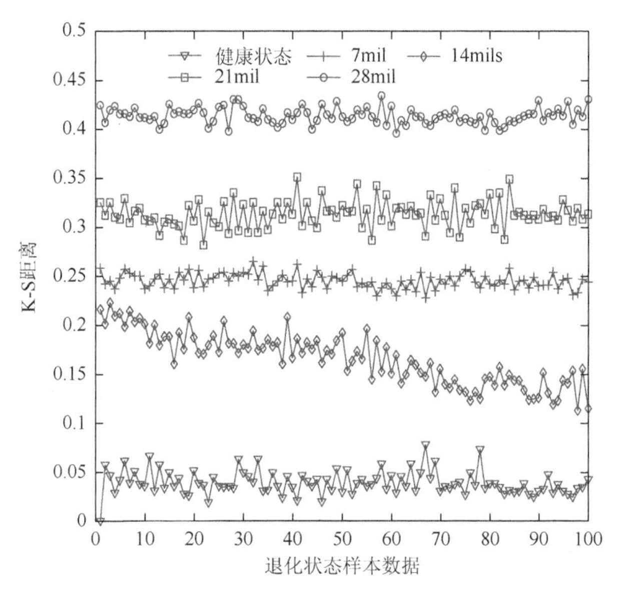

图5-1　退化状态样本数据的K-S距离

1mil = 0.0254mm

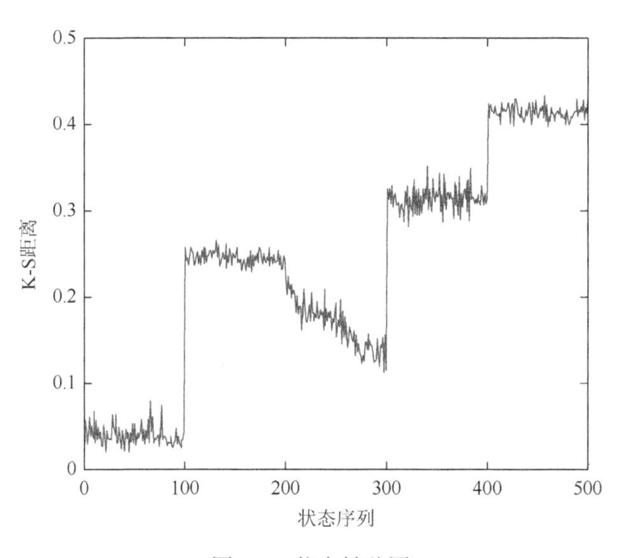

图5-2　状态转移图

由图5-2可见，待检验机械设备发生故障时，实际测得的样本信号的结构会发生相应的变化，从而使待测信号的经验分布函数发生变化。根据待测信号与参考信号经验分布函数的相似性变化确定机械设备的运行状态是否已经改变。

5.2.2 基于 K-S 检验设备性能退化评估算法

应用基于 K-S 检验的机械设备退化评估的主要步骤如下，步骤（1）～（4）如图 5-3 所示，步骤（5）～（6）如图 5-4 所示。

（1）采用 K-S 检验对比参考样本和待测样本的相似性，确定两样本是否来自于同一分布，即两样本是否处于同一状态。

（2）如果参考样本与待测样本相似，则获取下一个待测样本继续与当前的参考样本进行 K-S 检验。

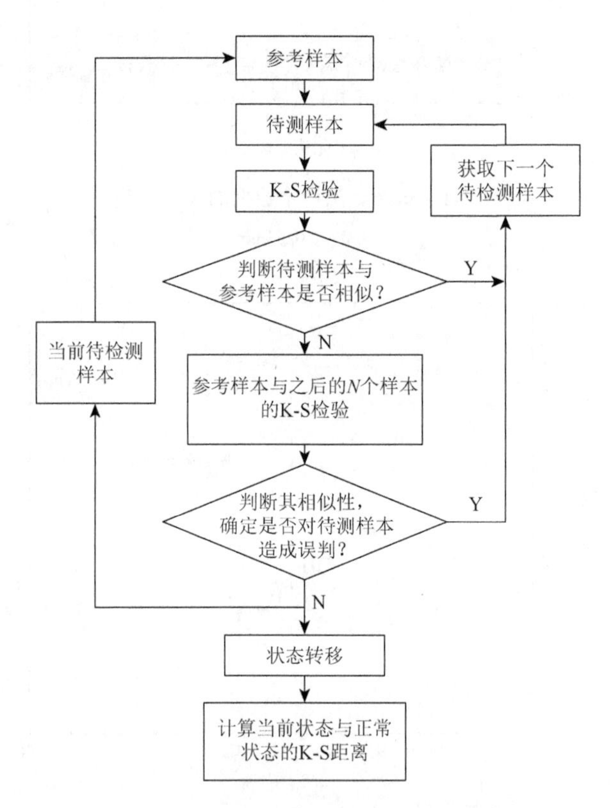

图 5-3　K-S 检验的退化状态分类框架图

（3）如果参考样本与待测样本不相似，则将原待测样本之后的 N 个样本与参考样本进行 K-S 检验，确定是否由于原待测样本的异常而造成误判，是误判则获取下一个待测样本继续与当前的参考样本进行 K-S 检验，否则表明状态转移，并将原待测样本替换参考样本继续新一轮的 K-S 检验。

（4）计算当前状态与正常状态的 K-S 距离，以此距离作为量化设备性能退化程度的指标。

（5）根据步骤（1）～（4）确定的状态数提取设备各个退化状态的原始数据样本，建立退化状态实例库。

（6）将新的待测数据（原始数据）作为输入，利用基于 K-S 检验的退化状态识别系统进行退化状态识别，输出的最小的 K-S 距离所对应的状态即为设备当前所处的状态。

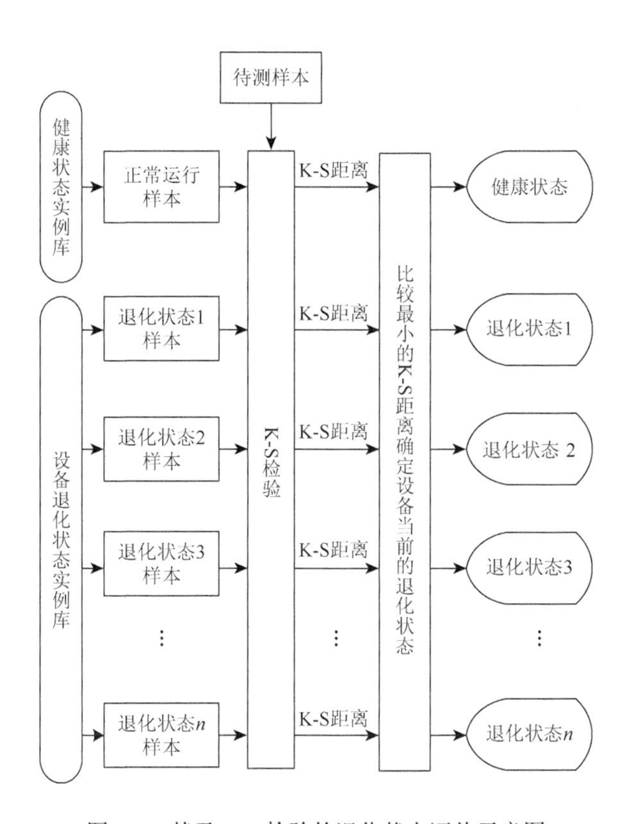

图 5-4　基于 K-S 检验的退化状态评估示意图

5.2.3　置信度水平的确定

置信度的设定在 K-S 检验的退化评估系统中起着至关重要的作用。当置信度过低时，在执行 K-S 检验时对样本信号过于敏感，不能够有效地将相似状态合并，当置信度过高时，不能够有效地检测出早期故障的发生。

当 $n\hat{F}(t), m\hat{G}(t)$ 为独立分布时，通过 $n\hat{F}(t) \sim \text{Binomial}(n, F(t))$，$m\hat{G}(t) \sim \text{Binomial}$

$(m,G(t))$ 确定了检验统计量和临界值后，定义 $(\hat{F}(t),\hat{G}(t))$ 落入检验拒绝域的所有成对 $(n\hat{F}(t),m\hat{G}(t))$ 的集合为 R，若令 $B_1 \sim \text{Binomial}(n,c+\varDelta)$，$B_2 \sim \text{Binomial}(m,c)$，此时 $P\{(B_1,B_2 \in R)\}$ 为 c 的连续函数，在区间 $[0,1-\varDelta]$ 上对 $100c$ 个可能值的条件下求 $P\{(B_1,B_2 \in R)\}$ 的最大值，得到 α 水平值，即为检验势的大小。

α 的计算公式为

$$\alpha = \max_{c\in[0,1-\varDelta]} P\{(B_1,B_2 \in R)\} \tag{5.12}$$

若 $t^* > 0$ 为检验的临界值，当 $\max_t T_1(t) \leqslant t^*$ 时则拒绝检验 H_0^+,H_1^+ 的原假设，此时 α 的计算公式为 $\alpha = \max_{c\in[0,1-\varDelta]} P\{(B_1,B_2 \in R)\}$。

若 $t^* > \dfrac{-\varDelta}{\sqrt{\varDelta(1-\varDelta)/\min(n,m)}}$ 为检验的临界值，当 $\max_t T_2(t) \leqslant t^*$ 时则拒绝检验 $H_0^+;H_1^+$ 的原假设，此时 α 的计算公式为 $\alpha = \max_{c\in[0,1-\varDelta]} P\{(B_1,B_2 \in R)\}$。

对于小样本而言，真实的 α 水平会比名义的显著性水平高。然而当相同的样本量超过 50 的时候，真实的水平趋向处于 0.06 以下。在检验统计量 T_1 下的真实 α 水平相对于名义显著性水平而言，有上下浮动的情况。然而基于检验统计量 T_2 的真实 α 水平会高于名义显著性水平。因此，除了当样本量很小的时候，$\varDelta$ 的选择看起来对渐近检验而言，保证它的名义显著性水平不会受到很大的影响。

5.2.4 应用研究

采用美国 USFI/UCR 的智能维护中心公开的轴承全寿命振动数据来进行分析。目前在工程上普遍采用振动数据的均方根值和峭度指标来监测设备的运行状态。图 5-5 为轴承 1 的均方根值和峭度指标。

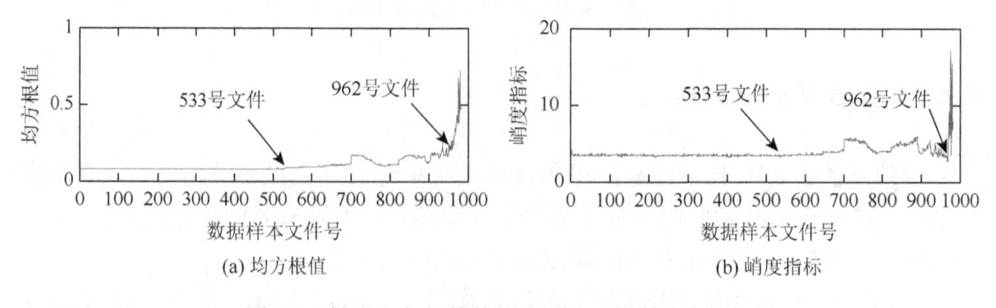

(a) 均方根值　　(b) 峭度指标

图 5-5　轴承 1 各文件数据的均方根值和峭度指标

由图 5-5 可知，在 533 号文件处两指标均出现了小幅度的持续上升，说明轴承有早期故障点；在 533 号文件到 962 号文件之间轴承经历了若干个退化状态，但均方根值与峭度指标均不能有效地反映出这一系列的退化状态并量化这些状态的退化程度。如果能检测出这些状态，将会有效地对设备进行主动维护，避免故障的突发。应用本节提出的基于 K-S 检验的退化评估方法可以对运行设备进行状态识别，并量化各状态的退化程度。图 5-6 为基于 K-S 检验的退化状态转移图。每个退化状态与正常运行状态的 K-S 距离如图 5-7 所示。

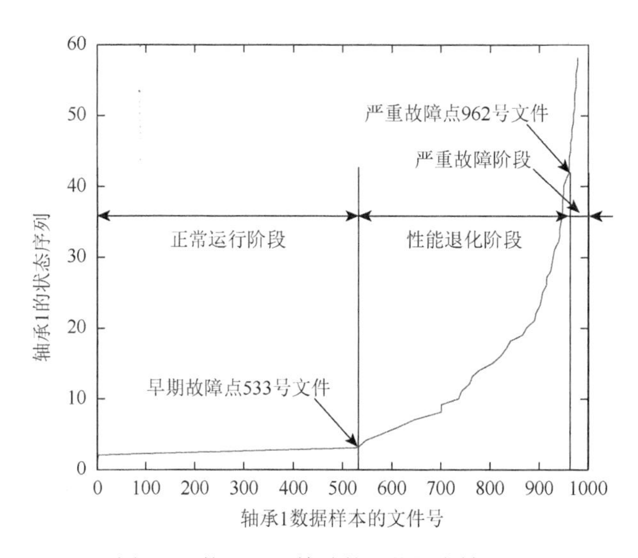

图 5-6　基于 K-S 检验的退化状态转移图

由图 5-7 可知，轴承 1 的全寿命历程基于 K-S 检验的退化评估算法一共出现了 58 次状态转移。由计算结果可知，在正常运行阶段出现了 2 次状态转移，说明轴承在早期存在磨合现象。在性能退化阶段出现了 38 次状态转移，其间状态转移曲线逐渐变陡，说明状态转移的速率逐渐增加，但是在此阶段还存在小段的状态平稳区间。由于该试验是对轴承进行加速寿命测试，每个退化状态的驻留时间较短，正常情况下，每个退化状态的驻留时间相对会增加。在严重故障阶段，一共 19 组文件，状态转移了 18 次，说明此阶段状态极其不稳定，轴承处于严重持续磨损状态。

随着状态的不断转移，各状态相对于正常运行状态的 K-S 距离呈逐渐增大的趋势，表明轴承 1 的退化程度越来越深；当在第 58 次状态转移时，当前状态与正常运行状态的 K-S 距离为 1，即这两个状态完全不相似，说明从 962 号文件开始轴承进入了严重故障状态，这与均方根值与峭度指标检测的结果相同。

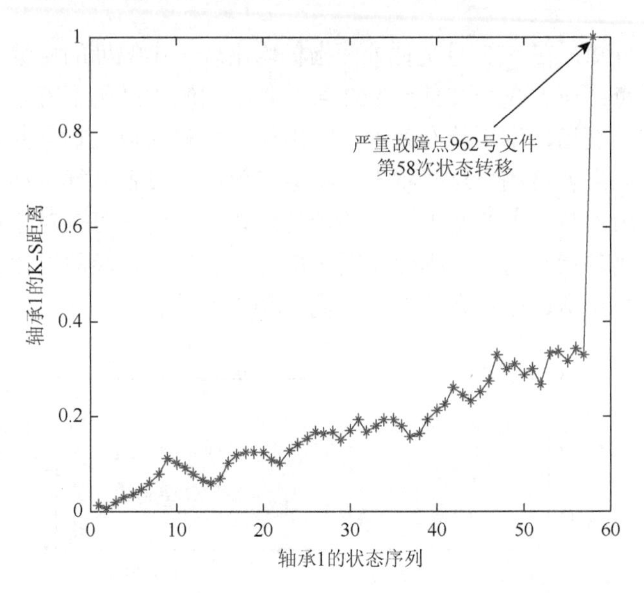

图 5-7 轴承退化状态所对应的 K-S 距离

为了方便叙述，本节选取了 5 种状态和 5 种状态的样本来验证基于 K-S 检验的退化状态识别。当状态数为实际值时，该方法同样有效。样本 1～5 分别来自正常状态、退化状态 5、退化状态 10、退化状态 11 和退化状态 30 的样本。表 5-1 为 5 种状态下的测试样本在基于 K-S 检验的退化状态识别系统下输出的 K-S 距离和识别结果。每个状态的测试样本均在对应的状态下 K-S 距离最小，5 个样本全部识别准确，分类准确率 100%。

表 5-1 5 种状态下的测试样本的 K-S 距离和识别结果

样本编号	正常状态	退化状态 5	退化状态 10	退化状态 11	退化状态 30	识别结果
1	0.0059	0.0305	0.1112	0.1016	0.1513	正常状态
2	0.0325	0.0051	0.0839	0.0734	0.1230	退化状态 5
3	0.1129	0.0875	0.0057	0.0180	0.0528	退化状态 10
4	0.0928	0.0660	0.0211	0.0096	0.0701	退化状态 11
5	0.1419	0.1168	0.0482	0.0555	0.0125	退化状态 30

5.3 基于 K-S 检验和 LS-SVM 的滚动轴承剩余寿命预测

5.3.1 最小二乘支持向量机理论

统计学在解决机器学习问题中起着基础性的作用。然而传统的统计学所研究的主要是渐近理论，当样本有限时，基于传统统计学的学习机器可能会表现出很差的推广能力，神经网络学习就是其中之一。

统计学习理论（statistic learning theory，SLT）是针对小样本情况研究统计学习规律的理论，是传统统计学的重要发展和补充，为研究有限样本情况下机器学习的理论和方法提供了统一理论框架，其核心思想是通过控制学习机器的容量实现推广能力的控制。

支持向量回归（support vector regression，SVR）是一种比较新的统计学习理论。与神经网络相比，统计学习理论有牢固的数学理论基础。当支持向量被用来处理函数近似问题和回归估计问题时，被称为支持向量回归，它可以有效地处理函数近似问题，在机械设备故障预测方面只需要少量的故障样本就可以建立故障预测回归模型，从而实现剩余寿命预测与可靠性评估[2, 3]。

统计学习理论从控制学习机器复杂的思想出发，提出了结构风险最小化原则，该原则使得机器学习在可容许的经验风险范围内，总是采用具有最低复杂度的函数集[4]。与神经网络相反，统计学习理论是建立在坚实的数学基础之上的，具有完整和复杂的理论体系。机器学习的目的是根据给定的训练样本获得对某系统的输入和输出之间的依赖关系的估计，使它能够对未知输出做出尽可能准确的预测。机器学习的基本结构如图 5-8 所示，系统就是要研究的对象，通过给定的输入 x 得到系统的输出 y，并提供给学习机器用于训练，训练后的学习机器对系统的新的输入给出预测输出。

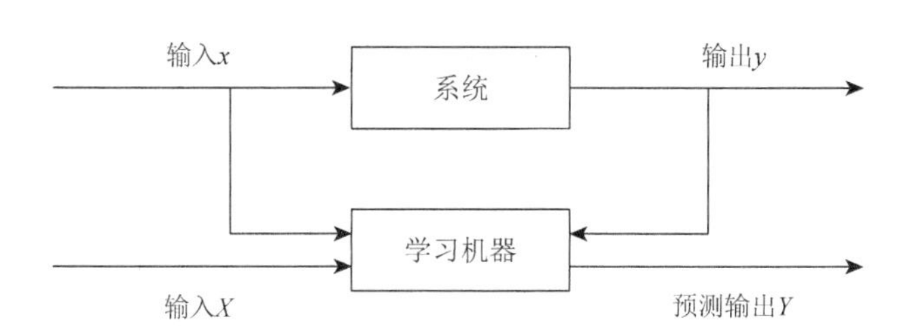

图 5-8　机器学习的基本结构图

机器学习的问题可以形式化地表示为：已知变量 y 与输入 x 之间存在一定的未知依赖关系，即存在一个未知的联合概率分布函数 $F(x,y)$，机器学习就是根据 n 个独立同分布观测样本 $(x_1,y_1),(x_2,y_2),\cdots,(x_n,y_n)$，在一组函数 $\{f(x,\alpha)\}$ 中求一个最优的函数 $f(x,\alpha_0)$，使预测的期望风险最小：

$$R(\alpha)=\int L(y,f(x,\alpha))\mathrm{d}F(x,y) \tag{5.13}$$

式中，$f(x,\alpha)$ 称为预测函数集，$\alpha\in\Lambda$ 为函数的广义参数，Λ 为函数的广义参数集合，故 $\{f(x,\alpha)\}$ 可以表示任意函数集；$L(y,f(x,\alpha))$ 为用 $f(x,\alpha)$ 对 y 进行预测

而造成的损失，即损失函数。不同类型的学习问题有不同形式的损失函数，预测函数通常也称为学习函数、学习模型或学习机器。机器学习问题主要分为三类：模式识别、回归估计和概率密度估计。

对于模式识别问题而言，在两类分类情况下，$y=\{0,1\}$ 或 $\{-1,1\}$ 是二值函数，此时预测函数也称为指示函数，其损失函数可以定义为

$$L(y,f(x,\alpha))=\begin{cases}0, & y=f(x,\alpha)\\ 1, & y\neq f(x,\alpha)\end{cases} \tag{5.14}$$

对于回归估计而言，设 y 是连续变量，它是 x 的函数，采用最小平方误差准则，则损失函数可以定义为

$$L(y,f(x,\alpha))=(y-f(x,\alpha))^2 \tag{5.15}$$

而对于概率密度估计而言，学习的目的是根据训练样本确定 x 的概率分布。记估计的密度函数为 $p(x,\alpha)$，则损失函数可以定义为

$$L(y,f(x,\alpha))=-\lg p(x,\alpha) \tag{5.16}$$

因此，要使 $R(\alpha)$ 最小化，就必须依赖关于联合概率分布函数 $F(x,y)$ 的信息。但是在实际的机器学习问题中只能利用已知样本的信息，因此 $R(\alpha)$ 无法直接计算或最小化。根据概率论中的大数定理的思想，用算术平均代替式（5.13）的数学期望，则有

$$R_{\mathrm{emp}}(\alpha)=\frac{1}{n}\sum_{i=1}^{n}L(y_i,f(x_i,\alpha)) \tag{5.17}$$

用 $R_{\mathrm{emp}}(\alpha)$ 来逼近式（5.13）定义的期望风险，用对参数 α 求得的经验风险 $R_{\mathrm{emp}}(\alpha)$ 的最小值来代替期望风险 $R(\alpha)$ 的最小值。

对于损失函数（5.14），经验风险就是训练样本错误率；对于损失函数（5.15），经验风险就是平方训练误差；对于损失函数（5.16），经验风险最小化原则就等价于最大似然方法。有限样本情况下，经验风险最小并不一定意味着期望风险最小；学习机器的复杂性不但应与所研究的系统有关，而且要和有限数目的样本相适应。这就需要一种能够指导在小样本情况下建立有效的学习和推广方法的理论，也就是统计学习理论。统计学习理论的基础是学习过程的一致性。所谓的一致性指的是当训练样本数目趋于无穷大时，经验风险函数的最优值能够收敛到真实风险的最优值，经验风险与真实风险的关系如图 5-9 所示。

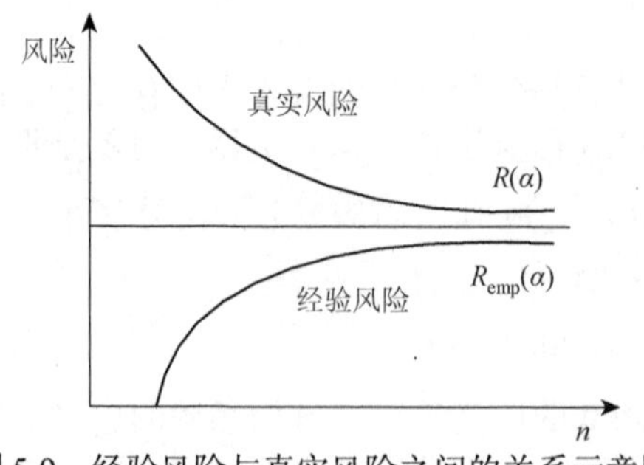

图 5-9　经验风险与真实风险之间的关系示意图

对有界的损失函数，经验风险最小化学习一致性的必要充分条件是经验风险一致性地收敛于真实风险，如式（5.18）所示：

$$\lim_{n\to\infty} P(\sup(R(\alpha)-R_{\text{emp}}(\alpha))>\varepsilon)=0,\quad \forall\varepsilon>0 \tag{5.18}$$

式中，P 表示概率；$R_{\text{emp}}(\alpha)$ 和 $R(\alpha)$ 分别表示在 n 个样本下的经验风险和对同一 α 的真实风险。

统计学习中采用 VC 维来衡量函数集在经验风险最小化原则下的学习一致性问题和一致性收敛的速度。

VC 集的标准直观的定义为：对于一个指数函数集，假如存在有 h 个样本集能够被函数集中的函数按照所有可能的 2^h 种形式分开，则称函数集能够把样本数为 h 的样本集打散。指示函数集的 VC 维就是这个函数集中的函数所能够打散的最大样本的样本数目。也就是说，如果存在 h 个样本的样本集就能够被函数集打散，而不存在有 $h+1$ 个样本集能被函数集打散，则函数集的 VC 维就是 h。如果对于任意的样本数，总能找到一个样本集能够被这个函数集打散，则函数集的 VC 维就是无穷大。

对于一般的实值函数集的 VC 维，可以通过一个阈值把实值函数转化为指示函数。由此可见，损失函数集 $Q(z,\alpha)=L(y,f(x,\alpha))$ 和预测函数集 $f(x,\alpha)$ 具有相同的 VC 维。函数集的 VC 维与其自由参数（如 α ）的数目不同，既可以大于自由参数的个数，也可以小于自由参数的个数。但是 VC 维反映了函数集 VC 维的计算理论，只是可以知道特殊函数集的 VC 维。

对于两类分类问题，对指示函数集中的所有函数，经验风险与真实风险之间至少以 $1-\eta$ 的概率满足如下关系：

$$R(\alpha)\leqslant R_{\text{emp}}(\alpha)+\sqrt{\frac{h(\ln(2n/h)+1)-\ln(\eta/4)}{n}} \tag{5.19}$$

式中，h 为函数集的 VC 集；n 为训练样本数。

由此可见，经验风险最小化原则下学习机器的真实风险是由两部分组成的，第一部分为训练样本的经验风险（训练误差），第二部分称置信范围（VC 置信）。置信范围不仅受置信水平 $1-\eta$ 的约束，而且它和函数集的 VC 维和训练样本数目 n 的函数有关，这一特点可以表示为

$$R(\alpha)\leqslant R_{\text{emp}}(\alpha)+\Phi\left(\frac{n}{h}\right) \tag{5.20}$$

通过式（5.20）进一步分析发现，当 n/h 越小时，置信范围 Φ 就越大，导致经验风险与真实风险之间有较大的误差，从而出现过学习；如果样本函数较多，n/h 越大则置信范围就越小，经验风险最小化的最优解就越接近实际的最优解，即对未来样本有较好的推广性。

然而，当样本数 n 固定时，VC 集 h 越高（即复杂度越高），n/h 就越小，置

信范围 Φ 就越大，导致经验风险与真实风险之间存在较大的误差。因此，引入结构风险最小化（SRM）原则实现经验风险与真实风险之间的综合最小化。选择经验风险与置信范围之和的最小子集 S^*，使期望风险达到最小，则所求的最优函数就是子集 S^* 中使经验风险最小的函数。结构风险最小化原则的示意图如图 5-10 所示。

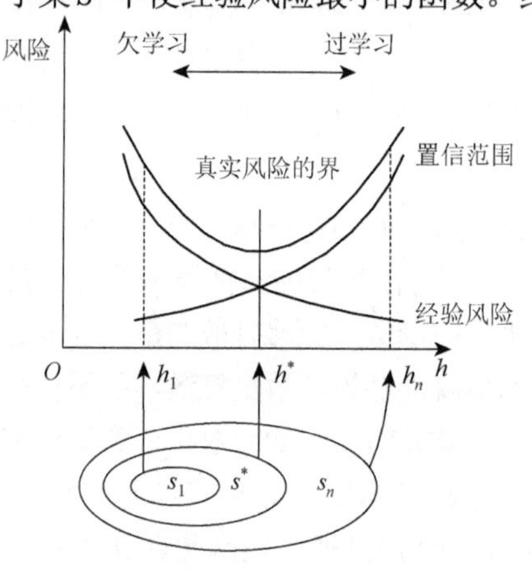

图 5-10　结构风险最小化原则示意图

SRM 原则的基本操作是，首先把函数集 $S=\{f(x,\alpha),\alpha\in\Lambda\}$ 分解为一个函数子集序列（子集结构）：$s_1\subset s_2\subset\cdots\subset s_k\subset\cdots\subset s_n$。使各个按照 VC 维的大小重新排列 $h_1\leqslant h_2\leqslant\cdots\leqslant h_k\leqslant\cdots\leqslant h_n$。这样在同一个子集置信范围就相同；在每一个子集 s_k 中寻找最小经验风险，通常它是随着子集复杂度的增加而减少。

结构风险最小化原则提供了一种不同于经验风险最小化的更科学的学习机器设计原则，实现了最小经验风险与最小置信范围的最佳组合。

5.3.2　最小二乘支持向量机算法

Suykens 在 1999 年首次提出了一种新型支持向量机方法——最小二乘支持向量机（LS-SVM）用于解决分类和函数估计问题。其采用最小二乘线性系统作为损失函数，代替传统函数，代替传统支持向量机采用的二次规划方法。LS-SVM 的最大优点就是能够解决大尺度问题，降低了运算复杂度，可以较为直观地加快学习速度，显著降低了计算成本，但是是以向量机解的稀疏损失和鲁棒性为代价的。LS-SVM 的回归算法是 LS-SVM 在回归学习中的典型应用。

对于一般情况，采用非线性回归函数，如式（5.21）所示：

$$f(x)=(\boldsymbol{w}\cdot\varphi(x))+b \tag{5.21}$$

估计训练样本集 $D=\{(x_k,y_k)\,|\,k=1,2,\cdots,N\}$，其中 $x_k\in R^n$ 为输入数据，$y_k\in R$ 为输出数据，$\boldsymbol{w}$ 为权向量，b 为偏差量。

将 LS-SVM 的函数估计问题转化为求解下面的问题：

$$\min_{w,b,e} J(\boldsymbol{w},e)=\frac{1}{2}\boldsymbol{w}^{\mathrm{T}}\boldsymbol{w}+\frac{1}{2}\gamma\sum_{k=1}^{N}{e_k}^2 \tag{5.22}$$

式中，$e_k\in R$ 为误差变量；$\gamma>0$ 为规则化参数，能够在训练误差和模型的复杂度之间取一个折中，以便使所求得的函数具有较好的泛化能力。

训练样本集 D 中的 N 个样本 (x_k, y_k) 都应当满足以下约束条件：

$$y_k = (\boldsymbol{w} \cdot \varphi(x_k)) + b + e_k, \quad k = 1, 2, \cdots, N \tag{5.23}$$

式中，$\varphi(\cdot): R^n \to R^{nh}$ 是将原始空间映射到一个高维 Hilbert 特征空间的核空间映射函数。

核空间映射函数 $\varphi(\cdot)$ 是从原始空间中抽取特征，将原始空间中的样本映射为高维特征空间的一个向量，以解决原始空间中线性不可分的问题。

根据式（5.22）和式（5.23），定义拉格朗日函数为

$$L(\boldsymbol{w}, b, e, \alpha) = J(\boldsymbol{w}, e) - \sum_{k=1}^{N} \alpha_k ((\boldsymbol{w} \cdot \varphi(x_k)) + b + e_k - y_k) \tag{5.24}$$

式中，$\alpha \geqslant 0$ 为拉格朗日乘子。

分别对 $\boldsymbol{w}, b, e, \alpha$ 求偏导数，并令其等于 0，则

$$\begin{cases} \dfrac{\partial L}{\partial \boldsymbol{w}} = 0 \Rightarrow \boldsymbol{w} = \displaystyle\sum_{k=1}^{N} \alpha_k \varphi(x_k) \\ \dfrac{\partial L}{\partial b} = 0 \Rightarrow \displaystyle\sum_{k=1}^{N} \alpha_k = 0 \\ \dfrac{\partial L}{\partial e_k} = 0 \Rightarrow \alpha_k = \gamma e_k \\ \dfrac{\partial L}{\partial \alpha_k} = 0 \Rightarrow (\boldsymbol{w} \cdot \varphi(x_k)) + b + e_k - y_k = 0 \end{cases} \tag{5.25}$$

消除变量 $\boldsymbol{w}$ 和 e，可得以下矩阵方程：

$$\begin{bmatrix} \boldsymbol{0} & \boldsymbol{I}_v^{\mathrm{T}} \\ \boldsymbol{I}_v & \boldsymbol{\Omega} + \gamma^{-1} I \end{bmatrix} \begin{bmatrix} \boldsymbol{b} \\ \boldsymbol{\alpha} \end{bmatrix} = \begin{bmatrix} \boldsymbol{0} \\ \boldsymbol{y} \end{bmatrix} \tag{5.26}$$

式中，$\boldsymbol{I}_v = [1, \cdots, 1]$；$\boldsymbol{y} = [y_1, \cdots, y_N]$；$\boldsymbol{\alpha} = [\alpha_1, \cdots, \alpha_N]$；$\Omega_{kl} = \varphi(x_k)^{\mathrm{T}} \varphi(x_l), k, l = 1, 2, \cdots, N$。

如果 $\boldsymbol{\Phi} = \begin{bmatrix} \boldsymbol{0} & \boldsymbol{I}_v^{\mathrm{T}} \\ \boldsymbol{I}_v & \boldsymbol{\Omega} + \gamma^{-1} I \end{bmatrix}$ 是可逆大的，则参数 $\boldsymbol{\alpha}$ 和 $\boldsymbol{b}$ 的求解公式为

$$\begin{bmatrix} \boldsymbol{b} \\ \boldsymbol{\alpha} \end{bmatrix} = \boldsymbol{\Phi}^{-1} \begin{bmatrix} \boldsymbol{0} \\ \boldsymbol{y} \end{bmatrix} \tag{5.27}$$

根据 Mercer 条件，存在映射函数 $\varphi(\cdot)$ 和核函数 $K(\cdot, \cdot)$，使得

$$K(x_k, x_l) = \varphi(x_k)^{\mathrm{T}} \varphi(x_l) \tag{5.28}$$

因此，将式（5.25）和式（5.28）代入式（5.21），得到 LS-SVM 的回归函数为

$$f(x) = \sum_{k=1}^{N} \alpha_k (\varphi(x_k) \cdot \varphi(x)) + b = \sum_{k=1}^{N} \alpha_k K(x_k, x) + b \tag{5.29}$$

式中，$\boldsymbol{\alpha}$ 和 b 由式（5.25）求解，核函数 $K(x_k,x_l)$ 的选取方式与 SVR 相同。

LS-SVM 和标准 SVM 的主要不同在于 LS-SVM 将误差的二次平方项作为损失函数而不是用 ε 不敏感损失函数作为损失函数，以便将不等式约束条件转化为整数约束，从而用线性运算的方法就可以进行计算。LS-SVM 的主要特点如下。

（1）具有全局最优解。

LS-SVM 的求解过程即求解式（5.26），因此当矩阵 $\boldsymbol{\Phi}=\begin{bmatrix}0 & \boldsymbol{I}_v^{\mathrm{T}}\\ \boldsymbol{I}_v & \boldsymbol{\Omega}+\gamma^{-1}I\end{bmatrix}$ 满秩的时候，具有全局唯一最优解。

（2）缺乏支持向量的稀疏性。

从优化条件式（5.25）中的 $\alpha_k=\gamma e_k$ 可知，LS-SVM 的一个缺点就是缺乏稀疏性，拉格朗日乘子 α_k 的值正比于其对应训练样本点的训练误差值 e_k。但实际情况下，存在一定的建模误差，再加上噪声和干扰的影响，使得 e_k 肯定不等于零。这使得所有的训练样本点都是支持向量，也就是说，所有的训练样本点都对模型的建立有贡献，从而导致稀疏性的缺失。

5.3.3 基于 K-S 检验和 LS-SVM 的滚动轴承寿命预测算法

1. 故障预测概述

故障预测与健康管理（prognostics and health management，PHM）是近年来提出的一种集故障诊断、故障预测和健康管理能力于一体的新型系统，它借助于信息化、智能化手段对关键部位的故障进行实时检测与隔离，并预测装备关键部位的剩余寿命。PHM 系统对实现基于状态的维护和管理、提高设备运行安全性、可靠性和可维护性具有重要的意义，PHM 系统的构建必须以具有高准确率的故障预测技术为基础。

设备故障预测，也称剩余寿命预测，是指在规定的运行工况下，能够保证设备安全、经济运行的剩余时间，属于故障诊断定量研究的最高层次[5]。目前研究比较集中在基于数据驱动的故障预测方法，主要包括神经网络模型[6, 7]、比例风险模型[8]、支持向量数据描述[9]、隐马尔可夫模型及其改进模型[10]等。然而，上述方法过于依赖于退化特征提取的结果，特征提取方法与退化指标的选取对评估结果有较大的影响，同时如何在小样本条件下构建寿命预测模型、提高预测精度也是亟待研究和解决的问题。

2. 性能退化指标的选取

机械设备运行过程是一个复杂的非平稳动态过程，因此，选择合理的退化指标对后续的寿命预测模型的建立有着至关重要的作用。传统的特征值如均方根值、峭度指标、峰-峰值、裕度指标、偏度系数、歪度指标、脉冲指标、峰值指标、八阶矩系数、六阶矩系数等，传统的特征值的定义如表 5-2 所示。

表 5-2　传统的特征值的定义

特征值	计算公式	特征值	计算公式
均方根值	$X_{\mathrm{rms}}=\sqrt{\frac{1}{N}\sum_{i=1}^{N}x_i^2(t)}$	歪度指标	$C_w=\frac{1}{N}\sum_{i=1}^{N}(\lvert x_i\rvert-\bar{x})^3/X_{\mathrm{rms}}^3$
峭度指标	$C_q=\frac{1}{N}\sum_{i=1}^{N}(\lvert x_i\rvert-\bar{x})^4/X_{\mathrm{rms}}^4$	脉冲指标	$C_f=X_p/\bar{x}$
峰-峰值	$X_{p-p}=x_{\max}-x_{\min}$	峰值指标	$I_p=X_p/X_{\mathrm{rms}}$
裕度指标	$C_e=X_{\mathrm{rms}}/\bar{x}$	八阶矩系数	$K_8=\frac{1}{N}\sum_{i=1}^{N}x_i^8/X_{\mathrm{rms}}^4$
偏度系数	$C_s=\frac{1}{N}\sum_{i=1}^{N}(\lvert x_i\rvert-\bar{x})^3$	六阶矩系数	$K_6=\frac{1}{N}\sum_{i=1}^{N}x_i^6\Big/\left(\frac{1}{N}\sum_{i=1}^{N}x_i^2\right)^3$

传统的退化指标对机械设备运行的故障演化趋势各有其优缺点。以下以美国辛辛那提大学智能维护系统中心的 IMS 轴承振动数据为例，分析不同退化指标的有效性和适用性。

对于均方根值和峰-峰值两种特征值而言，如图 5-11 和图 5-12 所示，随着轴承的运行，两种特征值在后半阶段都有略微的上升趋势，在退化初期不明显，不

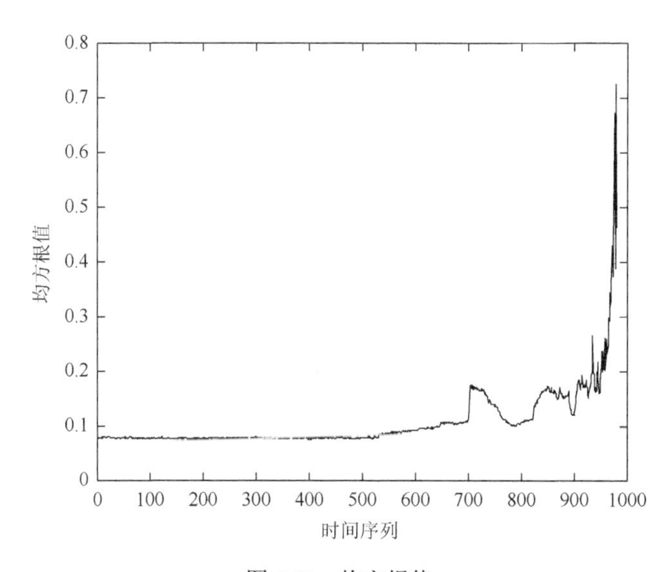

图 5-11　均方根值

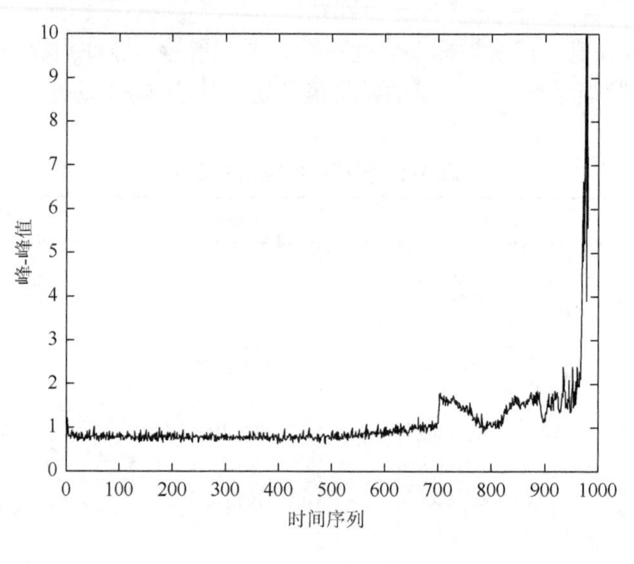

图 5-12　峰-峰值

能有效地对后续的退化预测提供很好的退化阈值，因此不能作为描述轴承性能退化的指标。

对于裕度指标、偏度系数和峭度指标三种特征值而言，如图 5-13～图 5-15 所示，三种特征值对轴承早期退化较为明显，且在从早期退化开始的退化过程中这三特征值对故障信号特别明显，但是这三种特征值在描述轴承严重退化状态时杂

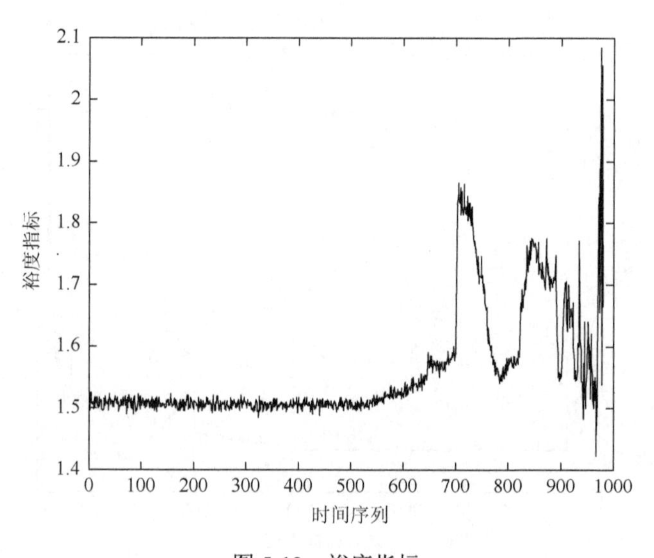

图 5-13　裕度指标

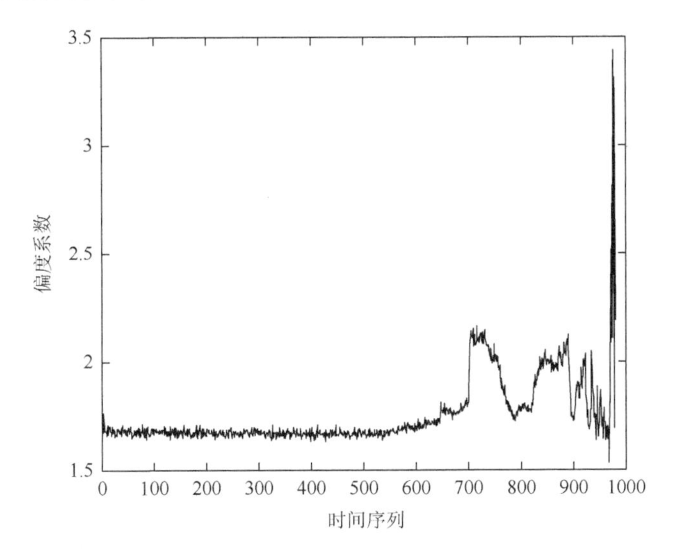

图 5-14　偏度系数

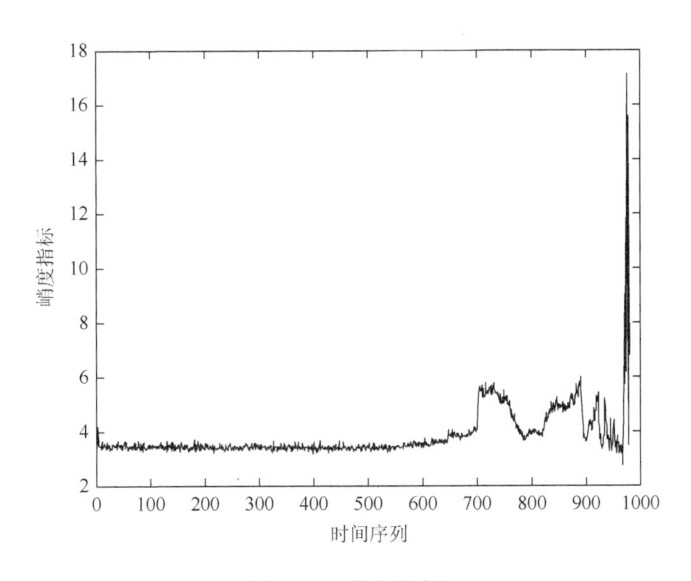

图 5-15　峭度指标

乱无章，不能很好地表示退化信号从轻微退化状态到严重退化状态之间的趋势性，因此不能作为描述轴承退化过程的指标。

对于歪度指标、脉冲指标、峰值指标、八阶矩系数、六阶矩系数这几种特征值而言，不能有效地反映设备运行的早期故障点及运行过程中的退化趋势，不能很好地刻画轴承性能退化的实质，难以建立退化指标和剩余使用寿命之间的映射关系，因此不能作为定量描述设备性能退化程度的指标，如图 5-16～图 5-20 所示。

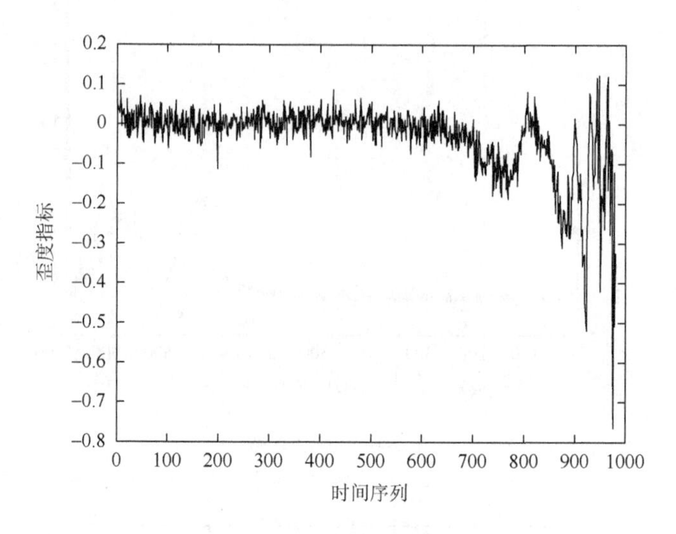

图 5-16　歪度指标

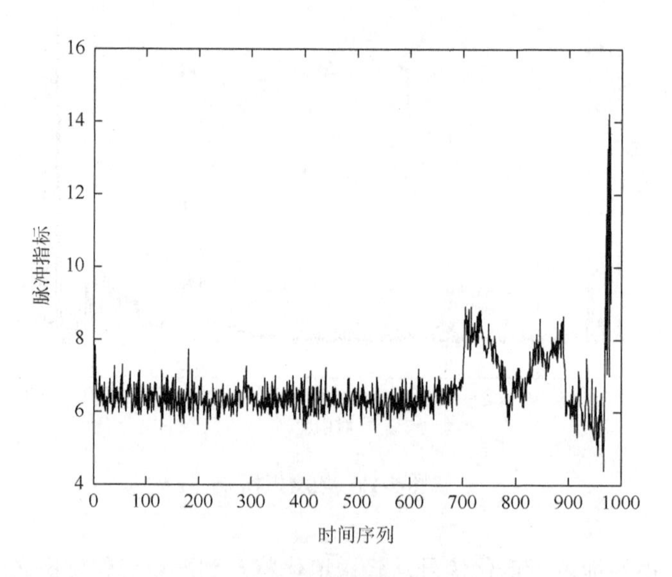

图 5-17　脉冲指标

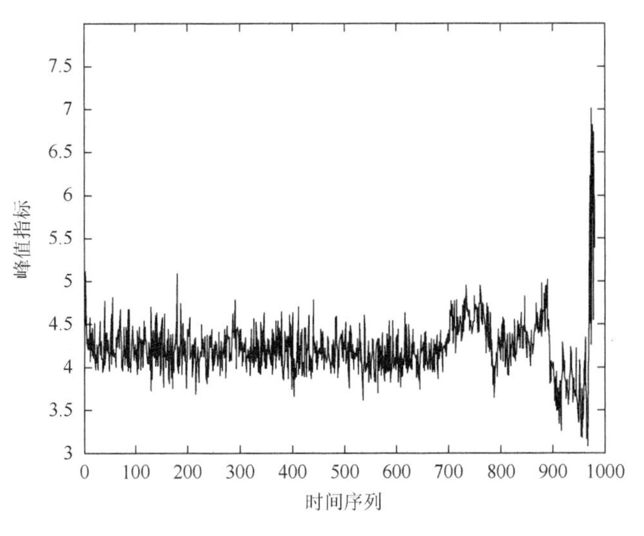

图 5-18　峰值指标

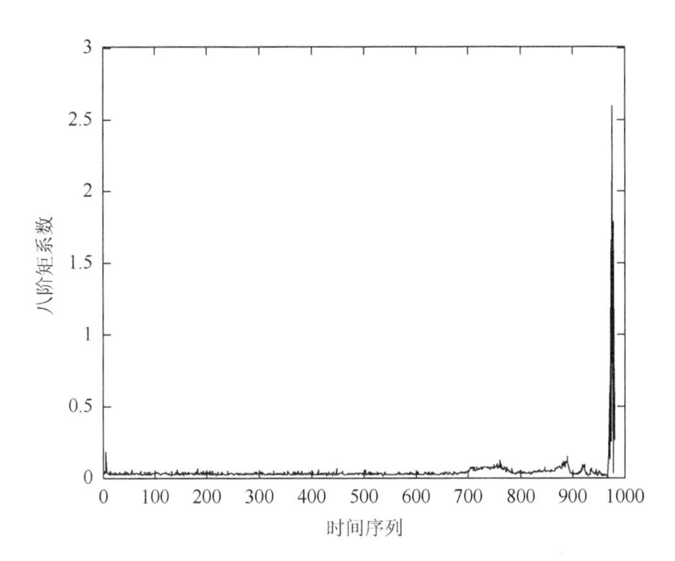

图 5-19　八阶矩系数

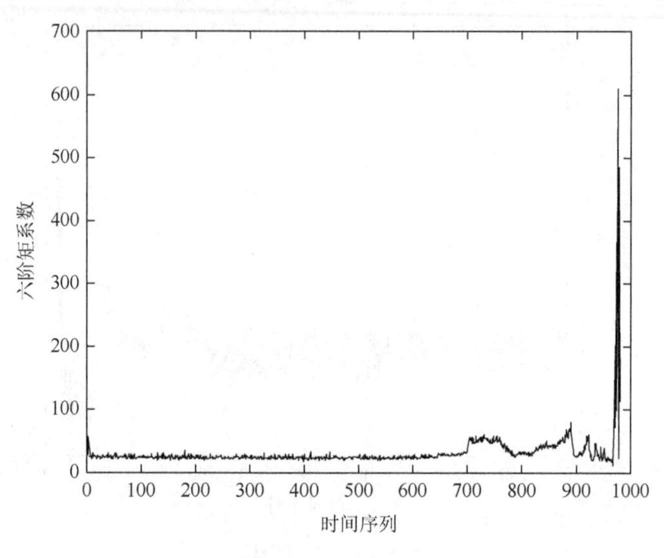

图 5-20　六阶矩系数

针对上述性能指标的不足，本节提出采用 K-S 检验的 K-S 统计量（即 K-S 距离）作为设备运行过程中的退化指标：

$$\mathrm{DV}_n = \sup_{x \in R^1} |F_n(x) - F(x)| \tag{5.30}$$

式中，$F_n(x)$ 表示样本文件的经验分布函数；n 表示样本总数；$F(x)$ 表示健康状态样本的经验分布函数。图 5-21 为各个样本的经验分布函数与健康状态样本的经验分布函数的 K-S 距离。

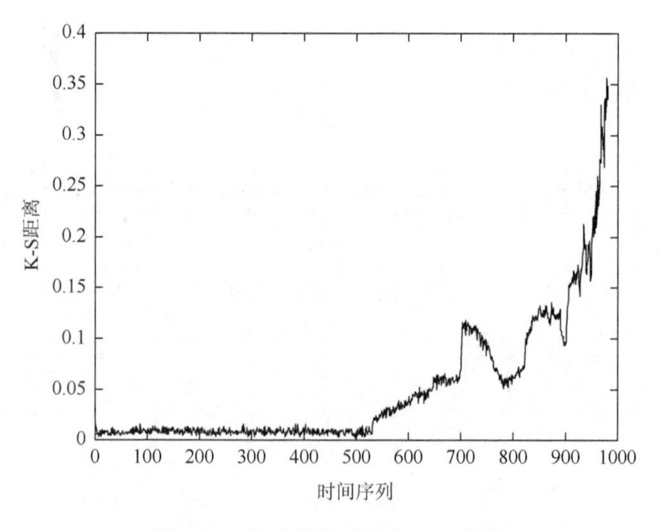

图 5-21　每个样本对应的 K-S 距离

以 K-S 距离作为设备性能的退化指标无须对原始数据进行预处理和特征提取，直接采用原始数据参与计算，算法简单、计算效率高，可以有效地对运行设备的退化状态进行评估。不难发现，K-S 距离对设备的早期退化特别敏感，且在设备的退化过程中有一定的趋势性，在此基础上可以进一步对运行设备的剩余有效寿命进行有效的预测。

3. 基于 K-S 检验和 LS-SVM 的故障预测框架

确定以当前退化状态与正常状态的 K-S 距离作为性能评估指标，在此基础上给出了基于 K-S 检验和 LS-SVM 的故障预测系统框架，如图 5-22 所示。

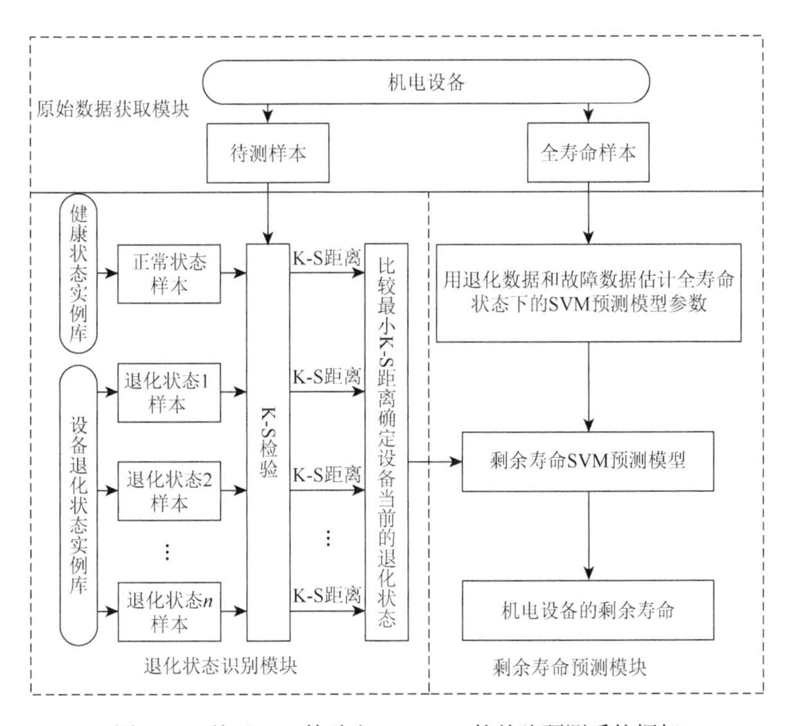

图 5-22　基于 K-S 检验和 LS-SVM 的故障预测系统框架

基于 K-S 检验和 LS-SVM 的故障预测算法的步骤如下：

（1）根据 5.2 节退化评估步骤确定的状态数，提取设备各个退化状态的原始数据样本，建立退化状态实例库；

（2）以设备早期衰退为时间起点，基于退化状态和故障状态的 K-S 距离，训练 LS-SVM 全寿命预测模型参数；

（3）将新的待测数据（原始数据）作为输入，基于 K-S 检验进行退化状态识别，输出最小的 K-S 距离所对应的状态即为设备当前所处的退化状态；

（4）以当前状态的 K-S 距离为输入，基于 LS-SVM 预测当前状态对应的剩余寿命，用于指导设备维护和健康管理。

5.3.4 应用研究

试验数据仍然采用美国 USFI/UCR 的智能维护中心的数据。由于轴承 1 的全寿命试验数据从 533 号之前的状态属于健康状态，所以从 533 号文件开始，将轴承 1 的故障部分的数据分成两个部分，奇数号文件作为一组，用作模型的训练数据，以下称为第一组数据，剩余的偶数号文件为另外一组，作为检验模型的实际数据，以下称为第二组数据。两组数据的 K-S 距离如图 5-23 所示。

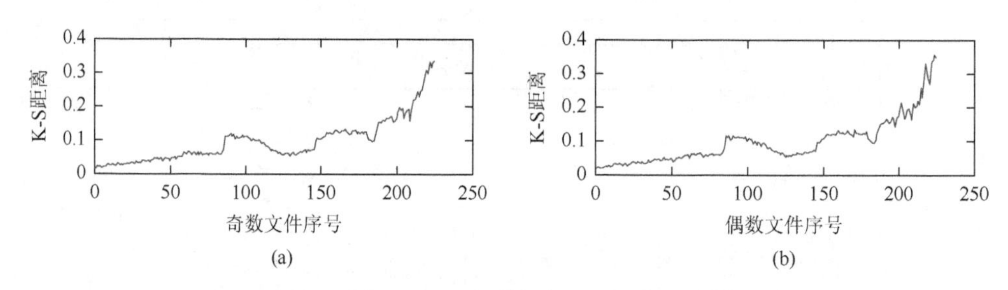

图 5-23 两组数据的 K-S 距离

对于小样本故障数据下的故障预测而言，从第一组数据中均匀地取少量的样本来模拟故障数据不足时的状况。对于有大量故障数据下的故障预测而言，则可以将第一组数据全部使用来模拟故障数据充足时的状况。测试模型从第二组数据中选取任意测试数据输入模型则可以得到当前状态所对应的剩余使用寿命。本节的测试数据是以第二组数据从轴承衰退起始点及 5%，10%，15%，…，95%等 20 处的 K-S 距离作为测试样本。基于 LS-SVM 故障预测算法步骤如下：

（1）输入训练 LS-SVM 模型的故障数据；

（2）确定径向基函数的参数、核宽度 σ 和惩罚系数 γ；

（3）利用 LS-SVM 模型中给出的算法，确定参数 α 和 β；

（4）将第（3）步得到的模型参数代入 LS-SVM 模型中，然后将测试样本数据输入模型，即可得到轴承当前的剩余使用寿命。

本节分别采用少量故障样本数据和大量故障样本数据训练 LS-SVM，并在相同测试数据下对其进行测试，预测结果如图 5-24 所示。

为了检验本节预测方法的性能，将 LS-SVM 剩余寿命预测模型和 BP 神经网络剩余寿命预测模型相比较，训练和测试 BP 神经网络模型的故障数据及故障数据的样本大小均与测试 LS-SVM 所用的数据相同，以便于客观公正地比较两种模型的预测性能。基于 BP 神经网络的预测结果如图 5-25 所示。

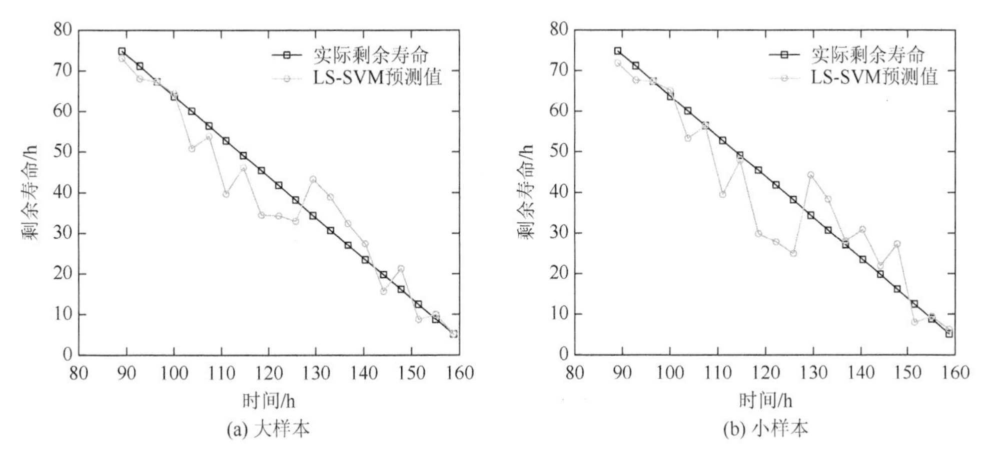

图 5-24　不同故障样本容量下 LS-SVM 的寿命预测结果

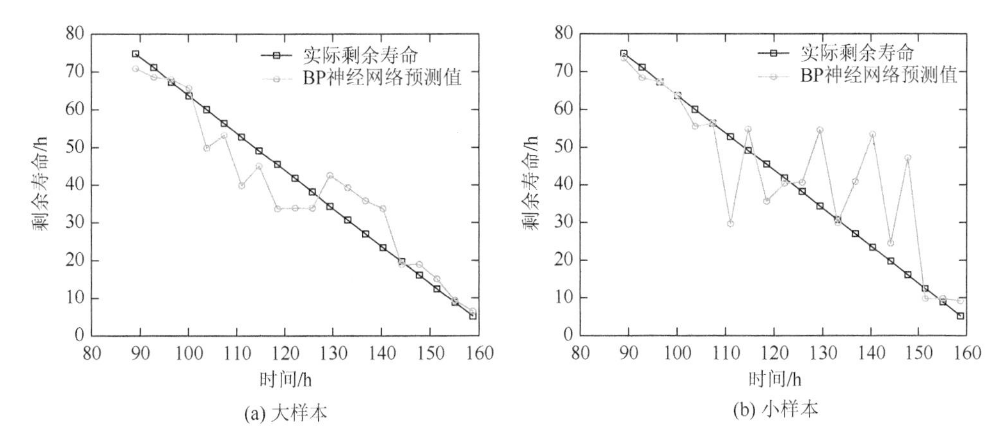

图 5-25　不同故障样本容量下 BP 神经网络的寿命预测结果

为了比较两种模型的预测效果，通过计算 20 个预测点的绝对平均误差（e_{MAE}）、均方根误差（e_{RMSE}）、归一化均方误差（e_{NMSE}）、平均相对误差（e_{MAPE}），来定量比较两种模型的预测性能，预测误差计算公式如式（5.31）所示：

$$\begin{cases} e_{\mathrm{MAE}} = \dfrac{1}{n}\sum\limits_{i=1}^{n} | y_i - \hat{y}_i | \\ e_{\mathrm{RMSE}} = \sqrt{\dfrac{1}{n}\sum\limits_{i=1}^{n}(y_i - \hat{y}_i)^2} \\ e_{\mathrm{NMSE}} = \dfrac{1}{n\sigma^2}\sum\limits_{i=1}^{n}(y_i - \hat{y}_i)^2 \\ e_{\mathrm{MAPE}} = \dfrac{1}{n}\sum\limits_{i=1}^{n}\left|\dfrac{y_i - \hat{y}_i}{y_i}\right| \times 100\% \end{cases} \tag{5.31}$$

式中，y_i 和 $\hat{y}_i$ 分别为实际剩余寿命和预测值；n 为样本数。

表 5-3 为两种模型在不同训练样本容量下的预测误差。

表 5-3 剩余寿命预测误差

训练样本容量	预测模型	绝对平均误差	均方根误差	归一化均方误差	平均相对误差
小样本	BP 神经网络	7.9695	12.6700	8.1035	0.3381
	LS-SVM	5.8390	7.7855	2.9639	0.1941
大样本	BP 神经网络	5.3403	6.6106	0.1141	0.1658
	LS-SVM	4.8613	6.0458	0.0880	0.1501

从上述结果可以看出，当有大量的故障样本训练模型时，LS-SVM 和 BP 神经网络的预测值都不能完全逼近真实值，而是在真实值附近上下波动，这是由输入 K-S 距离中残留的随机性导致的。事实上，如表 5-3 所示，即使存在残留的随机信号，LS-SVM 的预测精度比 BP 神经网络的预测精度要高。此外，BP 神经网络算法还存在预测结果不稳定的问题，每次预测的误差并不相同，虽然可以使用参数固定的方法来固定预测误差，但是对于不同的预测对象，很难确定初始参数，并且神经网络极易陷入局部极小值，造成预测误差的增大。当只有少量故障样本训练模型时，LS-SVM 预测值的误差与大量故障样本训练出的 LS-SVM 的预测误差相差不是很大。然而如图 5-25 所示少量故障样本训练出的 BP 神经网络模型在测试时，预测值较实际值出现了较大的波动，说明当 BP 神经网络训练样本减少时，模型的预测误差会变大。结合图 5-24、图 5-25 和表 5-3，不难发现 LS-SVM 的预测性能要优于 BP 神经网络。

5.4 基于 K-S 距离的 GM(1, 1)的滚动轴承剩余寿命预测

5.3 节讨论了在完备数据条件下的滚动轴承剩余寿命预测。基于完备数据条件下的剩余寿命预测本质上属于经验预测，即建立各阶段退化程度与剩余寿命之间的映射关系，需要建立完备的退化状态数据库。对于一般的设备而言，可以获得相同部件的完备的故障数据，然而若寿命预测的对象是一个全新设备或部件没有历史故障数据，只有现阶段运行而采集到的现有数据，则称此时的数据为不完备故障数据，因此一般的经验预测方法无法应用。

灰色系统理论是邓聚龙教授提出的，它将系统分为三类：白色、黑色和灰色。“白色”指信息完全已知；“黑色”指信息完全未知；“灰色”介于白色跟黑色之间，其信息有的部分是已知的、有的部分是未知的。一个系统其信息部分已知、

部分未知可以称为灰色系统，灰色系统理论简称为灰色理论。不完备数据相对完备数据就相当于信息有的部分是已知的、有的部分是未知的。而寿命趋势外推预测的本质是利用被预测对象的部分历史数据和现有数据去推知对象未来的发展趋势。因此灰色模型可用来进行不完备故障数据下的剩余寿命预测。

5.4.1　灰色模型基本理论

基于信息思维，自然现象往往是灰色的，灰色现象里含有已知的、未知的与非确知的种种信息；含有含糊不清的机理；存在数据不足的表现。少数据与少信息带来的不确定性称为灰色不确定性。

灰色模型是邓聚龙教授在1982年提出的一种用来解决信息不完备系统（灰色系统）的数学方法，它是一门研究信息带有不确定性现象的应用数学学科[11]。灰色预测是指对既含已知信息，又含不确定信息的系统进行预测，就是对在一定范围内变化的、与时间有关的灰色过程进行预测。灰色系统理论就是研究少数据不确定性的理论。灰色理论可以分析少数据的特征、少数据的行为表现和少数据的潜在机制，在综合少数据的基础上，揭示少数据、少信息背景下的演化规律，为数据处理、现象分析、模型建立和趋势预测提供理论支持。

在序列的基础上建立近似微分方程的模型，此过程称为灰色建模（grey modeling），近似微分方程模型称为灰色模型（grey model，GM）。灰色预测中最常用的模型是GM(1, 1)模型，通过变量的一阶微分方程来揭示数列的变化规律。灰色模型具有如下性质。

（1）序列性。

作为灰色预测的原始数据，一般是以时间序列的形式来表示，即数据的序列性。

（2）少数据性。

回归模型、差分方程模型、时序模型等属于大样本量模型。而模糊模型虽属于经验模型，但是仍然需要大量的经验（数据）作为基础。灰色模型则属于少数据模型，建立一个常用的灰色模型GM(1, 1)，最少需要4个数据。

（3）全信息性。

行为数据是影响行为的所有因子共同作用于行为的结果。因此行为数据中包含有全部行为信息，即数据的全信息性。

（4）不确定性。

回归模型、时序模型为函数模型；差分方程模型为差分关系模型。模型在关系上、性质上都不具有不确定性。模糊模型也属于函数模型，在模型的性质上、关系上也不具有不确定性。灰色模型既不是一般的函数模型，也不是完全的差分方程模型，或完全的微分方程模型，而是具有部分差分、部分微分性质的模型。模型在关系上、性质上、内涵上都具有不确定性。

（5）时间传递性。

建立灰色模型的数据，是时间轴上已有的数据，可通过模型获得未来轴上的数据，即预测数据，体现在数据从现在传递到未来的时间传递性。

5.4.2 灰色模型建模方法

设时间序列有 n 个观察值：

$$\boldsymbol{X}^{(0)}=[X^{(0)}(1),X^{(0)}(2),\cdots,X^{(0)}(n)] \tag{5.32}$$

通过累加生成新序列：

$$\boldsymbol{X}^{(1)}=[X^{(1)}(1),X^{(1)}(2),\cdots,X^{(1)}(n)] \tag{5.33}$$

令 $\boldsymbol{Z}^{(1)}$ 为 $\boldsymbol{X}^{(1)}$ 的紧邻均值生成序列：

$$\boldsymbol{Z}^{(1)}=[Z^{(1)}(1),Z^{(1)}(2),\cdots,Z^{(1)}(n)] \tag{5.34}$$

$$Z^{(1)}(k)=\frac{1}{2}(X^{(1)}(k-1)+X^{(1)}(k)) \tag{5.35}$$

则 GM(1, 1)的灰色微分方程模型为

$$X^{(0)}(k)+aZ^{(1)}(k)=b \tag{5.36}$$

式中，a 为发展灰数；b 为内生控制灰数。设 $\hat{\boldsymbol{\beta}}$ 为参数向量，$\hat{\boldsymbol{\beta}}=[a\ \ b]^{\mathrm{T}}$。

基于最小二乘法求解待定参数为

$$\hat{\boldsymbol{\beta}}=(\boldsymbol{B}^{\mathrm{T}}\boldsymbol{B})^{-1}\boldsymbol{B}^{\mathrm{T}}\boldsymbol{Y} \tag{5.37}$$

式中

$$\boldsymbol{B}=\begin{bmatrix}-Z^{(1)}(2) & 1\\ -Z^{(1)}(3) & 1\\ \vdots & \vdots\\ -Z^{(1)}(n) & 1\end{bmatrix} \tag{5.38}$$

$$\boldsymbol{Y}=\begin{bmatrix}X^{(0)}(2)\\ X^{(0)}(3)\\ \vdots\\ X^{(0)}(n)\end{bmatrix} \tag{5.39}$$

GM(1, 1)灰色微分方程的时间响应序列为

$$\hat{X}^{(1)}(k+1)=\left(X^{(1)}(0)-\frac{b}{a}\right)\mathrm{e}^{-ak}+\frac{b}{a},\quad k=1,2,\cdots,n \tag{5.40}$$

取 $X^{(1)}(0)=X^{(0)}(1)$，有

$$\hat{X}^{(1)}(k+1)=\left(X^{(0)}(1)-\frac{b}{a}\right)e^{-ak}+\frac{b}{a} \tag{5.41}$$

累减后的预测方程为

$$\hat{X}^{(0)}(k+1)=\hat{X}^{(1)}(k+1)+\hat{X}^{(1)}(k) \tag{5.42}$$

5.4.3　基于 K-S 距离和 GM(1, 1)的寿命预测算法

设备退化评估与预测的任务是对机械设备的运行状态进行分类，构造指标准确评估性能衰退规律，确定衰退起始时间和失效临界时间，在此基础上建立模型有效预测剩余寿命，提出了基于 K-S 距离和 GM(1, 1)的机械设备寿命预测算法，如图 5-26 所示，算法主要步骤如下：

（1）从待测机械设备上等时间间隔采集原始信号，采样间隔为 T;

（2）计算每次采集到的样本与健康状态样本的 K-S 距离作为量化设备性能退化程度的评估指标，若计算结果大于早期退化阈值，则表明设备已经进入早期衰退状态；

（3）从早期衰退点开始连续获取 N 个样本并计算其与健康状态的 K-S 距离，形成 N 点的退化指标序列 $\boldsymbol{X}=[\mathrm{KS}^{(1)},\mathrm{KS}^{(2)},\cdots,\mathrm{KS}^{(N)}]$；

（4）利用退化指标序列 $\boldsymbol{X}=[\mathrm{KS}^{(1)},\mathrm{KS}^{(2)},\cdots,\mathrm{KS}^{(N)}]$，根据式（5.34）～式（5.39）训练 GM(1, 1)，并据此进行趋势外推，完成 1-步向前预测；

（5）判断预测得到的 K-S 距离是否达到所设定的失效阈值，若没有达到失效阈值则将 1-步向前预测的预测值纳入退化指标序列中，并删除原序列中的第一个值，保持序列长度 N 不变，实现退化指标序列动态更新，重复步骤（4），实现 P-步向前预测；

（6）若经过 P-步向前预测后达到失效阈值，则终止预测过程，并根据趋势外推步数和时间间隔计算机械设备的剩余使用寿命 $\mathrm{RUL}=P\times T$ 。

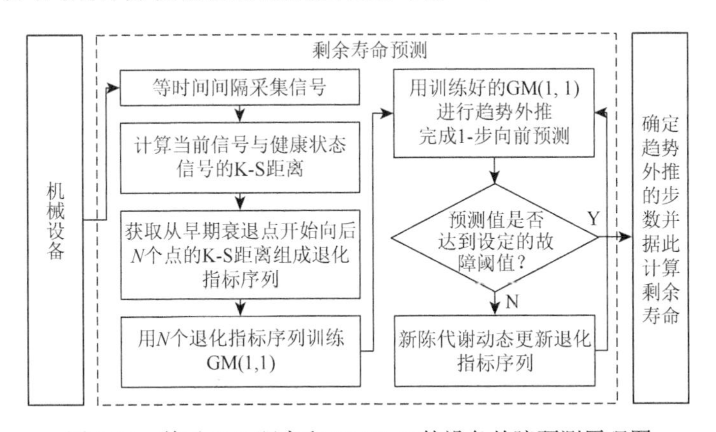

图 5-26　基于 K-S 距离和 GM(1, 1)的设备故障预测原理图

通过退化指标序列动态训练 GM(1, 1)，基于训练好的 GM(1, 1)预测退化指标的变化趋势，估计退化指标达到失效阈值的时间，可以实现在设备运行早期极少数故障样本条件下预测设备的剩余使用寿命。

5.4.4 应用研究

试验数据仍然采用美国 USFI/UCR 的智能维护中心轴承数据。退化指标序列个数的选取是训练模型的数据量的问题，对于动态灰色模型来说，选取合适的退化指标序列个数尤为重要。不同的序列个数对预测的准确性会产生预测提前、预测滞后、预测失真等情况。目前确定训练动态灰色模型的退化指标序列个数的方法为枚举法。

表 5-4 列举了 18 以内的训练模型的退化指标序列个数，以及它们对应的预测状况。预测提前和预测失真很容易辨别，它们不符合机械设备失效的一般规律，预测滞后则相对较难识别一些，需要结合设备运行时所采集到的数据进行比较，从而发现预测值与实际值随着时间的推移偏差越来越大。

表 5-4 训练模型的退化指标序列个数对应的预测状况

预测状况	训练模型的退化指标序列个数
预测提前	4、7、14、15、16、17、18
预测滞后	12、13
预测失真	5、6、9、10、11
理想预测	8

图 5-27 为训练模型的退化指标序列个数对应的预测状况。经计算比较，本节取 8 个 K-S 距离指标组成退化序列，即 $N=8$。相邻两样本的时间间隔 $T=10\text{min}$，即每隔 10min 采集长度为 20480 点的原始振动加速度信号，早期退化的性能指标阈值为早期故障点的 K-S 距离与所有健康状态的平均 K-S 距离的中值，本节中早期性能退化阈值为 0.01739；失效指标阈值为轴承出现严重故障时的故障样本与健康状态样本的 K-S 距离，本节中轴承的失效指标阈值为 0.275。全寿命试验中，实际到达失效阈值的步数为 425，当进行到 444-步向前预测时，K-S 距离预测值达到 0.275，终止预测，则有如下结论成立。

预测寿命：$\text{RUL}_P = P_{\text{预测}} \times T = 444 \times 10 = 4440\,\text{min}$ 。

实际寿命：$\text{RUL} = P_{\text{实际}} \times T = 425 \times 10 = 4250\,\text{min}$ 。

预测误差：$\text{error} = \dfrac{|\text{RUL}_P - \text{RUL}|}{\text{RUL}} \times 100\% = 4.47\%$ 。

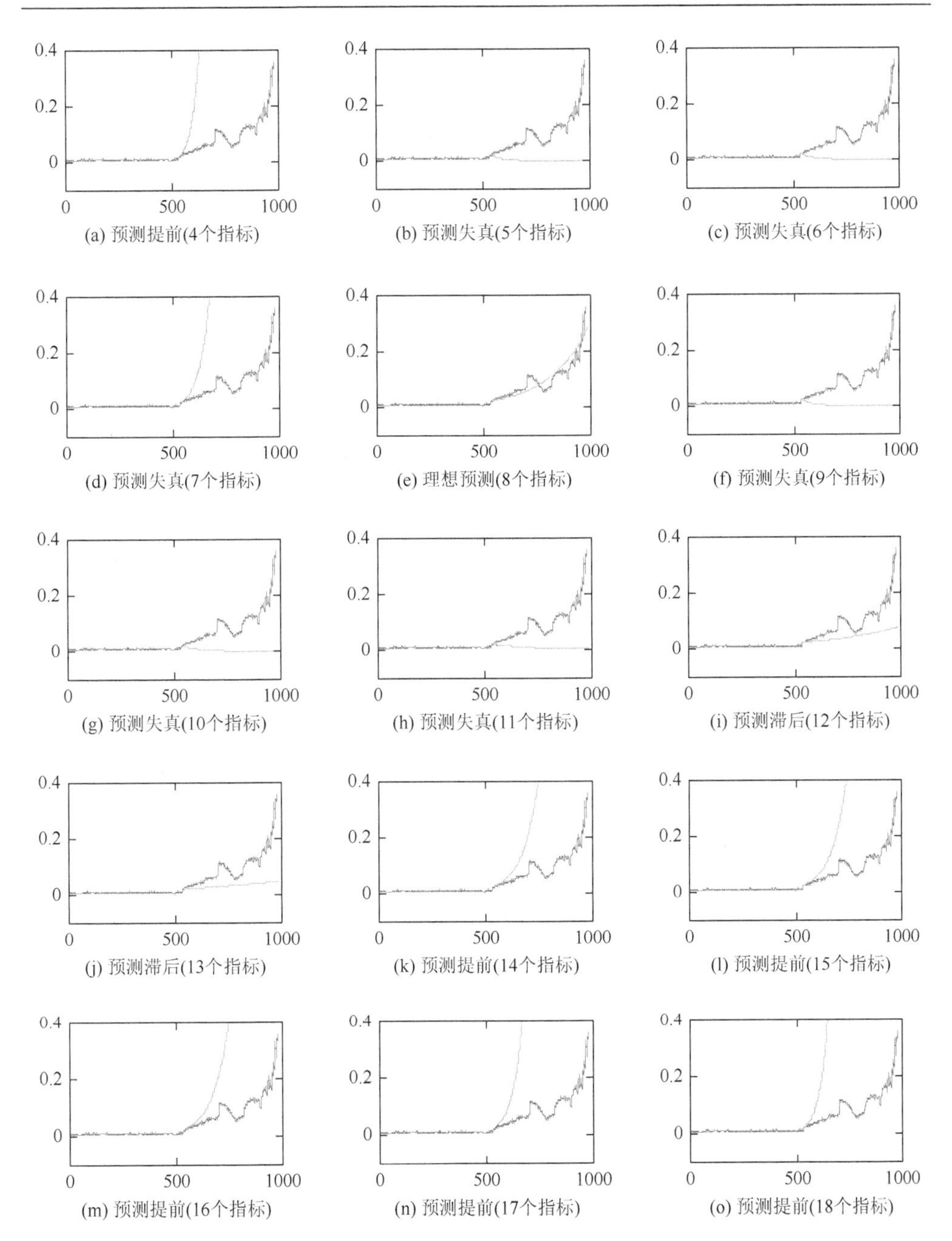

图 5-27　训练模型的退化指标序列个数对应的预测状况

横坐标表示时间序列；纵坐标表示轴承寿命比例

为对比和评估预测效果，采用传统的二次曲线拟合外推法和静态灰色模型法进行预测。计算同一时刻下 K-S 距离趋势外推预测点与实际值的绝对平均误差

（e_{MAE}）、均方根误差（e_{RMSE}）、归一化均方误差（e_{NMSE}）、平均相对误差（e_{MAPE}），计算公式如下：

$$\begin{cases} e_{\mathrm{MAE}} = \dfrac{1}{n}\sum_{i=1}^{n} | y_i - \hat{y}_i | \\ e_{\mathrm{RMSE}} = \sqrt{\dfrac{1}{n}\sum_{i=1}^{n}(y_i - \hat{y}_i)^2} \\ e_{\mathrm{NMSE}} = \dfrac{1}{n\sigma^2}\sum_{i=1}^{n}(y_i - \hat{y}_i)^2 \\ e_{\mathrm{MAPE}} = \dfrac{1}{n}\sum_{i=1}^{n}\left|\dfrac{y_i - \hat{y}_i}{y_i}\right| \times 100\% \end{cases} \tag{5.43}$$

基于 K-S 距离和 GM(1, 1)的轴承剩余寿命预测结果如图 5-28 所示。

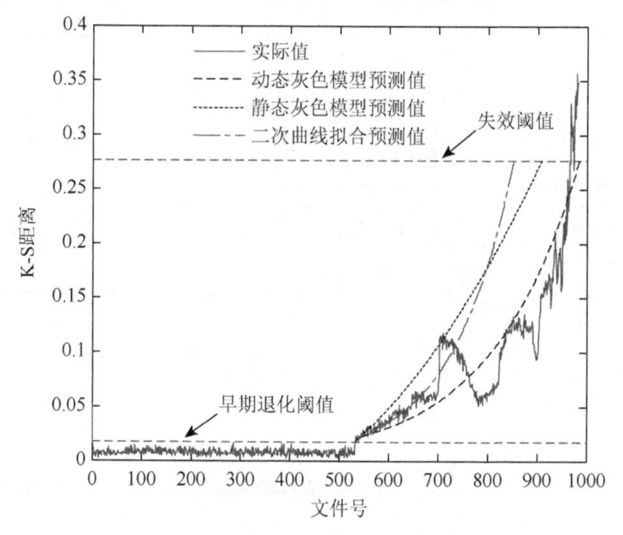

图 5-28　基于 K-S 距离和 GM(1, 1)的轴承剩余寿命预测

由图 5-28 和表 5-5 可见，基于 K-S 距离和动态 GM(1, 1)剩余寿命预测在轴承中长期寿命预测中预测效果较好，其剩余寿命预测精度高于其他两种方法。

表 5-5　K-S 距离趋势外推预测值与实际值误差比较

预测模型	绝对平均误差	均方根误差	归一化均方误差	平均相对误差	达到失效阈值的步数	寿命预测误差
二次曲线拟合模型	0.0600	0.0781	1.1492	0.7584	376	11.53%
静态 GM	0.0420	0.0668	0.9142	0.5682	319	24.94%
动态 GM	0.0215	0.0275	0.1950	0.2529	444	4.47%

5.5 本章小结

5.2 节以统计学理论为基础，提出了一种基于 K-S 检验的轴承退化状态分类方法。利用 K-S 距离量化每个状态的退化程度，从而有效防止虚警，可以有组织地对设备进行主动维护。建立了基于 K-S 检验的退化评估系统，直接采用原始数据参与计算，无须进行原始数据的预处理及退化状态特征提取，计算效率高，可以有效地对运行轴承的退化状态进行评估。相对于均方根和峭度指标等传统的退化指标，该方法不但可以检测到早期故障点和严重故障点，还可以检测出一系列的退化状态。通过仿真和试验表明，在样本数据含有一定的噪声时仍然能够得到正确的识别结果。在多组数据的检验下，此方法可以较为稳定地识别出轴承的一系列退化状态。

5.3 节提出了基于 K-S 检验和 LS-SVM 的滚动轴承剩余寿命预测算法。提出了 K-S 距离作为性能退化指标，相比于均方根和峭度等传统的指标，不但可以有效检测早期故障点和严重故障点，还可以在性能退化阶段进一步检测出一系列的退化状态。提出了基于 K-S 检验和 LS-SVM 的设备寿命预测框架，实现了小样本条件下的故障预测，并比较了LS-SVM和BP神经网络两种模型的预测性能，得出LS-SVM的预测精度要优于 BP 神经网络。

5.4 节提出了以 K-S 检验为基础的 K-S 距离作为轴承退化状态的退化指标，并结合灰色模型对不完备条件下的轴承剩余寿命进行预测。以 K-S 距离作为退化指标可以将原始数据直接用于计算，不必对原始数据进行特征提取，避免了信息的损失；采用 K-S 距离作为特征序列训练灰色模型，并进行 1-步向前预测，利用预测值对特征值序列进行动态更新，可以有效地训练灰色模型，实现 P-步向前预测，从而对剩余寿命进行预测，预测精度较高。

参考文献

[1] 从飞云，陈进，董广明. 基于 AR 模型的 Kolmogorov-Smirnov 检验性能退化及预测研究. 振动与冲击，2012，31（10）：79-82.

[2] Sun Y T，Ding S F，Zhang Z C，et al. An improved grid search algorithm to optimize SVR for prediction. Soft Comput.，2021，25：5633-5644.

[3] Mahdi P，Nitheshnirmal S，Hamid R P，et al. Spatial prediction of groundwater potential mapping based on convolutional neural network（CNN）and support vector regression（SVR）. J. Hydrol.，2020，588（9）：125033.

[4] 章永来，史海波，周晓峰，等. 基于统计学习理论的支持向量机预测模型. 统计与决策，2014，401（5）：72-74.

[5] 王国彪，何正嘉，陈雪锋，等. 机械故障诊断基础研究“何去何从”. 机械工程学报，2013，49（1）：63-72.

[6] Huang R Q，Xi L F，Li X L，et al. Residual life predictions for ball bearings based on self-organizing map and back

propagation neural network methods. Mech. Syst. Signal Pr.，2007，21（1）：193-207.

[7] 陈保家，陈雪峰，何正嘉，等. 利用运行状态信息的机床刀具可靠性预测方法. 西安交通大学学报，2010，44（9）：74-77.

[8] Ghasemi A，Yacout S，Ouali M S. Evaluating the reliability function and the mean residual life for equipment with unobservable states. IEEE T. Reliab.，2010，59（1）：45-54.

[9] Pan Y N，Chen J，Guo L. Robust bearing performance degradation assessment method based on improved wavelet packet-support vector data description. Mech. Syst. Signal Pr.，2009，23（3）：669-681.

[10] Camci F，Chinnam R B. Health-state estimation and prognostics in machining processes. IEEE Trans. Autom. Sci. Eng.，2010，7（3）：581-597.

[11] 邓聚龙. 灰色控制系统. 华中工学院学报，1982，3：9-18.

第6章　基于改进HMM和相似性分析的滚动轴承寿命预测

传统的滚动轴承寿命预测方法存在预测精度低或泛化能力差等不足，本章基于数据驱动思想，提出了利用改进隐马尔可夫模型和相似性分析的滚动轴承寿命预测方法。通过量化不同滚动轴承单维/多维运行特征的差异，实现运行状态与寿命信息的匹配，并实现寿命预测模型自适应调整，进而提高剩余寿命预测模型的准确性和泛化性。

6.1　基于相似性的滚动轴承寿命预测

6.1.1　滚动轴承寿命理论中的相似性思想

1. 滚动轴承寿命机理模型中的相似性

基于早期的滚动轴承退化机理和众多的寿命试验，Lundberg 和 Palmgren 提出了著名的 L-P 模型（滚动轴承额定动载荷额定寿命模型），如式（6.1）所示：

$$L_{10}=\left(\frac{C}{P}\right)^{\varepsilon} \tag{6.1}$$

式中，C 为基本额定动载荷，其值为常数；P 为当量载荷；ε 为常数，由滚动轴承类型确定；L_{10} 为同批次产品在相同条件下 90%能够达到的寿命。

当时仅考虑了载荷对寿命的影响因素，随着对滚动轴承寿命研究的不断深入，后来 ISO 制定了 ISO 281-1977 标准，轴承寿命公式如式（6.2）所示：

$$L_{na}=\alpha_1\alpha_2\alpha_3\left(\frac{C}{P}\right)^{\varepsilon} \tag{6.2}$$

式中，α_1 为可靠性系数；α_2 为材料参数；α_3 为使用条件参数。

式（6.2）表明滚动轴承的可靠性系数、材料参数以及使用条件参数的差异会导致寿命的变化，在 L-P 模型的基础上通过对比不同轴承在这三个维度的相似性，然后对 L-P 模型计算出的基础寿命进行比例修正。

2007 年，ISO 颁布了 ISO 281-2007 标准用来估计滚动轴承的使用寿命，如式（6.3）所示：

$$L_{na} = a_1 a_{\text{ISO}} L_{10} \tag{6.3}$$

式中，a_{ISO} 为基于系统方法的修正系数。a_{ISO} 的计算需要经过系统方法，该方法详细评估滚动轴承在润滑黏度、污染度和温度等方面的相似性，然后基于基础寿命 L_{10} 进行比例调整计算最终的预测寿命。

通过滚动轴承寿命物理模型的发展过程可知，滚动轴承寿命计算公式是不断增加物理参数相似性结果，通过评价这些物理参数的相似性，进而调整基础寿命，得到更为可靠和准确的寿命值。

2. 滚动轴承数据驱动寿命预测中的相似性

基于数据驱动的寿命预测需要建立能够描述监测数据变化特性的模型，模型对于监测数据的描述能力越强，则其预测的准确性越高。本节将基于数据驱动的滚动轴承寿命预测方法分为以下三类。

（1）保守型。利用轴承的历史监测数据或相同条件下的试验数据训练寿命预测模型，将新轴承的实时监测值作为预测模型的输入进行寿命预测。假设历史数据对应模型的输入空间，模型的寿命计算结果对应输出空间。当预测对象和历史数据对应的轴承运行条件不同（输入空间变化）时，模型的输出空间也会变化。然而输出空间的变化依赖于模型对输入空间变化的自我调整，是否能够反映轴承运行条件差异是未知的，即预测结果是否可靠无法确定。当模型因输入改变导致的预测结果改变和轴承差异改变导致的寿命变化一致时（两者间存在相似性关系），模型的预测结果仍具备一定的可靠性，否则会产生极大的预测误差，最终预测失真。

（2）学习型。首先按照第一类方法训练寿命预测模型，然后通过对历史数据和新数据的差异进行模型的自适应调整进而给出更优的结果。假设历史监测数据为 $q_1,q_2,\cdots,q_n$，新轴承的监测数据为 $o_1,o_2,\cdots,o_m$，$K_1,K_2,\cdots,K_i$ 对应历史监测数据的特性且满足 $K_1,K_2,\cdots,K_i \sim f(q_1,q_2,\cdots,q_n)$。$K_1',K_2',\cdots,K_i'$ 对应新数据的特性，满足 $K_1',K_2',\cdots,K_i' \sim f(o_1,o_2,\cdots,o_m)$。分别对其特性进行学习，然后构造 $G(K_1,K_2,\cdots,K_i \mid K_1', K_2',\cdots,K_i')$ 函数用来分析历史监测数据和新监测数据的相似性，用 $G(K_1,K_2,\cdots,K_i \mid K_1', K_2',\cdots,K_i')$ 调整模型的参数，从而提高预测的准确性。这种通过比较数据差异主动调整模型参数提升模型预测能力的方法，依靠的就是相似性的思想。

（3）智能型。智能型的定义为：在没有或仅有部分历史数据的条件下，建立模型不断进行预测，并将预测结果与真实结果实时比较，通过不断学习调整自身模型从而提升预测的准确性。目前对于此类情况的研究不多，很多模型存在局部最优循环以及过学习或欠学习的不足。

数据驱动模型针对数据进行模型训练，优化的方向是提升对于原始数据的描述（拟合）能力，模型本身和物理参数均缺乏物理意义。基于监测数据的相似性反映的设备运行条件差异而主动进行模型调整，能够提升模型的泛化性以及预测的可靠性。

6.1.2　滚动轴承寿命预测需要解决的问题

（1）提高滚动轴承寿命预测模型的精度。目前基于 ISO 281-2007 标准的物理模型预测公式计算出来的寿命是同批次产品，在相同条件下其中 90%能够达到的寿命，是一个保守值。实际上该批次产品的真实寿命分布在一个较宽的范围内。因此，物理模型难以实现对滚动轴承寿命实时的准确预测。对于数据驱动的寿命预测方法，轴承所表现出的状态行为具有大范围不确定性、高度非线性、动态时变性、强关联等特性，从而造成难以建立精确的数据驱动模型，给精确预测带来更大的困难和挑战。在滚动轴承运行过程中，状态需要随着监测数据的更新而不断更新，如果能够及时检测其性能退化的程度，对其各状态进行独立寿命预测则能极大地提高预测的准确性。

（2）提升预测模型的泛化性。对于滚动轴承的寿命预测问题，根据历史数据建模后，如果能够准确识别滚动轴承特征信号中的相似性，根据相似性结果分析运行条件差异进而对模型进行自适应的调整，能够有效提升模型的应用范围和预测精度。

6.2　基于单维特征的滚动轴承寿命预测

对轴承全寿命监测数据聚类后，需要根据监测样本和预测目标的关系合理选择寿命模型。某些状态的监测数据少，而神经网络、多元回归或支持向量机等模型要求训练数据量大，因而选择这些模型进行独立状态寿命描述效果不佳。隐马尔可夫模型（HMM）是一个用来描述不同状态间跳转规律的模型，模型中不同的状态正好对应了滚动轴承中的各个退化状态[1, 2]。传统的 HMM 定义中，关于时间的分布是一个指数型概率分布，不满足轴承寿命的变化规律，本节对其进行了改进，改进后驻留时间的分布不再服从指数规律。

6.2.1　基于 HMM 的滚动轴承寿命预测算法

1. 初始状态设置

轴承的全寿命周期一般可以看作多状态之间循序渐进的转移过程，由正常状态经过一系列不同程度的退化状态，最终到达功能性故障。因此其初始状态矩阵为$\boldsymbol{\pi}=[1,0,\cdots,0]_{1\times N}$，$N$为滚动轴承全寿命过程历经的状态数。

2. 计算状态转移矩阵

前后向算法又称 Baum-Welch 算法，Baum-Welch 算法是前向算法与后向算法的结合，根据一个已知模型观察值序列和与其有关的一个隐状态集，通过不断训练更新模型参数使可观测序列概率最大[3]。其算法示意图如图 6-1 所示。

定义中间变量$\xi_t(i,j)$为滚动轴承在t时刻处于状态S_i且$t+1$时刻处于状态S_j的概率，其公式为

$$\xi_t(i,j)=\frac{\alpha_i(i)a_{ij}b_j(o_{t+1})\beta_{t+1}(j)}{P(O\mid\lambda)} \tag{6.4}$$

式中，$P(O\mid\lambda)=\sum_{i=1}^{N}\sum_{j=1}^{N}\alpha_t(i)a_{ij}b_j(o_{t+1})\beta_{t+1}(j)$。

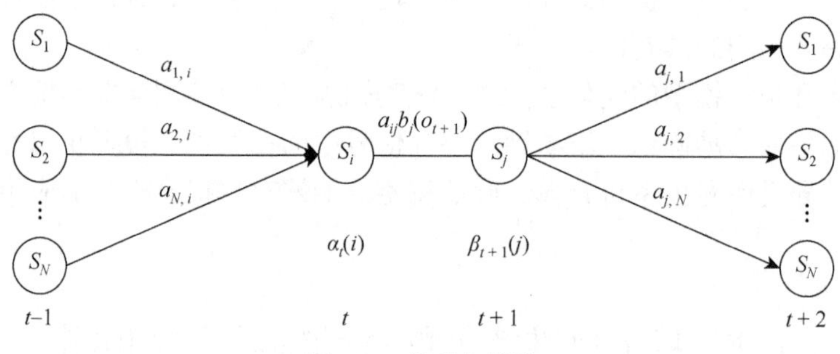

图 6-1　前后向算法

转移概率a_{ij}表示设备每个时刻t下，退化由状态i转移到状态j的概率。因此，利用 Baum-Welch 算法不断迭代更新中间变量$\xi_t(i,j)$可以得到转移概率矩阵a_{ij}的概率，从而能够得出最终的状态转移概率矩阵$\boldsymbol{A}$[4]。

3. 确定任意时刻的滚动轴承状态及寿命

根据状态转移矩阵$\boldsymbol{A}$进行简单的推导可得，系统在状态x_i下持续l个单位时间的概率分布如式（6.5）所示：

$$P_i(l)=a_{i,i}^{l-1}(1-a_{i,i}) \tag{6.5}$$

式中，$a_{i,i}$表示从状态i跳转到状态i的概率。

因为$a_{i,i}$为定值，HMM 状态转移矩阵经过训练后不再改变，其寿命分布为指数分布，这与滚动轴承实际寿命变化情况不符，因此无法直接用于滚动轴承寿命预测。

6.2.2　HMM 的改进

针对传统 HMM 在寿命预测上的不足，将状态空间的思想和 HMM 相结合，对 HMM 做了以下三处调整。

（1）状态转移矩阵每一行描述一个滚动轴承退化状态的寿命，通过轴承在此状态的进入和离开观测序列描述。

（2）增加寿命调整模块。将历史和当前监测数据进行相似性分析，根据分析结果调整各个阶段的历史寿命来预测新轴承的寿命。

（3）增加寿命累计时间矩阵，记录轴承在各个阶段的驻留时间。

改进后的 HMM 描述如下。

1. 状态转移矩阵 $\boldsymbol{A}$

$$\boldsymbol{A}=\begin{bmatrix} a_{1,1} & a_{1,2} & 0 & \cdots & 0 \\ 0 & a_{2,2} & a_{2,3} & \cdots & 0 \\ \vdots & \vdots & \vdots & & \vdots \\ 0 & \cdots & 0 & a_{N,N} & a_{N,N+1} \end{bmatrix}_{N\times(N+1)} \tag{6.6}$$

式中，$a_{i,i}$ 指轴承第 i 个阶段的监测序列起始值，其值为历史监测数据的第 i 类聚类结果中的最小序列值；$a_{i,i+1}$ 指第 i 个阶段的历史数据结束值，其值为历史数据的第 i 类聚类结果中的最大序列值。

2. 构造累积矩阵 $\boldsymbol{D}$

$$\boldsymbol{D}=[D_1,D_2,\cdots,D_N] \tag{6.7}$$

式中，$D_i\,(i=1,2,\cdots,N)$用来记录在滚动轴承第 i 个阶段历经的时间。

3. 寿命比例调节

对实时和历史监测数据进行相似性分析，量化其在监测数据维度上的差异。根据此差异构造寿命比例调节函数，利用寿命比例调节函数将此差异映射到寿命维度上，得到对应新轴承的寿命状态矩阵 $\boldsymbol{A}'$，如式（6.8）所示：

$$\boldsymbol{A}'=\begin{bmatrix} a_{1,1} & a_{1,2}\times K_1 & 0 & \cdots & 0 \\ 0 & a_{1,2}\times K_1+1 & (a_{2,3}-a_{1,2})\times K_2+a_{1,2}\times K_1+1 & \cdots & 0 \\ \vdots & \vdots & \vdots & & \vdots \\ 0 & \cdots & 0 & a'_{N,N} & a'_{N,N+1} \end{bmatrix}_{N\times(N+1)} \tag{6.8}$$

式中，K_i 为状态 i 的寿命比例值，未历经状态 $K=1$。

4. 剩余寿命计算

轴承第 i 个阶段的剩余寿命 T_i 为

$$T_i = (a_{i,i+1} - a_{i,i}) \times \Delta t \tag{6.9}$$

式中，Δt 为监测数据的采样时间间隔。

假设第 j 个监测序列处于第 i 个阶段，则第 j 个监测序列当前阶段的剩余寿命为 T_j^i：

$$T_j^i = (a_{i,i+1} - a_{i,i} - D_i) \times \Delta t \tag{6.10}$$

式中，D_i 表示监测到第 j 个序列时，通过聚类分析获取的第 j 个监测序列中属于阶段 i 的序列数。

当采集到第 j 个监测序列时，全部剩余寿命 T_j 为

$$T_j = \left(a_{N,N+1} - \sum_{t=1}^{i} D_t \right) \times \Delta t \tag{6.11}$$

6.2.3 滚动轴承寿命相似性分析

1. 滚动轴承运行状态的判断与量化

滚动轴承的状态判定主要依靠对监测数据的分析，监测数据是滚动轴承对于自身运行状况的一种综合反映，故其差异是滚动轴承在负载、温度、润滑以及自身物理特性上的综合体现。相似性预测是通过量化监测数据的差异，对相应历史数据的寿命信息进行调整，进而获得准确的寿命预测结果。实际应用中监测数据复杂，因而对其进行特征提取。如果认为监测数据上的差异是综合值，各种提取特征上的差异可看作综合差异在该维度上的投影。利用时域上较为常用的峭度进行相似性分析。

假设某一历史监测数据对应的退化特征为 $q_1, q_2, \cdots, q_n$，实时监测数据为 $o_1, o_2, \cdots, o_t$，按照以下步骤求解相似性。

1）数据平移和阈值匹配

一般而言，观测轴承和历史轴承的数据之间存在着一定偏差，必须保证两者之间的等价性才可以使用同样的阈值进行聚类，因此采用空间平移的方法，将观测轴承数据平移到历史样本数据所在的空间。

$$M_{i,j} = \sum_{j=a_{i,i}}^{j} q_j / (j - a_{i,i}) \tag{6.12}$$

$$M'_{i,j} = \sum_{j=a'_{i,j}}^{j} o_j / (j - a'_{i,j}) \tag{6.13}$$

$$E_{i,j} = M_{i,j} - M'_{i,j} \tag{6.14}$$

$$o'_j = E_{i,j} + o_j \tag{6.15}$$

式中，$M_{i,j}$ 为历史数据对应设备在第 i 个阶段前 j 个退化特征的均值；$M'_{i,j}$ 为新观测设备第 i 个阶段的前 j 个序列的均值；$E_{i,j}$ 为历史设备和新设备在第 i 个阶段内前 j 个序列的偏差。

2）滚动轴承当前状态退化程度的量化

状态 i 下，历史数据在第 $a_{i,i}$ 个监测数据进入该状态，数据平移和阈值匹配后，新轴承在第 $a'_{i,i}$ 个监测数据进入该状态。若新轴承的当前数据为 O_k，则状态 i 下，新轴承已经存在 $k - a'_{i,i}$ 个数据。用向量 $\{o_{a'_{i,i}}, o_{a'_{i,i+1}}, \cdots, o_k\}$ 描述新轴承在状态 i 阶段的退化属性，则状态 i 下历史轴承对应的退化向量为 $\{q_{a_{i,i}}, q_{a_{i,i+1}}, \cdots, q_{a_{i,i}+k-a'_{i,i}}\}$。

实际应用中有两种情况需要指出：①历史数据在该状态下的数据量多于或等于预测对象在此状态下的数据量（新轴承在该阶段寿命比历史轴承短），此时预测任意一个数据均可以找到对应的历史数据；②历史数据在该状态下的数据量少于预测对象在此状态下的数据量（新轴承在该阶段寿命比历史轴承长），此时，对于后出现的实时监测数据不做分析，只分析存在历史数据对应值的那部分监测数据。

2. 滚动轴承的相似性分析算法设计

以滚动轴承的历史寿命数据为参考，评价其运行条件和退化情况的差异需要考虑到多方面的因素。根据最新的 ISO 滚动轴承寿命计算标准，影响滚动轴承寿命的因素主要包含温度、载荷、润滑条件、轴承类型、材料等。考虑到滚动轴承的振动监测数据是滚动轴承运行的加速度、速度或位移等物理量而非滚动轴承本身的物理参数，在计算其加速度等物理量时，滚动轴承本身的尺寸、材料、负载等物理参数都会融入最终的计算结果中，因此可以认为振动数据是影响滚动轴承寿命物理参数的融合参数，即可以通过对振动特征进行相似性计算，评价当前轴承和历史轴承寿命退化情况的差异。

以历史轴承的峭度-寿命信息作为预测依据，需考虑预测对象和历史轴承间的相似性关系。若历史轴承的类型和运行条件和预测对象基本一致，则认为两者间的寿命基本一致，仅需考虑实际振动强度的差异（振动特征值的大小差异）导致寿命的变化，对历史轴承的寿命进行微调即可准确预测当前轴承的寿命。若历史轴承和预测对象在轴承类型和运行条件上差异较大，则两者间的寿命本身偏差就很大，不能仅基于振动强度进行寿命调整预测当前轴承寿命，此时需要先考虑其先天的差异，再考虑振动强度差异从而实现对滚动轴承的寿命的准确预测。因此本节从滚动轴承的先天条件（轴承的相关性）和振动强度（轴承的特征相似性）评价两者间真实运行情况的差异。

数学上对于特征间的相似性主要有距离和角度两种度量方式。

1）距离相似

假设历史样本序列为$q_1,q_2,\cdots,q_n$，实时监测数据为$o_1,o_2,\cdots,o_m$，则数据间几种距离计算公式分别如下。

（1）欧氏距离：

$$\mathrm{dist}(q_i,o_j)=\|q_i-o_j\|=\sqrt{\sum_{k=1}^{m}(q_{i,k}-o_{j,k})^2} \tag{6.16}$$

（2）曼哈顿距离：

$$\mathrm{dist}(q_i,o_j)=\sum_{k=1}^{m}|q_{i,k}-o_{i,k}| \tag{6.17}$$

（3）闵可夫斯基距离：

$$\mathrm{dist}(q_i,o_j)=\sqrt[q]{\sum_{k=1}^{m}|q_{i,k}-o_{j,k}|^q}\text{，}q\text{ 为正整数} \tag{6.18}$$

2）余弦相似

两个向量的余弦相似性如式（6.19）所示：

$$\cos\varphi=\frac{\sum_{i=1}^{N}q_i\times o_i}{\sqrt{\sum_{i=1}^{N}(q_i)^2}\times\sqrt{\sum_{i=1}^{N}(o_i)^2}} \tag{6.19}$$

余弦相似通过计算两个向量夹角来判断两者之间的相似性，仅从整体趋势角度判断相似性，无法判断向量中任意分量之间的差异。

无论余弦相似还是基于距离的相似性均是评价两组数据在数值大小上的差异程度。本节采用式（6.20）计算两轴承在振动强度上的差异：

$$\rho_2((o_{a'_{i,i}},o_{a'_{i,i+1}},\cdots,o_k),(q_{a_{i,i}},q_{a_{i,i+1}},\cdots,q_{a_{i,i}+k-a'_{i,i}}))=1\Bigg/\left(1+\frac{\sqrt{\sum_{i=a'_{i,i}}^{k}\sum_{j=a_{i,i}}^{a_{i,i}+k-a'_{i,i}}(o_i-q_j)^2}}{|o_{a'_{i,i}},o_{a'_{i,i+1}},\cdots,o_k|}\right) \tag{6.20}$$

式中，$|\cdot|$为求向量的模。

评价两轴承在先天条件上的一致性（相关程度）可以通过求解特征的相关性

进行评价。数学上通过相关性评价两组数据变化趋势的一致程度，常用的相关性指标有 Pearson 相似性以及 Spearman 相似性，其定义分别如下。

（1）Pearson 相似性：

$$\rho(o_j,q_i)=\frac{N\sum_{i=1}^{N}(q_i\times o_i)-\sum_{i=1}^{N}(q_i)\sum_{i=1}^{N}(o_i)}{\sqrt{N\sum_{i=1}^{N}(q_i)^2-\left(\sum_{i=1}^{N}q_i\right)^2}\sqrt{N\sum_{i=1}^{N}(o_i)^2-\left(\sum_{i=1}^{N}o_i\right)^2}} \tag{6.21}$$

（2）Spearman 相似性：

$$\rho(o_i,q_i)=\frac{\sum_{i=1}^{N}(q_i-\overline{q})(o_i-\overline{o})}{\sqrt{\sum_{i=1}^{N}(q_i-\overline{q})^2\sum_{i=1}^{N}(o_i-\overline{o})^2}} \tag{6.22}$$

最终计算的两轴承相关性计算公式如式（6.23）所示：

$$\begin{aligned}&\rho_1((o_{a'_{i,i}},o_{a'_{i,i+1}},\cdots,o_k),(q_{a_{i,i}},q_{a_{i,i+1}},\cdots,q_{a_{i,i}+k-a'_{ii}}))\\&=\frac{(k-a'_{i,i})\sum_{i=a_{i,i}}^{a_{i,i}+k-a'_{i,i}}\sum_{j=a'_{i,i}}^{k-a'_{i,i}}(q_i\times o_j)-\sum_{i=a_{i,i}}^{a_{i,i}+k-a'_{i,i}}q_i\sum_{j=a'_{i,i}}^{k}o_j}{\sqrt{(k-a'_{i,i})a_{i,i}\sum_{i=a_{i,i}}^{a_{i,i}+k-a'_{i,i}}(q_i)^2-\left(\sum_{i=a_{i,i}}^{a_{i,i}+k-a'_{i,i}}q_i\right)^2}-\sqrt{(k-a'_{i,i})\sum_{j=a'_{i,i}}^{k}(o_j)^2-\left(\sum_{j=a'_{i,i}}^{k}o_j\right)^2}}\end{aligned} \tag{6.23}$$

式中，$a_{i,i}$ 为状态 i 时历史轴承的起始峭度序列值；$a'_{i,i}$ 为新轴承进入状态 i 的起始峭度序列值；$k-a'_{i,i}$ 为当前阶段的峭度序列数目。

对滚动轴承的特征相关性和相似性进行加权求和获取最后的两轴承运行情况综合差异，计算公式如式（6.24）所示：

$$\rho=\frac{\rho_1+\rho_2}{2} \tag{6.24}$$

6.2.4 线性插值寿命比例调节函数的构造

通过对新轴承、历史轴承峭度的相似性分析，获取两者在峭度上的运行状况差异。根据峭度和寿命关联性，将差异通过构造寿命比例调节函数的方法映射到寿命维度，进而以历史轴承寿命为依据预测出新轴承寿命，原理如图 6-2 所示。

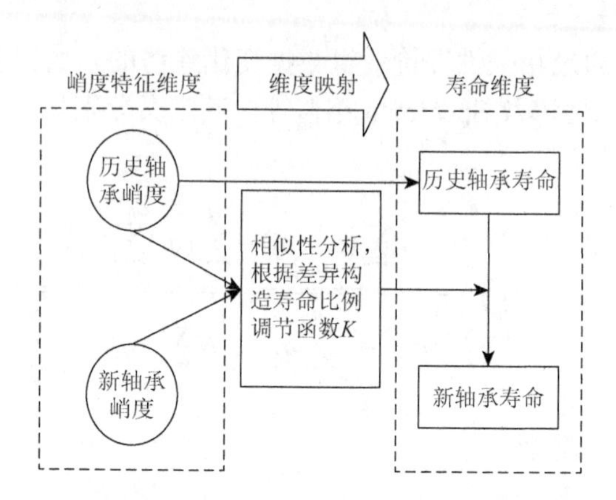

图 6-2 基于相似性分析的寿命比例调节预测示意图

1. 基于相似性的线性插值法

寿命比例调节函数的本质是将峭度特征上的差异映射到寿命维度上，即构造如式（6.25）所示函数，该函数需反映峭度特征和寿命维度上差异的对应关系。在工况相近的条件下可以选取线性插值函数作为寿命比例调节函数。

$$K = f(e(q_i, o_j)) \tag{6.25}$$

式中，$e(q_i, o_j) = 1 - \rho(q_i, o_j)$ 为新轴承、历史轴承在峭度上的差异。

由式（6.25）推导出式（6.26）：

$$\begin{aligned} K_{i,k} = \frac{L_{\text{新轴承}}}{L_{\text{历史轴承}}} &= f(e_i(q_j, o_k)) = a(1 + e_i(q_j, o_k)) + b \\ &= a(1 + 1 - \rho(q_j, o_k)) + b \\ &= a \times \rho(q_j, o_k) + b \end{aligned} \tag{6.26}$$

式中，$K_{i,k}$ 表示状态 i 对监测数据 o_k 求出的寿命比例值；q_j 为 o_k 对应的历史监测数据；a、b 为线性插值函数的系数。

2. 滚动轴承寿命预测校正

对应阶段的寿命可以简化为 $T_i = (a_{i,i+1} - a_{i,i}) \times K_i \times \Delta t$。寿命比例调节能够将该阶段寿命调整到其真实寿命左右，但是无法保证绝对准确。为此，根据阈值设定超前和滞后调节两种机制，保证在任意一个阶段，寿命当前阶段预测的误差不会累积到后面的阶段当中。原理具体如下。

任意阶段状态预测结束和阈值的不等会出现两种状况：①在预测结束之前提前观测到下一阶段的阈值信号（寿命预测偏大）；②在预测结束之后获取的观测值仍未达到阈值信号（寿命预测偏小）。这两种状况均会导致后面再进行相似性分析时状态的不对应。本节采用超前和滞后两种校正方式对上面两种状况进行处理。

1）超前校正

假设当前观测值为o_j，$o_j > F_i$（F_i为阶段i的阈值），在当前阶段预测终点还没到时已经观测到当前阶段的阈值截止数据，则把当前值设定为当前阶段的截止值，强行修正当前阶段寿命，即

$$a'_{i,i+1} = j \tag{6.27}$$

2）滞后校正

若$j > a'_{i,i+1}$且$o_j < F_i$，即当前阶段的预测已经结束，但是获取的实时数据根据聚类判断仍然属于上一阶段。此时将上一阶段的预测截止值改为当前观测数据对应的序列。

$$a'_{i,i+1} = j \tag{6.28}$$

超前和滞后调节能够保证新轴承、历史轴承在已历经阶段上数据的对应。

3. HMM 寿命预测模型自适应调整

对不同轴承进行实时相似性分析，利用相似性结果求得实时寿命比例值$K_{i,j}$（i为滚动轴承的状态；j为观测序列）。将改进 HMM 中状态矩阵$\boldsymbol{A}$进行实时调整获取新的状态矩阵。该状态矩阵的每行即为对新轴承进入和离开对应状态的观测序列预测，如式（6.29）和式（6.30）所示：

$$\begin{bmatrix} a_{1,1} & a_{1,2} & 0 & \cdots & 0 \\ 0 & a_{2,2} & a_{2,3} & \cdots & 0 \\ \vdots & \vdots & \vdots & & \vdots \\ 0 & \cdots & 0 & a_{N,N} & a_{N,N+1} \end{bmatrix}_{N\times(N+1)} \tag{6.29}$$

$$\begin{bmatrix} a_{1,1} & a_{1,2}\times K_1 & 0 & \cdots & 0 \\ 0 & a_{1,2}\times K_1+1 & (a_{2,3}-a_{1,2})\times K_2 + a_{1,2}\times K_1 + 1 & \cdots & 0 \\ \vdots & & \vdots & & \vdots \\ 0 & \cdots & 0 & a'_{N,N} & a'_{N,N+1} \end{bmatrix}_{N\times(N+1)} \tag{6.30}$$

以矩阵中第一行正常阶段举例：根据对新轴承、历史轴承峭度特征实时相似性分析，计算两者在正常阶段的寿命比例，预测轴承离开正常状态的观测序列为$a_{1,2}\times K_1$。根据历史轴承正常状态划分确定峭度阈值，实时判定新轴承的数据是否达到阈值。因为寿命的不确定性，当新轴承观测序列数据达到当前阶段预测结束值附近时，有可能提前观测到峭度阈值，也有可能在达到当前阶段预测结束值后才观测到阈值。因此设定超前和滞后调节保证最终的状态结束值为对应的阈值观

测序列，去除不确定性影响。新轴承未历经阶段无法分析其相似性，令对应的$K=1$，以历史轴承在这些状态上的寿命给出预测参考。

6.2.5　应用研究

以美国辛辛那提大学的滚动轴承全寿命试验中轴承 1 的数据作为相似性寿命预测的参考，对其各个阶段的峭度-寿命剩余比例关系进行了分析。因为试验中在同一根主轴上安装了四个轴承，并且保证了润滑以及负载等一致，可认为其满足工况相近的条件。将轴承 1 的数据作为历史参考，采用上述方法预测轴承 2 和轴承 4 的寿命以验证理论的正确性。

首先给出各轴承的峭度特征观测序列，如图 6-3 所示。对轴承 1、轴承 2 和轴承 4 的峭度特征进行分析可知，虽然尽量保证试验条件的一致性，但是其峭度指标仍然存在差异，并且峭度值越小寿命越长。因为试验进行到轴承 1 损坏即结束，所以轴承 2 和轴承 4 仅有正常阶段和部分退化阶段的数据。轴承 1 和轴承 2、轴承 4 的正常阶段的数据如表 6-1 所示。

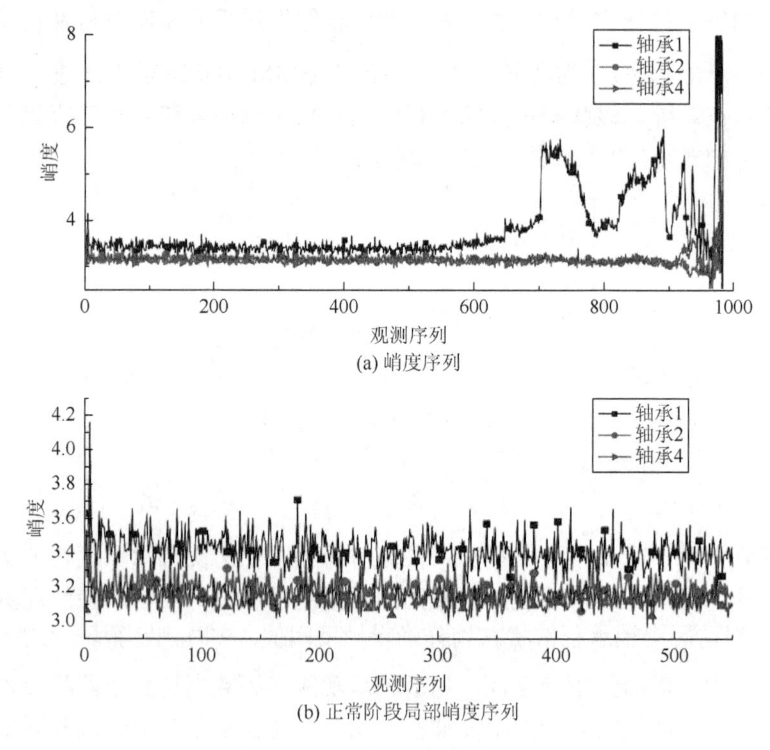

(a) 峭度序列

(b) 正常阶段局部峭度序列

图 6-3　轴承 1、2、4 分别对应的峭度退化序列

表 6-1　各轴承正常阶段峭度划分结果

轴承	峭度序列	峭度范围
轴承 1	1～600	3.3～3.8
轴承 2	1～920	3～3.4
轴承 4	1～950	3～3.4

以文献[5]对于 IMS 滚动轴承 1 的状态划分为例，图 6-4 反映了利用狄利克雷分布和改进 *k*-means 算法对轴承 1 各个阶段的峭度分布情况进行了聚类并给出了轴承最终的聚类结果。按照一般的 *k*-means 算法聚类，正常状态的聚类空间中包含了部分退化状态和故障状态的数据，退化状态数据中也包含了其他阶段的数据。因此，对峭度特征直接进行 *k*-means 聚类，其聚类空间中的数据无法完全与运行状态相对应。经过改进后的聚类，各个阶段的数据参照图 6-4 中阶梯部分，如表 6-2 所示。

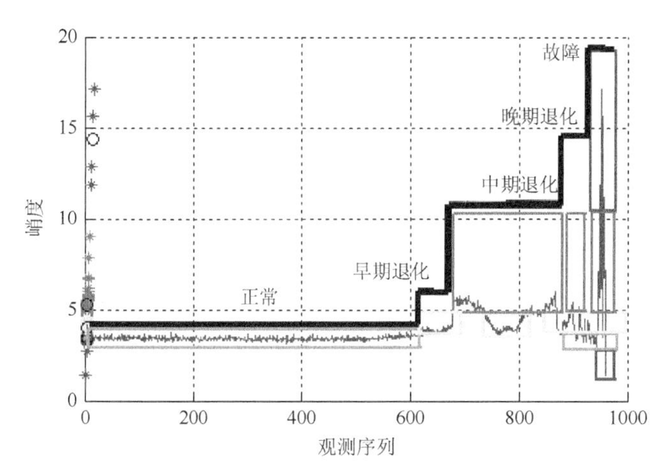

图 6-4　轴承 1 全寿命状态聚类结果

表 6-2　基于峭度的滚动轴承状态划分结果

状态	峭度	观测序列	寿命占比
正常	3～4	1～600	61%
早期退化	4～7	601～680	8.20%
中期退化	7～11	681～880	20.40%
晚期退化	11～14	881～950	7%
故障	14～19	951～984	3.40%

根据轴承状态划分和各阶段特性分布，最终确定的改进 HMM 如式(6.30)

所示，正常阶段对应的峭度观测序列为 1～600，早期退化阶段的观测序列为 601～680，以此类推。

$$\boldsymbol{A}=\begin{bmatrix} 1 & 600 & & & \cdots & 0 \\ & 601 & 680 & & & \vdots \\ & & 681 & 880 & & \\ \vdots & & & 881 & 950 & 0 \\ 0 & \cdots & & & 951 & 984 \end{bmatrix} \tag{6.31}$$

首先，对正常阶段轴承 1、轴承 2 和轴承 4 的振动数据进行相似性计算，Pearson 相似性如图 6-5 所示，欧氏距离相似性如图 6-6 所示，综合相似性如图 6-7 所示。

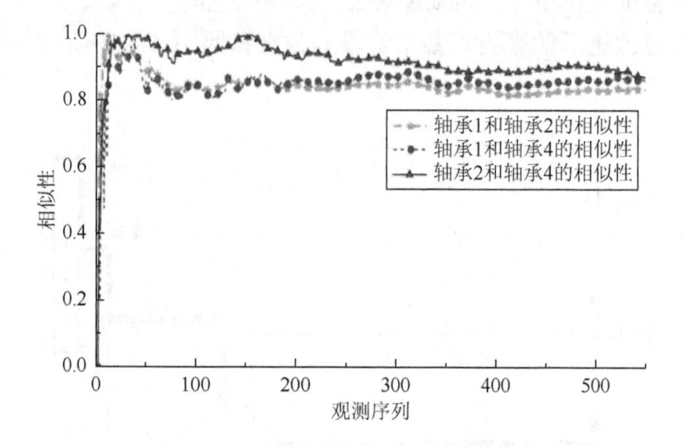

图 6-5　轴承数据之间的 Pearson 相似性

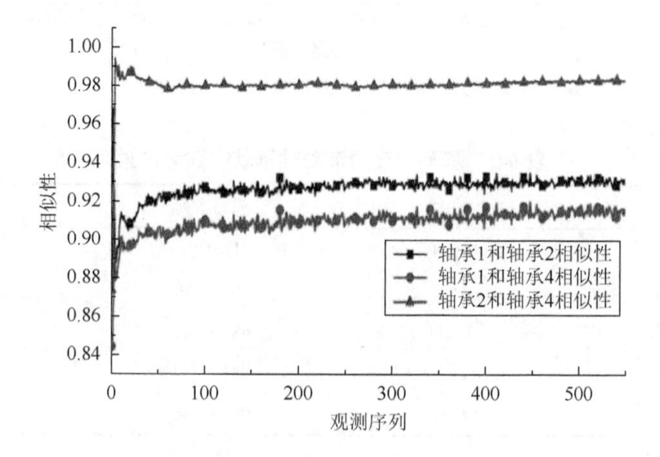

图 6-6　轴承数据之间的欧氏距离相似性

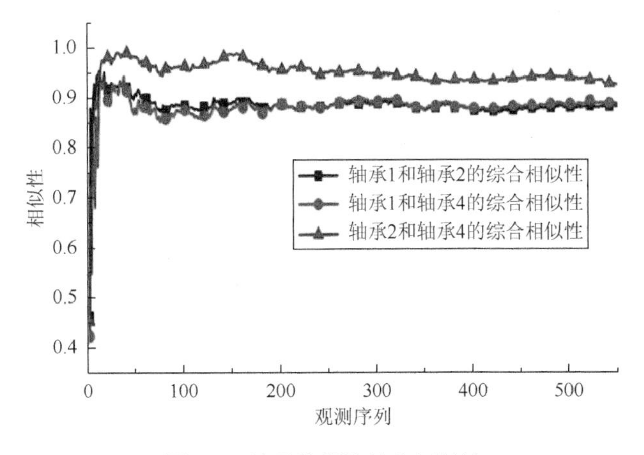

图 6-7　轴承数据的综合相似性

由图 6-3 可知，正常阶段轴承 1 的波动特性最为剧烈，其峭度特征上升下降趋势交错进行；轴承 4 的波动性与轴承 2 相当。综合分析图 6-5 和图 6-6 可知，从 Pearson 相似性上看，轴承 1 和轴承 2 的相关性为 85%，这表明两者在正常阶段数据的波动性以及整体趋势上存在 85%的一致性。从欧氏距离上看，两者峭度值的差异为 8%左右。由图 6-7 可知，轴承 1、轴承 2 的综合相似性和轴承 1、轴承 4 的综合相似性几近重合。轴承 2 和轴承 4 的寿命相差不大，故两者和轴承 1 寿命的相似性也应该一致。这说明获得的峭度相似性能够和寿命建立起统一的关系。

寿命比例调节函数式（6.26）中有两个参数 a 和 b，需要用两个条件进行求解。根据相似性的定义，当两者相似性为 100%时，寿命相同，寿命比例为 1。当两者寿命比例相差 10%左右时，轴承 2 寿命为 920 组监测数据，轴承 1 为 600 组监测数据，寿命比例为 1.53。计算公式如式（6.32）所示：

$$\begin{cases} 1.53 = a(1+0.1)+b \\ 1 = a(1+0)+b \end{cases} \tag{6.32}$$

轴承 1 寿命对轴承 2 正常阶段和全寿命预测的预测结果如图 6-8 所示。由图 6-8 可知，在寿命预测的早期阶段，设备刚启动，其峭度波动性较大，这一阶段上的数据相似性波动较大，寿命预测的结果存在较大偏差。运行一段时间后，实时监测数据和历史数据的相似性也趋于稳定。通过构造寿命比例调节函数将差异映射到寿命维度上，10%的峭度差异导致了轴承 2 比轴承 1 在正常阶段多出 52%的寿命。由于在试验结束时，只采集了轴承 2 正常阶段的全部观测数据和部分退化状态数据，轴承 2 尚无完整的退化及失效阶段观测数据，因此以轴承 1 在退化及失效阶段的剩余寿命作为参考，预测出轴承 2 的剩余寿命为 50h 左右，为设备的维护提供了重要的信息。

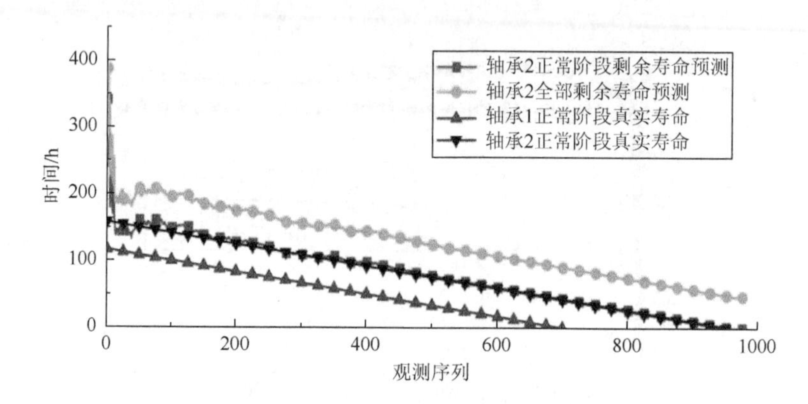

图 6-8　轴承 1 对轴承 2 的相似寿命预测

为了进一步验证寿命比例调节函数在峭度维度上的可行性，不改变寿命比例调节函数的参数，将轴承 1 正常阶段的监测数据作为历史数据，再对轴承 4 进行寿命预测，结果如图 6-9 所示，预测寿命和真实寿命近乎一致，实现了对轴承 4 正常阶段寿命的准确预测。这说明该寿命比例调节函数具有将轴承峭度差异准确映射到寿命维度的能力，验证了相似性分析预测寿命方法的可行性。

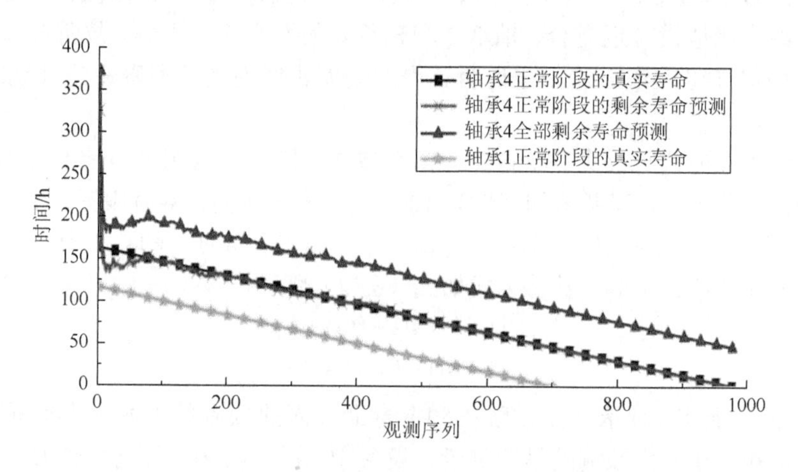

图 6-9　轴承 1 对轴承 4 的相似寿命预测

利用滚动轴承 1 正常阶段的峭度数据分别进行灰色模型和 HMM 寿命预测模型的训练。对于灰色模型，将轴承 2 正常阶段的峭度作为输入，模型输出作为预测结果。对于 HMM，该模型训练完成后，仅需设定初始状态。但轴承 2 和轴承 1 的初始状态一致，故其模型输出寿命完全对应轴承 1 正常阶段的寿命。不同方法的预测结果如图 6-10 所示。

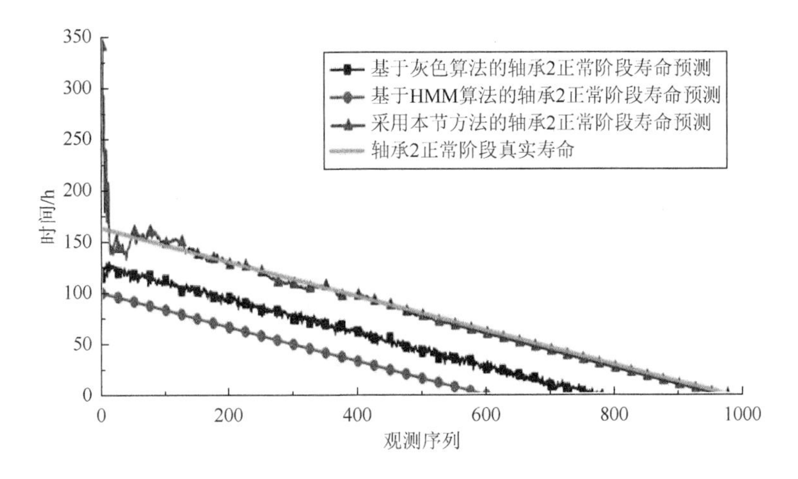

图 6-10　本节方法与其他方法的对比

由图 6-10 可知，HMM 预测出轴承 2 正常阶段的寿命为 100h，灰色模型预测轴承 2 正常阶段的寿命为 130h，本节方法预测结果为 160h，而其实际寿命为 163.5h，HMM 和灰色模型误差较大。轴承 1 和轴承 2 在相同工况下运行，HMM 通过对轴承 1 全寿命数据进行遍历后得出各个阶段的寿命分布规律，并以此规律进行轴承 2 的寿命预测。此方法忽略了实际运行过程中轴承 1 和轴承 2 承受振动冲击的差异累积后对寿命的影响。灰色算法虽然能够识别出两者的差异，但是灰色模型采用累加算法，累加后使得建模样本与观测数据之间的偏差被弱化了，导致预测结果与实际情况仍存在一定的偏差。

6.3　基于多维特征融合的滚动轴承寿命预测

6.3.1　滚动轴承多维时域特征分析

特征提取是一种从杂乱无章的数据中提取有效信息的常用手段，以数据压缩、简化运算和降低维数的优势得到了广泛应用。特征提取本质上是从不同的角度分析数据的变化特性。各种特征信号在目前的故障诊断与预测研究中皆有应用，进行多特征分析更能准确量化轴承在运行状况下的差异。

相似性分析的本质是提取滚动轴承在运行状况下的整体差异，并基于整体差异进行寿命调整。在 6.2 节的研究中，将视角落到比较常用的峭度特征上，最后通过试验数据验证该方法的可行性。虽然峭度指标对故障信号的敏感性和稳定性较好，在滚动轴承故障诊断和寿命预测中应用较多，但该维度上的相似性仅为整体相似性的投影分量之一。为了进一步提高寿命预测的准确性和可靠性，本节对多维退化特征进行相似性分析，尽可能全面地量化滚动轴承运行状况的差异，弥补单一特征差异量化不充分的缺陷。因此综合考虑多种退化特征，对滚动轴承进行状态判别和相似性分析更能准确把握其寿命规律，从而提高预测的准确性和可靠性。

常见的时域指标有：均方根值、峰-峰值、脉冲指标、裕度指标、歪度指标、峭度指标、偏度、峰值指标、八阶矩系数、六阶矩系数等，定义如表 6-3 所示。

表 6-3 传统时域特征值的定义

特征值	计算公式	特征值	计算公式
均值	$\bar{x}=\sum_{i=1}^{N}x_i$	标准差	$\sigma_x=\sqrt{\frac{1}{N-1}\sum_{i=1}^{N}(x_i-\bar{x})^2}$
均方根值	$X_{\mathrm{rms}}=\sqrt{\frac{1}{N}\sum_{i=1}^{N}x_i^2(t)}$	歪度指标	$C_w=\frac{\frac{1}{N}\sum_{i=1}^{N}(\lvert x_i\rvert-\bar{x})^3}{X_{\mathrm{rms}}^3}$
峭度指标	$C_q=\frac{\frac{1}{N}\sum_{i=1}^{N}(\lvert x_i\rvert-\bar{x})^4}{X_{\mathrm{rms}}^4}$	脉冲指标	$C_f=\frac{X_p}{\bar{x}}$
峰-峰值	$X_p=x_{\max}-x_{\min}$	峰值指标	$I_p=\frac{X_p}{X_{\mathrm{rms}}}$
裕度指标	$C_e=\frac{X_{\mathrm{rms}}}{\bar{x}}$	八阶矩系数	$K_8=\frac{\frac{1}{N}\sum_{i=1}^{N}x_i^8}{X_{\mathrm{rms}}^4}$
偏度	$C_s=\frac{1}{N}\sum_{i=1}^{N}(\lvert x_i\rvert-\bar{x})^3$	六阶矩系数	$K_6=\frac{\frac{1}{N}\sum_{i=1}^{N}x_i^6}{\left(\frac{1}{N}\sum_{i=1}^{N}x_i^2\right)^3}$
波形指标	$W=\frac{X_{\mathrm{rms}}}{\bar{x}}$	平均绝对偏差	$X_{\mathrm{MAE}}=\frac{1}{N}\sum_{i=1}^{N}\lvert x_i-\bar{x}\rvert$
小波能量	$E=\sum_{j=1}^{N}\lvert d_{jk}\rvert^2+\sum_{j=1}^{N}\lvert a_{jk}\rvert^2$		

注：x 为原始数据；N 为采样点数；d_{jk} 为小波分解下小波高频系数；a_{jk} 为小波分解下小波低频系数。

此外，不同特征对于各种故障信号的敏感度不同，虽然在整体退化属性上是一致的，但是对应阶段上的寿命是不同的。对于滚动轴承的维护而言，寻找早期故障信号具有重大意义，因而对多维信号进行分析有利于监测早期故障，从而对轴承进行有效维护。本节最终选取了如表 6-4 所示的 9 个退化特征进行综合分析。

表 6-4　时域多维度退化特征

代号	特征	代号	特征
F_1	均方根	F_6	平均绝对偏差
F_2	峭度	F_7	四分位间距
F_3	标准差	F_8	偏度
F_4	均值	F_9	小波能量
F_5	方差		

6.3.2　多维特征融合

对多维退化特征的处理方式主要有两种：①对每个退化特征赋予权重并设定一个决策机制，然后将各个退化特征相似性分析的结果按权重求和，最终得到综合的相似性结果；②将多维退化特征直接进行融合，针对融合后的退化特征进行相似性分析，获取综合的相似性结果。

本节按照第②种方式，采用主成分分析（PCA）将不同特征进行融合，进而通过相似性分析获取整体差异。主成分分析法是一种统计处理方法，通过在多维空间中寻找能够保留各个特征的最佳角度，将各个特征对该角度进行投影，从而达到降维的效果。

假设从二元空间 $x=(x_1,y_1)$ 中抽取 n 个样本，绘制的主成分分析原理图如图 6-11 所示。由图可知，散点大致位于一个椭圆内，且 x 和 y 间存在较强的相关性。这 n 个样本在 x 轴和 y 轴方向具有相似的离散度，丢掉其中任意一个变量，都会损失较多的信息。将图中坐标系按逆时针旋转一个角度 θ，使得 x_1 轴旋转到椭圆的长轴方向 F_1，x_2 轴旋转到椭圆的短轴方向 F_2，则有

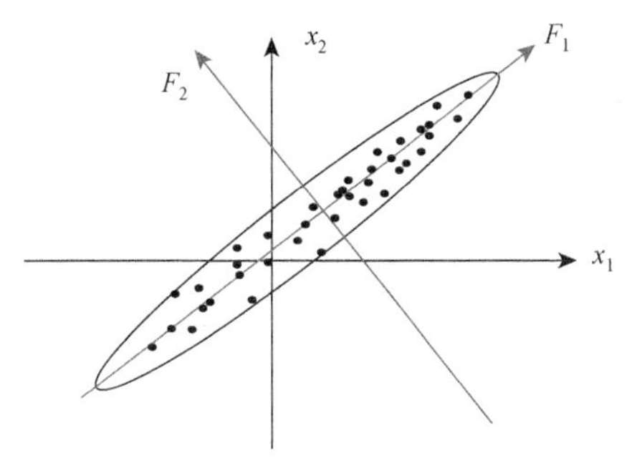

图 6-11　主成分分析原理图

$$\begin{cases} F_1 = x_1\cos\theta + x_2\sin\theta \\ F_2 = x_1\sin\theta + x_2\cos\theta \end{cases} \tag{6.33}$$

此时将所有数据对椭圆的长短轴进行投影，以椭圆的长短轴作为新坐标系的横轴和纵轴，得到的 F_1 能更有效地反映两者之间的本质关系，但是数据维度降低了。F_1 为数据最敏感方向，F_2 为数据最不敏感方向。每个退化特征在变化特性及具体数值上是不一致的，数量级上的差异造成了特征主成分提取的过程中各个退化特征存在一个隐形权重。为了解决这个问题，首先将上述多维特征构造融合矩

阵 $\boldsymbol{X}=[F_1,\cdots,F_9]$，然后对这些退化特征进行如式（6.34）所示的归一化操作：

$$F_i=\frac{f_i}{\max\left(\left|\sum_{i=1}^{n}f_i\right|\right)} \tag{6.34}$$

主成分分析法具体步骤如下。

步骤 1：计算 $\boldsymbol{X}$ 的均值：

$$\mu=\frac{1}{n}\sum_{i=1}^{9}F_i \tag{6.35}$$

步骤 2：计算协方差矩阵 $\boldsymbol{\psi}$：

$$\boldsymbol{\psi}=\frac{1}{n}\sum_{i=1}^{9}(F_i-\mu)(F_i-\mu)^{\mathrm{T}} \tag{6.36}$$

步骤 3：计算协方差矩阵 $\boldsymbol{\psi}$ 的特征值 λ_i 和特征向量 $\boldsymbol{v}_i$

$$\boldsymbol{\psi}\boldsymbol{v}_i=\boldsymbol{\lambda}\boldsymbol{v}_i \tag{6.37}$$

式中，$\boldsymbol{\lambda}$ 为协方差矩阵的特征向量，且 $\boldsymbol{\lambda}$ 由 λ_i 构成。

步骤 4：对特征值进行降序 $(\lambda_i\geqslant\lambda_{i+1})$ 排列。按照既定法则取前 k 个最大特征值对应的特征向量作为需要的主成分。

步骤 5：观测向量 $\boldsymbol{x}$ 的 k 个主成分可以表示为

$$\text{pcadata}=\boldsymbol{W}^{\mathrm{T}}(X-\mu) \tag{6.38}$$

式中，$\boldsymbol{W}=[v_1,\cdots,v_9]$。

步骤 6：计算各个特征值贡献率：

$$\alpha_i=\lambda_j/\sum_{i=1}^{9}\lambda_i,\quad j,i=1,2,\cdots \tag{6.39}$$

步骤 7：计算累积贡献率，选择主成分。主成分根据累积贡献率确定：

$$G(r)=\sum_{i=1}^{r}\lambda_i/\sum_{j=1}^{s}\lambda_j,\quad i,j=1,2,\cdots \tag{6.40}$$

将这 9 个退化特征进行主成分分析后，会得到 9 个投影分量，其中对应矩阵最大特征值的特征向量包含最多的融合信息，可以认为这是一个对于振动数据的多维度综合描述，综合反映了滚动轴承的运行状况。

6.3.3 基于多维特征融合的滚动轴承寿命预测算法

滚动轴承寿命的精确预测非常困难，在某些异常值处容易偏离真实值，因此对任意的监测数据给出寿命预测区间具备更高的可靠度。预测区间的上下限对设备的维护和检修具有重要意义。本节按照以下步骤确定寿命比例调节函数的上下限，进而给出寿命预测的区间。

1. 多维度分析

采用多维度信号，计算各维度上正常阶段的寿命比例以及离开正常阶段的观测序列，如表 6-5 所示。

表 6-5　多退化特征寿命比例

退化特征	寿命比例	正常阶段结束序列
F_1	K_1	E_1
F_2	K_2	E_2
F_3	K_3	E_3
⋮	⋮	⋮
F_9	K_9	E_9

2. 融合特征分析

对融合特征进行状态划分，确定其正常阶段的阈值以及离开的观测序列 E_P。计算融合特征维度上的寿命比例。

3. 计算寿命比例的最大值和最小值

按照正常阶段最短（最早发现早期故障信号）和最长（最晚发现早期故障信号）的观测序列，以融合特征上的正常阶段作为参考，计算寿命比例的最小值 $K_{\min}$ 和最大值 $K_{\max}$，如式（6.41）和式（6.42）所示：

$$K_{\min}=\frac{\min(E_i)}{E_P},\quad 1\leqslant i\leqslant 9 \tag{6.41}$$

$$K_{\max}=\frac{\max(E_i)}{E_P},\quad 1\leqslant i\leqslant 9 \tag{6.42}$$

4. 寿命比例调节函数训练

根据计算的 $K_{\max}$ 和 $K_{\min}$ 进行寿命比例调节函数训练，求解出对应的线性插值函数，再利用两者对融合特征上的寿命信息进行调节获取预测范围。

6.3.4　应用研究

对 IMS 全寿命试验中轴承 1、轴承 2 和轴承 4 的数据进行多维度特征提取，提取结果如图 6-12 所示。

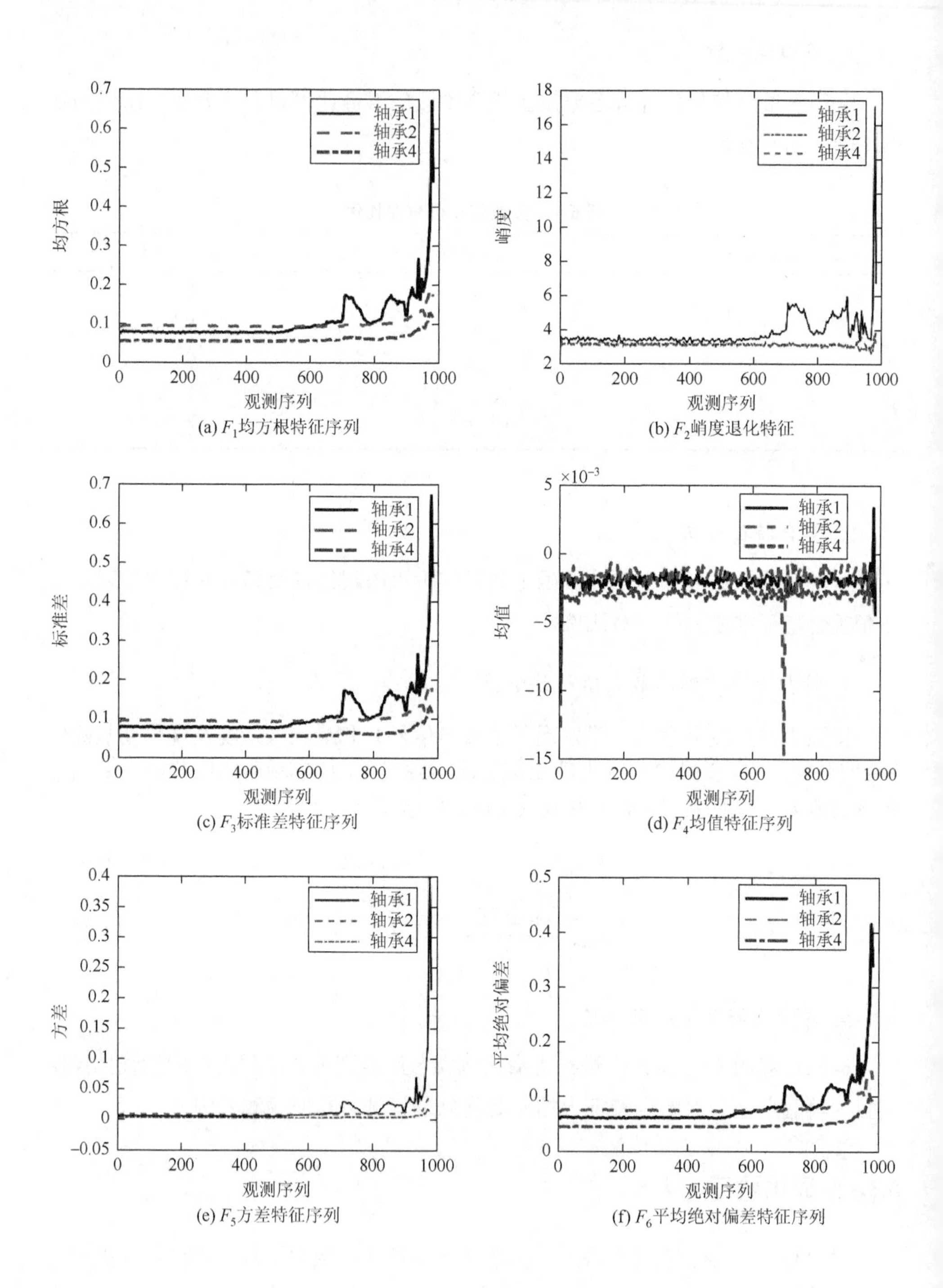

(a) F_1均方根特征序列

(b) F_2峭度退化特征

(c) F_3标准差特征序列

(d) F_4均值特征序列

(e) F_5方差特征序列

(f) F_6平均绝对偏差特征序列

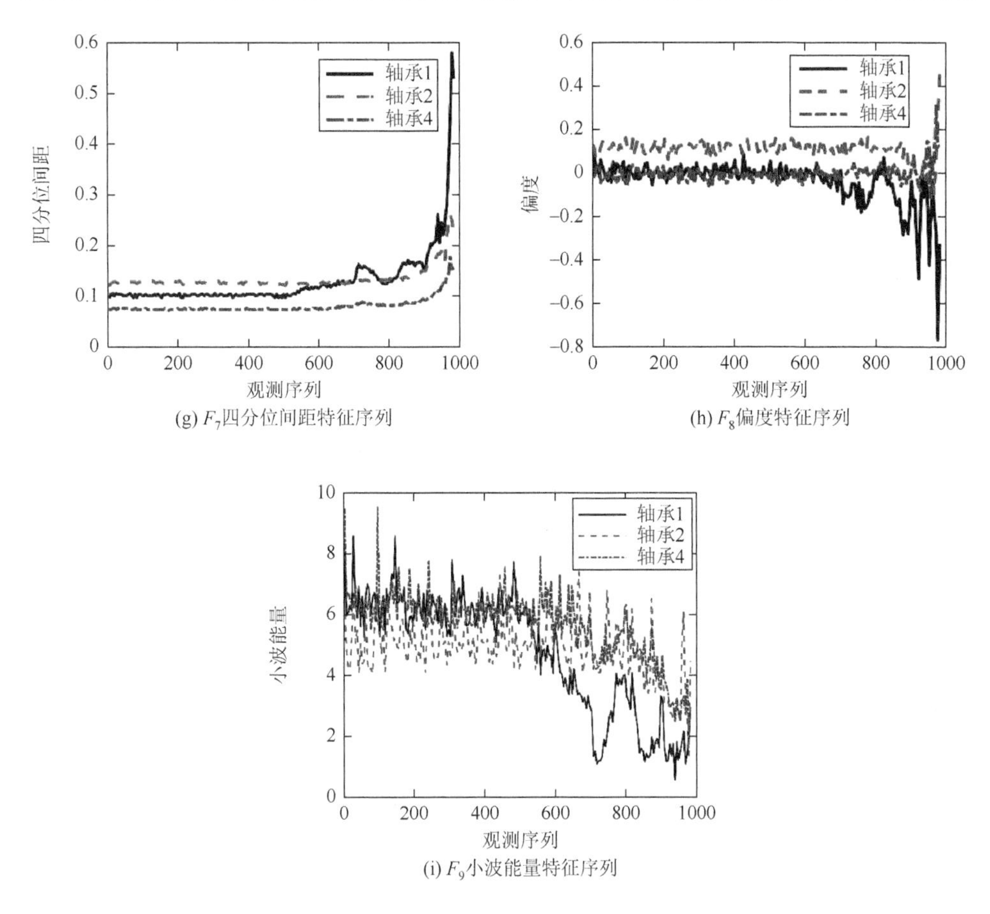

(g) F_7四分位间距特征序列

(h) F_8偏度特征序列

(i) F_9小波能量特征序列

图 6-12 IMS 滚动轴承数据各特征指标变化历程

由图 6-12（a）～（i）对比分析可知：①不同的特征数据本身的数量级不同，均值特征范围为 $-15\times10^{-3}\sim5\times10^{-3}$（数量级最小），而峭度特征范围为 0～18（数量级最大），特征数量级的差异会造成 PCA 融合时权重的不同，因而需要对各个特征先进行归一化处理；②虽然不同退化特征提取振动信号的角度不同，但整体上变化趋势基本一致，根据不同特征趋势确定的轴承退化状态数应该是相同的；③对不同特征进行分析，每个特征上正常阶段的寿命不一致，结果如表 6-6 所示。

对各个退化特征进行归一化处理后，再进行 PCA 降维融合，结果见图 6-13。各个成分对全部信息的权重见表 6-7，各个特征对全部信息融合的贡献率如表 6-8 所示。

表 6-6　多特征正常阶段寿命　（单位：序列号/次）

代号	特征	轴承 1	轴承 2	轴承 4
F_1	均方根	550	900	900
F_2	峭度	600	950	980
F_3	标准差	530	900	900
F_4	均值	—	—	—
F_5	方差	550	980	980
F_6	平均绝对偏差	500	900	900
F_7	四分位间距	500	880	880
F_8	偏度	650	900	950
F_9	小波能量	500	700	900

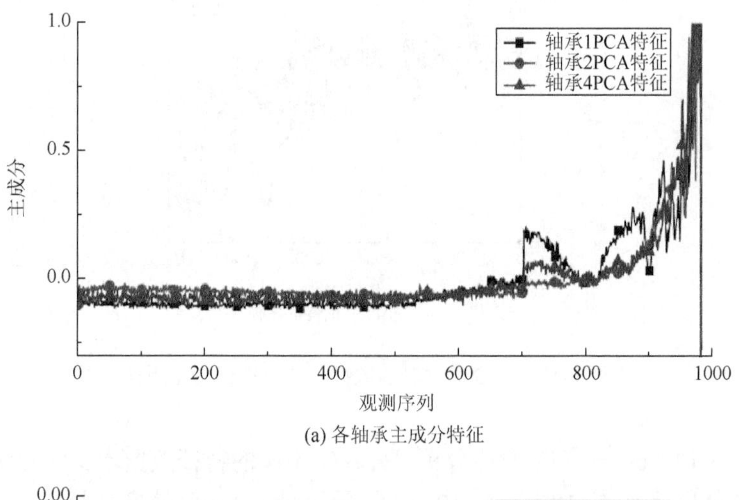

(a) 各轴承主成分特征

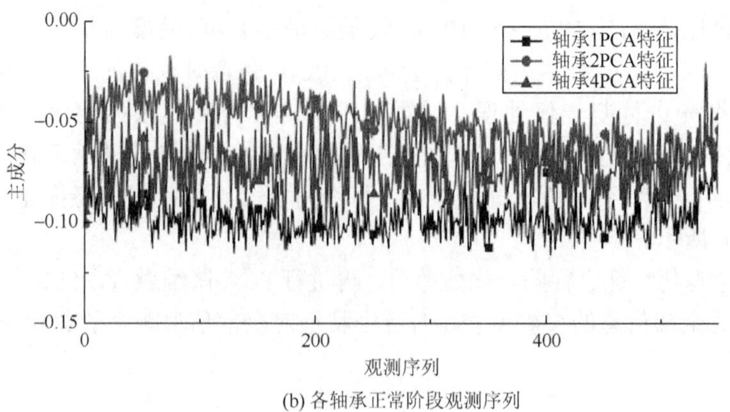

(b) 各轴承正常阶段观测序列

图 6-13　轴承特征融合主成分序列

表 6-7　PCA 各个成分权重

成分	权重
1	76.7%
2	12%
3	4.2%
4	3.6%
5	2.8%
6	0.6%
7	0.1%
8	—
9	—

表 6-8　各特征对主成分的贡献率

成分	特征	权重
F_1	均方根	18%
F_2	峭度	46%
F_3	标准差	11%
F_4	均值	—
F_5	方差	10%
F_6	平均绝对偏差	5%
F_7	四分位间距	4%
F_8	偏度	2%
F_9	小波能量	4%

由表 6-6 可知，对于轴承 1 综合各个特征的结果，其正常阶段最早在第 500 组监测数据时结束，最晚在第 650 组数据时结束。退化特征在不同特征上分布在第 500 组到第 650 组监测数据之间。越早发现故障信号进而提前维护，越能够极大延长滚动轴承的使用寿命，因此监测早期故障极为重要。正常阶段的结束分布在第 880 组到第 980 组监测数据之间。以上分析说明，以不同的特征作为寿命预测的参考给出的剩余寿命是不同的。

由表 6-7 可知，主成分占据全部信息的 76%以上，而其他成分最高占 12%，因此主成分能够最大限度保留多维特征的综合信息。通过表 6-8 主成分的贡献率分析，峭度贡献率最高，因此峭度指标具有更好的敏感性和稳定性，这也说明了 6.2 节中采用单一维度选取峭度是合适的。以主成分作为寿命预测的参考，轴承 1 的正常阶段在第 550 组文件处结束。

分别计算轴承 1 和轴承 2 以及轴承 1 和轴承 4 的正常阶段寿命比例，如表 6-9 所示。对表 6-9 分析可知，轴承 1 和轴承 2 在不同的特征上寿命比例分布在 1/1.8～1/1.38，轴承 1 和轴承 4 正常阶段的寿命比例也分布在一个范围内。

寿命预测是用于制定滚动轴承的维护和维修方案，因此给出维护的依据非常重要。综合各个特征，按照故障信号最早和最晚出现的时间作为依据，对每一个监测数据给出一个正常阶段最短和最长剩余寿命作为预测极限。正常阶段最短寿命结束时刻是提前维护和维修的最佳时间，此时早期故障刚刚或者还未出现。正常阶段最长寿命结束时，早期故障已经产生。因此对于轴承的寿命预测以主成分特征作为依据，通过对其相似性分析确定差异，进而按照最长和最短寿命比例分别训练寿命比例调节函数。

轴承 2 最早在 700 组文件离开正常阶段，最晚在 980 组文件离开正常阶段。以主成分作为寿命预测依据，其正常阶段寿命为 550 组文件。因此轴承 1 和轴承 2 的最短寿命比例为 1/1.6，最长寿命比例为 1/1.78。按照这两个寿命比例分别训练寿命比例调节函数，进而给出寿命预测范围。

表 6-9　不同轴承正常阶段寿命比例

成分	特征	L_1/L_2	L_1/L_4
F_1	均方根	1/1.63	1/1.63
F_2	峭度	1/1.58	1/1.63
F_3	标准差	1/1.7	1/1.7
F_4	均值	—	—
F_5	方差	1/1.78	1/1.78
F_6	平均绝对偏差	1/1.8	1/1.8
F_7	四分位间距	1/1.76	1/1.76
F_8	偏度	1/1.38	1/1.46
F_9	小波能量	1/1.4	1/1.8

注：L_1、L_2 和 L_4 分别是轴承 1、轴承 2 和轴承 4 正常阶段的寿命。

轴承间的相关系数如图 6-14 所示。基于欧氏距离的数值差异相似性如图 6-15 所示。最终计算的相似性结果如图 6-16 所示。通过图 6-16 可知，在主成分特征上轴承间的相似性在 75%左右，小于单一维度上的结果（峭度为 90%）。这说明单一特征反映滚动轴承运行状况差异的部分，但对于整体差异的量化不足。通过式（6.43）和式（6.44）计算轴承 1 和轴承 2 的寿命比例调节函数，可得到最短寿命比例调节函数 $a_{\min}=-2.5673$，$b_{\min}=3.5673$，最长寿命比例调节函数 $a_{\max}=-3.0175$，$b_{\max}=4.0175$。

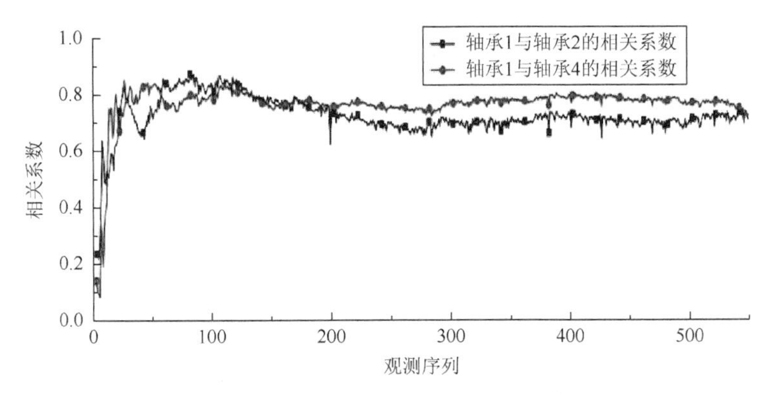

图 6-14　轴承 1 与轴承 2 和轴承 4 相关系数结果

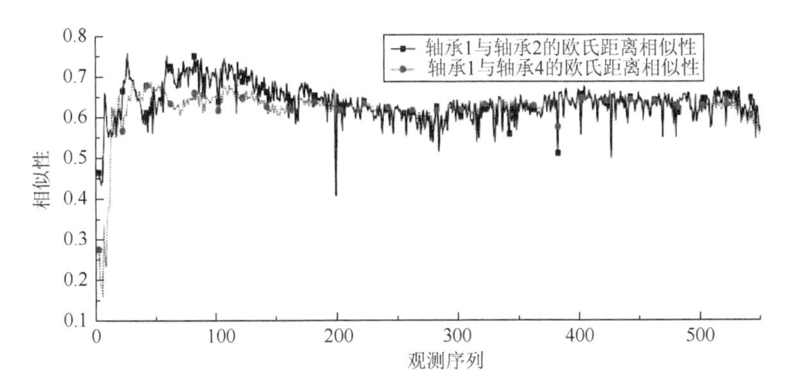

图 6-15　轴承间欧氏距离相似结果

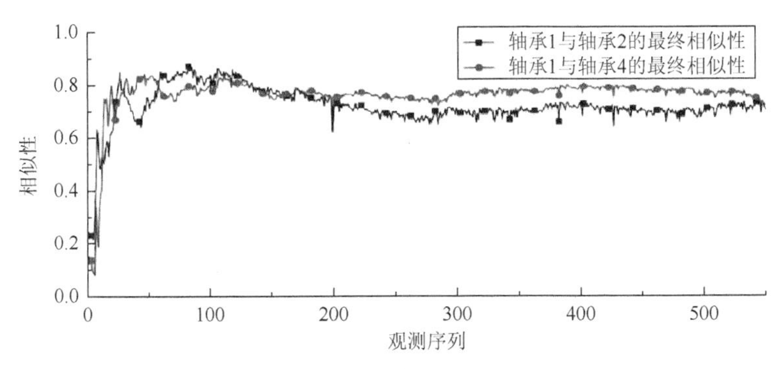

图 6-16　轴承间最终相似性结果

$$\begin{cases} K_{\min} = a_{\min} \times \rho_{1,2} + b_{\min} \\ 1 = a_{\min} \times 1 + b_{\min} \end{cases} \tag{6.43}$$

$$\begin{cases} K_{\max} = a_{\max} \times \rho_{1,2} + b_{\max} \\ 1 = a_{\max} \times 1 + b_{\max} \end{cases} \tag{6.44}$$

图 6-17 给出了轴承 1 对轴承 2 基于 PCA 融合特征的正常阶段的寿命预测，

同时为了验证该方法能够有效识别特征差异进而对寿命进行准确调节。保持寿命比例调节函数参数不变，基于轴承 1 和轴承 4 的相似性结果，利用轴承 1 对轴承 4 的寿命进行预测，结果如图 6-18 所示。

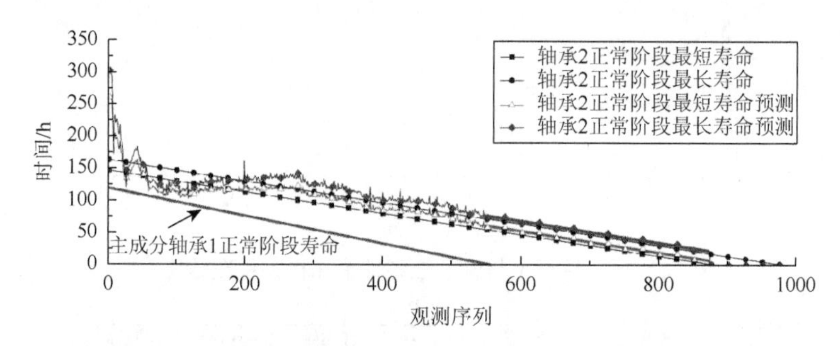

图 6-17　轴承 1 对轴承 2 的区间寿命预测

由图 6-17 可知，轴承 2 正常阶段最短寿命为 148h，对应监测数据 880 组；最长寿命为 163h，对应监测数据 980 组。根据融合特征设定的阈值使得无论按照最短或最长寿命进行正常阶段预测，其结果均在第 880 组文件结束，此时利用实时的状态去判别观测到的阈值信号，并且按照最长寿命原则去预测轴承寿命。此外，将多特征进行融合后，不同特征的波动性也被增强，故最终的相似性计算结果也处于波动之中，这导致了预测结果围绕真实值波动。除起始阶段外，预测误差可以控制在真实值的 15%以内。

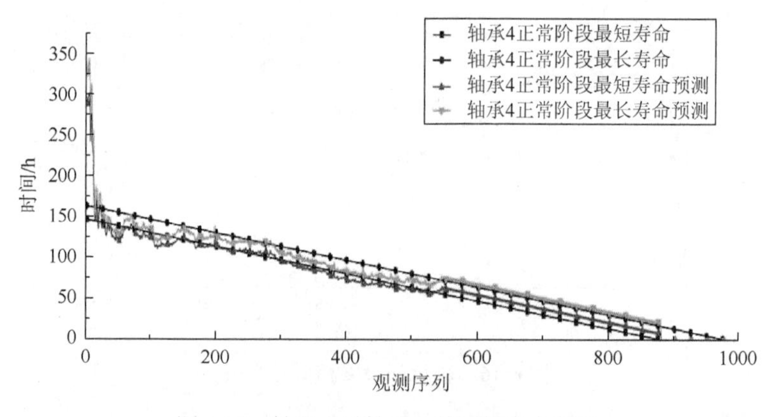

图 6-18　轴承 1 对轴承 4 的区间寿命预测

由图 6-18 可知，同样以轴承 1 的寿命信息作为参考，保持寿命比例调节函数参数不变，以轴承 1 和轴承 4 的相似性结果对轴承 4 进行寿命预测，仍能将预测结果对应到轴承 4 真实值附近。这说明基于相似性分析方法能够识别出监测数据差异，并依据差异进行动态寿命调整。

6.3.5　多维与单维特征的滚动轴承寿命预测结果对比

图 6-19 所示为基于多维特征和单一特征的轴承 2 的寿命预测结果。由图 6-19 可知，基于单峭度特征预测轴承 2 正常阶段在 980 组文件处结束。但是，不同信号对于故障的敏感程度不同，其正常阶段寿命长度在不同特征上也不同，从峭度特征上观测的寿命信息仅是一种结果。本节分析了不同特征上轴承 2 正常阶段寿命分布范围，以最长和最短两个极限给出预测范围，因此峭度预测寿命分布在极限预测的范围之内。按照最短寿命原则可以实现滚动轴承的最早维护，延长其使用寿命。按照最长寿命原则给出维护的时间范围，在其结束前仍可以进行维护和检修，各个维度上的寿命均处于其范围内，因此具有更高的可靠性。

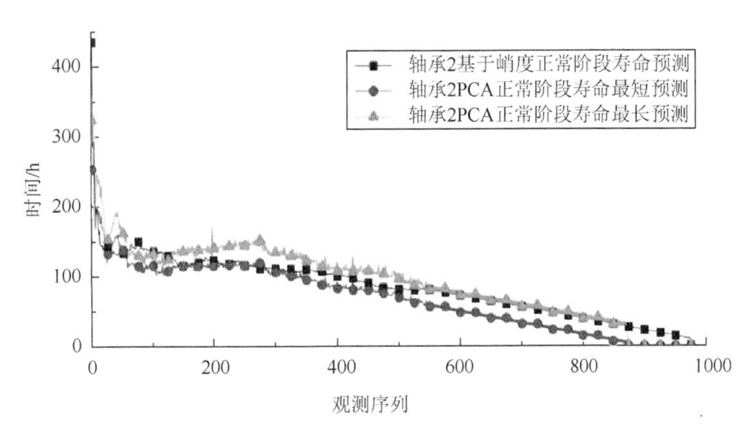

图 6-19　轴承 2 单一特征和多维特征寿命预测结果比较

6.4　本 章 小 结

6.1 节论述了相似性思想在滚动轴承寿命预测物理模型和数据驱动模型中的应用。总结了目前滚动轴承寿命预测急需解决的两个问题，阐述了本章的研究思路。

6.2 节采用狄利克雷混合模型获取滚动轴承的退化状态数，并通过改进 *k*-means 算法对全寿命数据进行状态空间划分。采用凯斯西储大学以及辛辛那提大学的试验数据验证了算法的可行性。分析了滚动轴承不同状态峭度与剩余寿命的比例关系，揭示了峭度和剩余寿命之间的变化关系。在对滚动轴承进行状态划分的基础上，以峭度特征作为分析对象，提出了一种基于相似性分析量化不同轴承运行状态差异的方法。根据相似性计算结果，将峭度的相似性通过构造寿命比例调节函数映射到寿命维度，进而给出轴承的寿命预测值。根据辛辛那提大学的轴承试验数据，将轴承 1 的寿命作为参考分别对轴承 2 和轴承 4 进行寿命预测，结果表明所提方法能够较为准确地预测出轴承的剩余寿命，与传统 HMM 以及灰色模型预测结果进行了比较，表明了所提方法预测的准确性更高。

6.3 节针对单一特征表征相似工况下的轴承运行状态差异不够全面、任意监测数据所给出单一寿命预测值可靠性不高等问题，对轴承的多维度数据进行了分析，选取了多种退化特征对轴承运行状况进行整体表征。为了解决不同特征寿命规律不一致以及计算复杂的问题，引入了主成分分析获取融合特征对轴承的运行状况进行描述。综合各个特征正常阶段寿命的信息，确立了按照正常阶段最长和最短的原则进行预测，对任意监测值给出寿命预测区间。利用辛辛那提大学的滚动轴承寿命数据进行了验证，结果表明本章所提方法对滚动轴承的寿命预测具有一定的应用价值。

参 考 文 献

[1] Lin W，Yang C J，Sun Y X. Effective variable selection and moving window HMM-based approach for iron-making process monitoring. J. Process. Contr.，2018，86：86-95.

[2] Rabiner L R. A tutorial on hidden Markov models and selected applications in speech recognition. Proc. IEEE Inst. Electr. Electron. Eng.，1989，77（2）：257-286.

[3] Huang X D. Phoneme classification using semi continuous hidden Markov models. IEEE T. Signal Process.，1992，40（5）：1062-1067.

[4] 季云，王恒，朱龙彪，等. 基于 HMM 的机械设备运行状态评估与故障预测研究综述. 机械强度，2017，39（3）：22-28.

[5] 瞿家明，周易文，王恒，等. 基于 Dirichlet 混合模型的滚动轴承运行状态识别. 轴承，2018，9：58-62.